Mathematik 3

Analysis, analytische Geometrie und lineare Algebra

Robert Müller-Fonfara · Wolfgang Scholl

Mathematik 3

Analysis, analytische Geometrie und lineare Algebra

Übungen, Beispiele und Lösungen für die Klassen 11 bis 13

FALKEN

In der FALKEN Serie „Mehr Erfolg in der Schule" sind auch die Bände Mathematik 1 (Nr. 4420), Mathematik 2 (Nr. 4456), Physik (Nr. 4448) erschienen. Fragen Sie Ihren Buchhändler auch nach weiteren FALKEN Nachhilfebüchern.

Die Deutsche Bibliothek – CIP-Einheitsaufnahme

Müller-Fonfara, Robert:
Mathematik: Übungen, Beispiele und Lösungen; [mehr Erfolg in der Schule] / Robert Müller-Fonfara; Wolfgang Scholl. – Niedernhausen/Ts.: FALKEN.
(FALKEN Sachbuch)
3. Analysis, analytische Geometrie und lineare Algebra: für die Klassen 11 – 13. – 1991
ISBN 3-8068-4541-7

ISBN 3 8068 4541 7

Umschlagentwurf: Grafik Werkstatt, Mainz
Zeichnungen: Dr. T. Neubert, Oberstreu; Robert Müller-Fonfara, Taunusstein; Ulrike Hoffmann, Bodenheim; Gerhard Wawra, Wiesbaden

Satz: unitext®, Technische Übersetzungen und Technische Dokumentation GmbH, Berlin
Druck: Mohndruck Graphische Betriebe GmbH, Gütersloh

817 2635 4453 6271

Inhalt

Vorwort 7

Differentialrechnung 8

Funktionen und Grenzwerte 9
- Typen von Funktionen 9
- Eigenschaften von Funktionen 14
- Folgen als Funktionen auf $\mathbb{N}$ 21
- Grenzwerte von Folgen; Grenzwertsätze 23
- Verhalten von Funktionen für $|x| \to \infty$ 28
- Grenzwerte von Funktionen für $x \to x_0$, Stetigkeit und stetige Ergänzung 30
- Der verallgemeinerte Asymptotenbegriff 35
- Vollständige Induktion und Reihensummen 36

Die Steigung einer Funktion 44
- Das Tangentenproblem 44
- Graphische Differentiation 46
- Differentialquotient, Ableitungsfunktion und höhere Ableitungen 47
- Ein grenzwertfreier Einstieg 49

Die Ableitung der ganzrationalen Funktion 51
- Die Potenzregel für $n \in \mathbb{N}$ 52
- Die Summenregel 52
- Die Faktorregel und die Produktregel 53
- Steigungsverhalten und Extremwerte 55
- Krümmungsverhalten und Wendepunkte 59

Anwendungen 61
- Die Kurvendiskussion 61
- Bestimmung einer ganzrationalen Funktion aus vorgegebenen Eigenschaften 63
- Extremwertaufgaben mit Nebenbedingungen 64
- Das Newtonsche Näherungsverfahren 66

Die Ableitung der gebrochen rationalen Funktion 69
- Die Quotientenregel 70
- Die Diskussion der gebrochen rationalen Funktion 71

Zur Ableitung weiterer Funktionen 73
- Die Kettenregel 73
- Die Ableitung der Umkehrfunktion 74
- Allgemeine algebraische Relationen und Funktionen 75

Zur Ableitung von Exponentialfunktion und Logarithmusfunktion — 77
Zu den trigonometrischen Funktionen und Arcusfunktionen — 78

Integralrechnung — 81

Geometrische Aspekte der Integralrechnung — 83
Riemann-Summen — 83
Das bestimmte Integral und seine Eigenschaften — 86
Bestimmtes Integral und Flächeninhalt — 88
Die Integralfunktion und der Hauptsatz der Differential- und Integralrechnung — 91

Die Integration als Umkehrung der Differentiation — 95
Die Stammfunktion — 95
Die Stammfunktion einer ganzrationalen Funktion — 95
Graphische Integration — 96
Die Integration von Hyperbelfunktionen — 97
Die Integrale von Exponentialfunktionen, Logarithmusfunktionen und Winkelfunktionen — 98

Weitere Integrationsmethoden — 100
Die partielle Integration — 100
Die Integration durch Substitution — 102
Die Integration durch Partialbruchzerlegung — 105
Uneigentliche Integrale — 106
Volumenbestimmung durch Integration — 108

Analytische Geometrie und lineare Algebra — 113

Vektoralgebra, Vektorraum — 115
Lineare Abhängigkeit — 119
Determinanten — 126
Systeme linearer Gleichungen — 132
Teilverhältnisse — 139
Geradengleichungen — 142
Ebenengleichungen — 150
Metrischer Vektorraum, Skalarprodukt — 157
Normalenformen, Hessesche Normalenform — 162
Vektorprodukt — 168
Kreis und Kugel — 172

Lösungen — 179

Anhang — 227

Vorwort

Die Mathematik unterscheidet sich in einer ganz besonderen Weise von allen anderen Schulfächern. In keinem anderen Fach baut das Neue auf dem gerade Gelernten so systematisch auf, wie dies bei der Mathematik der Fall ist. Wer sich als Schüler einmal eine längere geistige Pause im Mathematikunterricht erlaubt, wird hinterher nur mit großen Anstrengungen den Stoff nachholen können.
Das vorliegende Buch ergänzt den mathematischen Schulalltag und ermöglicht die leichte Wiederholung zurückliegender Themen.
Differentialrechnung, Integralrechnung, Analytische Geometrie und Lineare Algebra sind die Hauptthemen dieses Buches. Der Inhalt dieser Themen entspricht dem Niveau der gymnasialen Oberstufe und wird anhand einleuchtender, oft der Praxis entnommener Beispiele entwickelt. Vor Beweisen haben wir dort nicht gescheut, wo wir sie für angebracht hielten. Wir haben uns genausowenig gescheut, auf sie zu verzichten, wo sie das Erkennen mathematischer Zusammenhänge eher behindern. Lieber haben wir an diesen Stellen durch zusätzliche Beispiele, Gegenbeispiele oder Graphiken versucht, Transparenz zu schaffen.
Wir vermitteln an manchen Stellen auch mehrere Zugänge zu einem Thema, um demjenigen, der mit bestimmten Varianten seine Schwierigkeiten hat, eine zusätzliche Möglichkeit zu verschaffen, einen Sachverhalt in den Griff zu bekommen.
Die einzelnen Kapitel werden durch eine Vielzahl von hilfreichen Abbildungen aufgelockert, die dem Lernenden die Arbeit mit dem Buch erleichtern. Im Text wird vor allem auf eine durchschaubare und einleuchtende Erklärung mathematischer Inhalte Wert gelegt. Am Schluß eines jeden Themenblocks erhält der Leser die Möglichkeit einer systematischen Lernkontrolle durch praxisnahe Übungsaufgaben. Die Lösungen und Lösungswege sind in aller Ausführlichkeit im Anhang, neben praktischen und hilfreichen Tabellen, zu finden. Die Lösungen sollten aber nur nachgeschlagen werden, um eine eigene Rechnung zu überprüfen oder (im Notfall) vielleicht eine Idee für die Lösung zu bekommen.
Dieses Buch ist ebenso wie die Bände Mathematik I und II aus der Schulpraxis heraus entstanden. Die Darstellung mathematischer Inhalte wurde auf die Bedürfnisse der Schüler hinsichtlich ihrer mathematischen Fragestellungen abgestimmt. Das Gesamtwerk ist so aufgebaut, daß Schüler aller Schulformen die Themen ihres Mathematikunterrichtes in einer ausführlichen und verständlichen Darstellung vorfinden. Die einzelnen Kapitel können auch unabhängig voneinander durchgearbeitet werden. Somit kann die Serie auch als Nachschlagewerk zu allen Themen der gymnasialen Unter–, Mittel– oder Oberstufe, der Realschulen, der Abendschulen jeder Schulform oder etwa der beruflichen Schulen und anderen Ausbildungsstätten dienen.

Robert Müller-Fonfara, Taunusstein
Wolfgang Scholl, Wiesbaden

Differentialrechnung

Der Ursprung der Differentialrechnung ist wohl in geometrischen Problemen zu suchen. Grenzwertbetrachtungen führten schon die griechischen Mathematiker der Antike durch. Vor allem die Berechnungen von Kreis, Parabel und Rotationskörpern durch Archimedes (287–212 v. Chr.) sollten besonders erwähnt werden.

In der Neuzeit stammen die wesentlichen Arbeiten von Leibniz (1646–1716 n. Chr.) und Newton (1643–1727 n. Chr.). Leibniz ging von dem Problem aus, Tangenten an einer beliebigen Kurve zu bestimmen. Dies ist durchaus nicht einfach; vielmehr mußte der Begriff Tangente erst neu definiert werden, da jede Gerade eine nicht einheitlich gekrümmte Kurve mehr als einmal schneidet.

Dagegen kam es Newton darauf an, die Ortsänderung eines Körpers und die Geschwindigkeit dieser Änderung zu erfassen. Diese Probleme der Dynamik finden heute ihre logische Fortsetzung in der mathematischen oder theoretischen Physik.

Es ist mit Hilfe der Differentialrechnung möglich, den gesamten Verlauf von Kurven durch Formeln zu erfassen. Grundlage ist das Wissen, daß eine abschnittsweise oder gar global vorhandene Steigung auch in jedem einzelnen Punkt wiedergefunden werden muß. Es hat sich sogar gezeigt, daß sich aus dem Verhalten in einem Punkt Prognosen über das weitere Verhalten (zumindest in den Nachbarpunkten) ableiten lassen.

An den Anfang dieses Kapitels haben wir jedoch bewußt eine knappe Darstellung der Funktionstypen gestellt. Wir geben Einblick in den Umgang mit dem Unendlichen, der Grenzwertberechnung.

Funktionen und Grenzwerte

Typen von Funktionen

Einführungsbeispiele:

Briefsendungen					DM
Standardbrief					1,00
Brief			bis	50 g	1,70
	über	50 g	bis	100 g	2,40
	über	100 g	bis	250 g	3,20
	über	250 g	bis	500 g	4,00
	über	500 g	bis	1000 g	4,80
Postkarte					0,60
Standarddrucksache und -warensendungen					0,60
Drucksache und Warensendung			bis	50 g	1,00
	über	50 g	bis	100 g	1,40
	über	100 g	bis	250 g	1,80
	über	250 g	bis	500 g	2,40
Standardbrief-drucksache					0,80
Briefdrucksache			bis	50 g	1,40
	über	50 g	bis	100 g	2,00
	über	100 g	bis	250 g	2,60
	über	250 g	bis	500 g	3,20
Büchersendung			bis	100 g	0,60
	über	100 g	bis	250 g	0,80
	über	250 g	bis	500 g	1,20
	über	500 g	bis	1000 g	2,00
	über	1000 g	bis	2000 g	3,00
Päckchen (bis 2 kg)					3,50

Abb. 1 Auszug aus der Postgebührentabelle

a .-	d -..	i ..	n -.	r .-.	v ...-	1 .----	6 -....
ä .-.-	e .	j .---	o ---	s ...	w .--	2 ..---	7 --...
b -...	f ..-.	k -.-	ö ---.	t -	x -..-	3 ...--	8 ---..
c -.-.	g --.	l .-..	p .--.	u ..-	y -.--	4 ....-	9 ----.
ch ----	h	m --	q --.-	ü ..--	z --..	5	0 -----

Abb. 2 Die Morsetafel nach Samuel F. Morse (1791–1872)

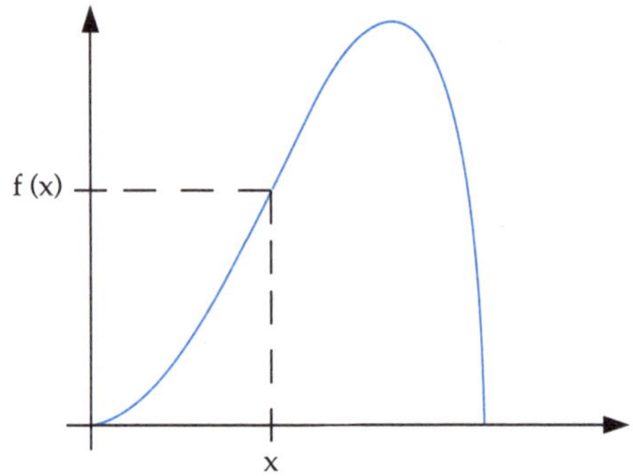

Abb. 3 Funktionsgraph

Bei diesen drei Beispielen handelt es sich um drei verschiedene Situationen. Dennoch ist ihnen eines gemeinsam: Jedesmal wird eine *Menge* von Gegenständen, Zeichen oder Zahlen einer anderen *Menge* zugeordnet, so daß mit Hilfe einer *Vorschrift*, die allgemein oder für jeden Einzelfall gesondert gegeben sein kann, *Paare* gebildet werden können. In der Mathematik handelt es sich dabei meist um Zuordnungen zwischen Zahlenmengen. Man legt fest:

Eine Zuordnung **f**, die jeder Zahl $x \in \mathbb{D}$ eindeutig eine Zahl $y \in \mathbb{W}$ zuordnet, heißt **Funktion**,
$\mathbb{D}$ heißt **Definitionsbereich** der Funktion f,
$\mathbb{W}$ heißt **Wertebereich**.
$\mathbb{D}_{max}$ ist der **maximale Definitionsbereich**.
y = f (x) heißt **Funktionsgleichung** von f.
$G_f = \{P(x|y) \mid y = f(x) \wedge x \in \mathbb{D}\}$ heißt **Graph** der Funktion f.

Die Zahl x nennt man auch *Argument* oder unabhängige Variable, y heißt auch *Funktionswert* oder abhängige Variable. Der Graph G_f ist im Koordinatensystem darstellbar (vergleiche Band I, S. 113 ff.).

Wir unterscheiden folgende Grundtypen von Funktionen:

Potenzfunktionen
Ihre Funktionsgleichung hat die allgemeine Formel
$y = x^n, \; n \in \mathbb{N}$
mit $\mathbb{D}_{max} = \mathbb{R}$

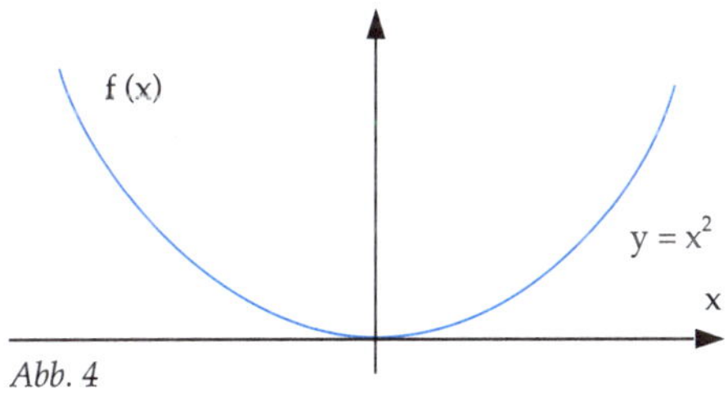

Abb. 4

Hyperbelfunktionen
Ihre Funktionsgleichung hat die allgemeine Form
$y = x^{-n}, \; n \in \mathbb{N}$
mit $\mathbb{D}_{max} = \mathbb{R} \setminus \{0\}$

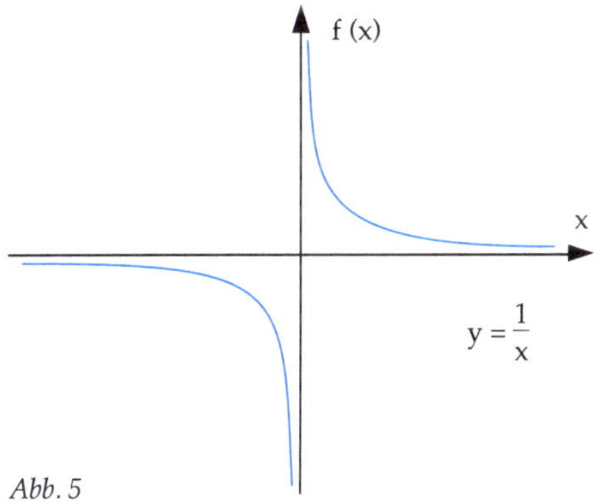

Abb. 5

Wurzelfunktionen
Ihre Funktionsgleichung hat die allgemeine Form
$y = \sqrt[n]{x}, \; n \in \mathbb{N}$
mit $\mathbb{D}_{max} = \mathbb{R}_0^+$ für gerades n;
$\mathbb{D}_{max} = \mathbb{R}$ für ungerades n

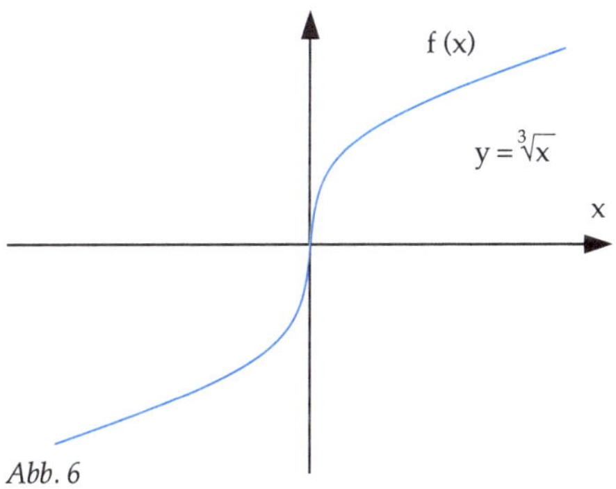

Abb. 6

Winkelfunktionen
Die beiden grundlegenden Winkelfunktionen haben die Gleichungen
$y = \sin(x)$ und
$y = \cos(x)$ mit $\mathbb{D}_{max} = \mathbb{R}$

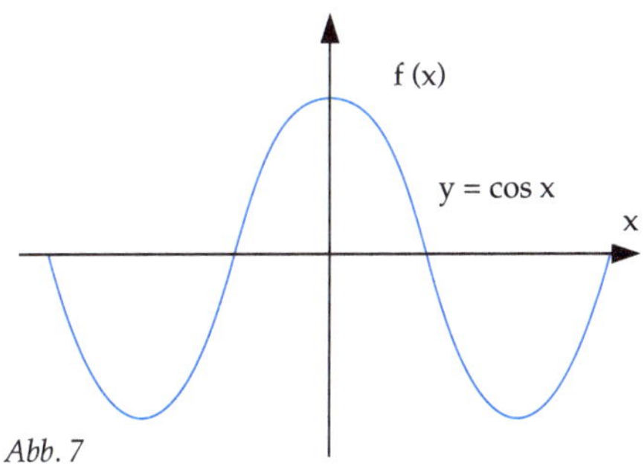

Abb. 7

Arcusfunktionen
Hier hat man
$y = \text{arc sin}(x)$ mit $\mathbb{D} = \{x \mid -1 \leq x \leq 1\}$ oder
$y = \text{arc cos}(x)$ mit $\mathbb{D} = \{x \mid -1 \leq x \leq 1\}$

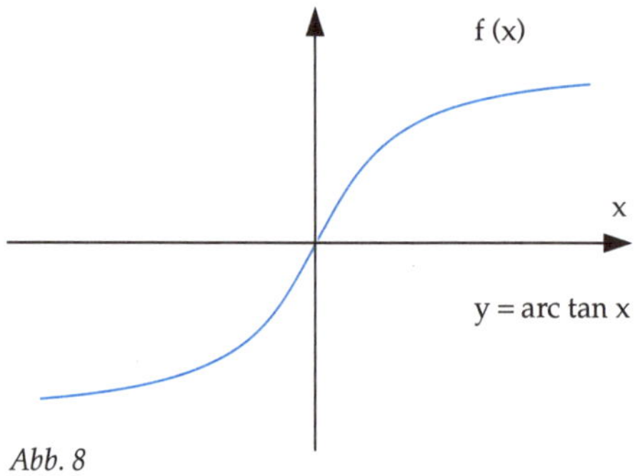

Abb. 8

Exponentialfunktionen
Ihre Gleichungen sind von der Form
$y = a^x, a > 1, x \in \mathbb{R}$

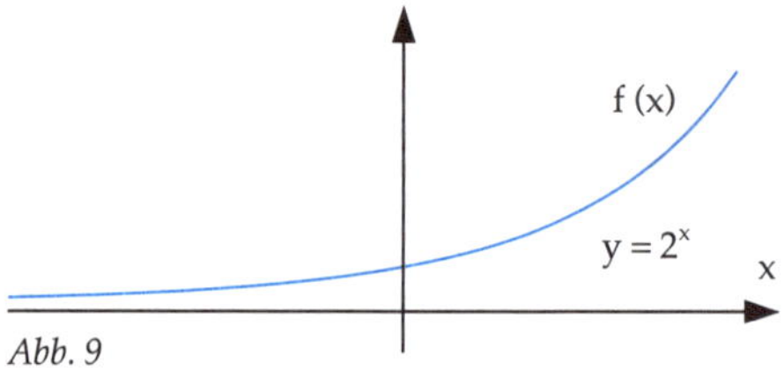

Abb. 9

Logarithmusfunktionen
Sie haben die Form
$y = \log_a(x),\ a > 1,\ x \in \mathbb{R}^+$

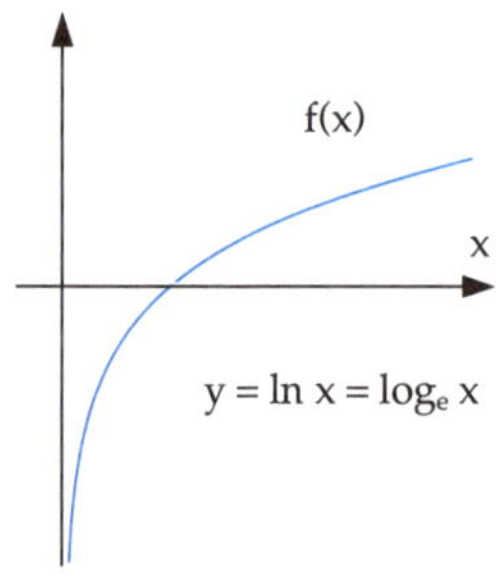

Abb. 10

Durch Verknüpfung von zwei Funktionen mit Hilfe der schon für Zahlen erklärten Rechenoperationen entsteht eine neue Funktion. Sie wird sozusagen „argumentweise" erklärt, existiert aber natürlich höchstens dort, wo beide Ausgangsfunktionen definiert sind.
Es seien f und g zwei reellwertige Funktionen. Dann ist

- die *Summe* $(f + g)(x) = f(x) + g(x);\ x \in \mathbb{D}_f \cap \mathbb{D}_g$
- die *Differenz* $(f - g)(x) = f(x) - g(x);\ x \in \mathbb{D}_f \cap \mathbb{D}_g$
- das *Produkt* $(f \cdot g)(x) = f(x) \cdot g(x);\ x \in \mathbb{D}_f \cap \mathbb{D}_g$
- der *Quotient* $(f : g)(x) = f(x) : g(x);\ x \in \mathbb{D}_f \cap \{x \in \mathbb{D}_g \mid g(x) \neq 0\}$

Eine **ganzrationale Funktion** entsteht als Summe, Differenz oder Produkt von Potenzfunktionen. Man nennt dies eine **Linearkombination** von Funktionstermen oder **Polynom.** Den höchsten Exponenten bezeichnet man als Grad des Polynoms oder der Funktion. Entsprechend ist eine **gebrochen rationale Funktion** ein Quotient von ganzrationalen Funktionen.

Natürlich gibt es auch kompliziertere Funktionen. Sie gehorchen etwa den Gleichungen $y = \sqrt{3x - 7}$ oder $y = \sin(x^2 + 3x - 1)$. Sie sind aus den Grundtypen durch **Verkettung** entstanden. Man spricht manchmal auch von Hintereinanderausführung. Darunter versteht man, daß das Argument einer Funktion selbst wieder Funktionswert einer anderen Funktion ist.

Einführungsbeispiel:

Zur Temperaturmessung sind derzeit drei Skalen gebräuchlich: die (wissenschaftliche) Kelvin-Skala, die Celsius-Skala und die Fahrenheit-Skala (in angelsächsischen Ländern). Bezeichnet man die Temperaturen auf der Kelvin-Skala mit x, die der Celsius-Skala mit z und die auf der Fahrenheit-Skala mit y, dann gelten die folgenden Umrechnungen:

$z = x - 273{,}15$ und $y = 32 + 1{,}8 \cdot z$

Die Fahrenheit-Werte lassen sich auch **unmittelbar** aus den Kelvin-Graden gewinnen. Dies geschieht durch **Einsetzen**:

$y = 32 + 1{,}8 \cdot (x - 273{,}15) = 1{,}8\,x - 459{,}67$

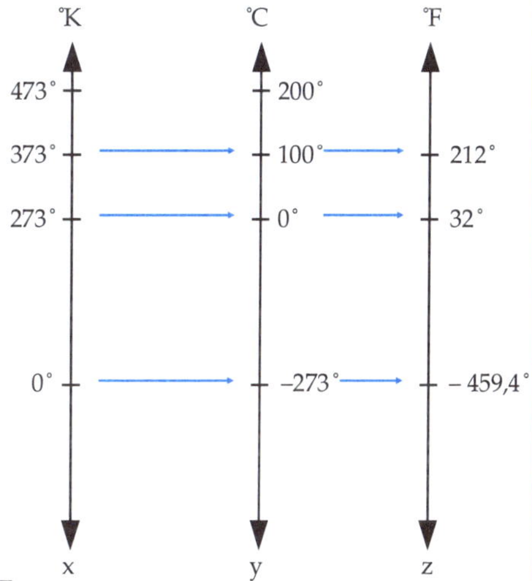

Abb. 11

Betrachtet man die Gleichungen als Funktionsterme, so wird

$g(x) = x - 273{,}15$; $f(z) = 32 + 1{,}8z$; $(h)\ x = f(g(x)) = 1{,}8x - 459{,}67$

Man erhält also eine neue Funktion $h = f \circ g$. Das Zeichen „o" wird gelesen „angewandt auf". Der Definitionsbereich dieser neuen Funktion liegt nicht automatisch fest. Vielmehr gilt:

$\mathbb{D}_h = \{x \in \mathbb{D}_g \mid g(x) \in \mathbb{D}_f\}$

In unserem Beispiel heißt das: Prinzipiell könnten in die Variable z alle Zahlen eingesetzt werden. Da aber die Kelvin-Skala die sogenannte „absolute Temperatur" angibt, muß $x \geq 0$ gelten. Daraus ergibt sich für z die Einschränkung $z \geq -273{,}15$.

Bei der oben erwähnten Wurzelfunktion mit $y = \sqrt{3x - 7}$ erfolgt die Einschränkung anders:

Da der Inhalt der Wurzel nicht negativ sein darf $(z \geq 0)$, muß $x \geq \frac{7}{3}$ sein.

Eigenschaften von Funktionen

Ein Ziel der Differenzialrechnung ist es, das Verhalten der Funktion (den Verlauf des Funktionsgraphen) allein mit rechnerischen Mitteln zu ergründen. Dazu gilt es, Kriterien festzulegen, die sich auf Eigenschaften der Funktionen stützen. Solche Eigenschaften sind:

1. Symmetrien

Wir unterscheiden Punktsymmetrie zum Ursprung sowie Achsensymmetrie zur y-Achse.

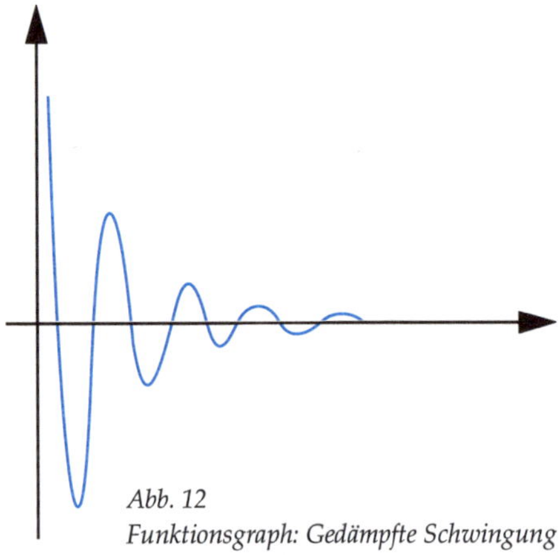

Abb. 12
Funktionsgraph: Gedämpfte Schwingung

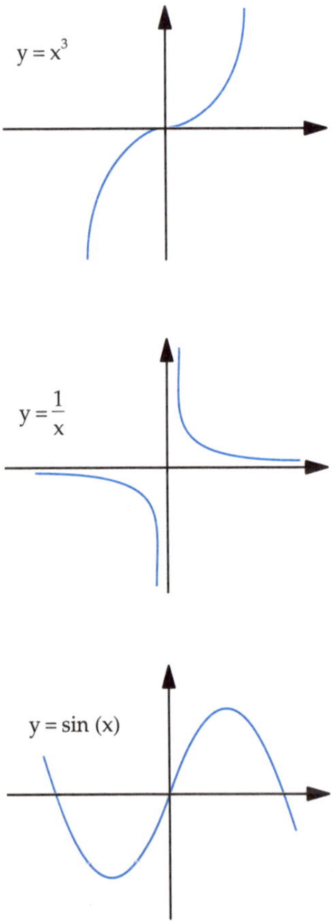

Abb. 13 a Punktsymmetrie bezüglich (0 | 0)

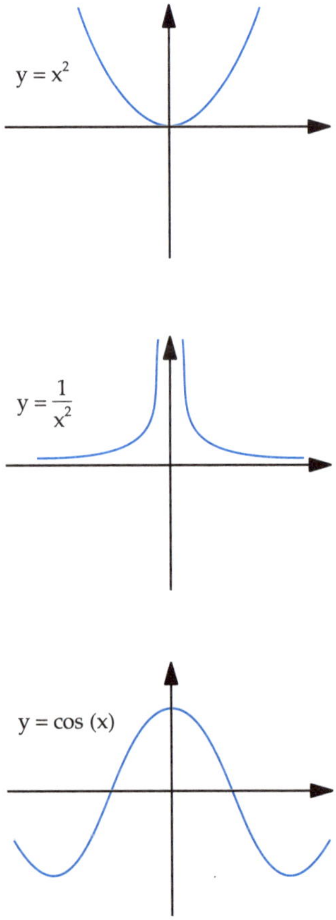

Abb. 13 b Achsensymmetrie bezüglich der y-Achse

Eine Funktion heißt ***gerade***, wenn sie symmetrisch zur y-Achse verläuft.
Dann gilt: $f(x) = f(-x)$.
Für ganzrationale Funktionen und Hyperbelfunktionen führt das zu dem einfachen Kriterium: sie sind gerade, wenn alle Exponenten gerade sind. Null gilt dabei als gerade Zahl.

Eine Funktion heißt ***ungerade***, wenn ihr Funktionsgraph punktsymmetrisch zum Koordinatenursprung $(0 \mid 0)$ verläuft.
Dann gilt: $f(x) = -f(-x)$.
Für ganzrationale Funktionen und Hyperbelfunktionen ergibt sich daraus: sie sind ungerade, wenn nur ungerade Exponenten vorkommen.

Allerdings sind die meisten Funktionen weder gerade noch ungerade. Eine andere mögliche Symmetrie kann dann durch eine geeignete Koordinatentransformation, also eine Verschiebung des Koordinatensystems (oder des Funktionsgraphen) nachgewiesen werden.

Beispiel:
Die Funktion mit $y = x^2 - 4x + 5$ ist weder gerade noch ungerade. Die Funktionsgleichung läßt sich jedoch umformen zu $y = (x-2)^2 + 1$.
Deren Graph wird im $(x' \mid y')$-Koordinatensystem mit $x' = x - 2$ und $y' = y - 1$ symmetrisch zur y'-Achse, da die Gleichung dann lautet: $y' = x'^2$.

2. Die Monotonie

In der Abbildung ist der Graph einer Funktion zu sehen, die in den Intervallen I_2 und I_4 streng monoton fallend, in den Intervallen I_1, I_3 und I_5 aber streng monoton steigend ist.

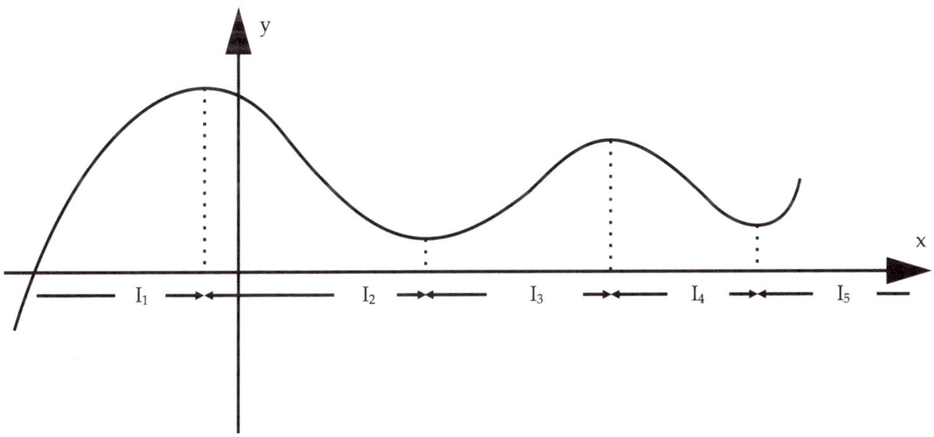

Abb. 14 Die Monotonie kann nur an den sogenannten Hoch- oder Tiefpunkten gewechselt werden

Eine Funktion f nennt man **monoton steigend** auf einem Intervall I,
wenn für alle $x_1, x_2 \in I$ gilt:
aus $x_1 < x_2$ folgt immer $f(x_1) \leqq f(x_2)$

Die Funktion f heißt **streng monoton steigend**, falls gilt:
aus $x_1 < x_2$ folgt immer $f(x_1) < f(x_2)$

Eine Funktion f nennt man **monoton fallend** auf einem Intervall I,
wenn für alle $x_1, x_2 \in I$ gilt:
aus $x_1 < x_2$ folgt immer $f(x_1) \geqq f(x_2)$

Die Funktion f heißt **streng monoton fallend**, falls gilt:
aus $x_1 < x_2$ folgt immer $f(x_1) > f(x_2)$

Beispiele:

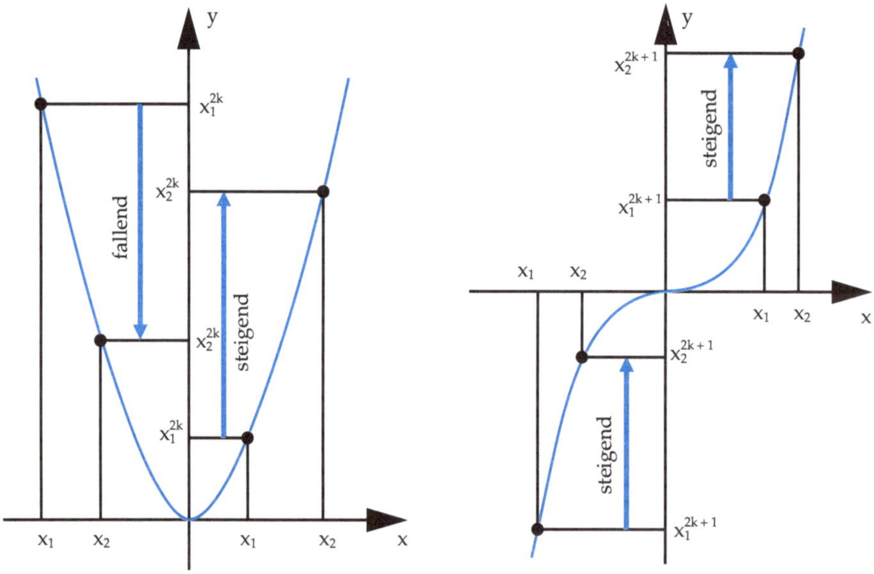

Abb. 15 a $f(x) = x^{2k}$ *Abb. 15 b* $f(x) = x^{2k+1}$

Die Monotonie im Steigungsverhalten kann nur an Hoch- oder Tiefpunkten gewechselt werden. Für sie gilt: Eine Funktion f hat an der Stelle $x_0 \in \mathbb{D}$ ein Maximum, wenn für alle $x \in I = \,]\, x_0 - \delta\, ;\, x_0 + \delta\, [$ gilt: $f(x) \leq f(x_0)$.

Sie hat bei x_0 ein Minimum, wenn gilt: $f(x) \geq f(x_0)$ für alle $x \in I$. Dies ist im konkreten Fall meist schwer nachprüfbar, bei trigonometrischen Termen etwa nur mit Hilfe der Additionstheoreme (siehe Band II, S. 117). Hier werden wir im Rahmen der Differentialrechnung einfachere Kriterien finden.

3. Existenz der Umkehrfunktion

Eine Funktion umzukehren heißt, von den y-Werten zu den x-Werten zurückzukehren. Dies ist jedoch nicht immer eindeutig möglich; dann etwa nicht, wenn eine Funktion ihr Monotonieverhalten ändert.

Beispiel:

Betrachte die Funktion f mit $y = 3x^2 + 2$. Wegen $f(2) = f(-2) = 14$ gibt es zwar zu jedem x-Wert genau einen y-Wert (Bedingung der Funktion!), aber zu jedem y-Wert (außer 0) zwei verschiedene x-Werte.

Hier stellt die Umkehrung $x = \pm\sqrt{\frac{y-2}{3}}$ keine Funktion mehr dar. Erst bei Einschränkung von $\mathbb{D}$ auf $\mathbb{R}_0^+$ gelingt das wieder. Dann wird $\mathbb{W}_f = \mathbb{D}_{f^{-1}} = [2; \infty[$.

Den Graph der Umkehrfunktion f^{-1} erhält man dann (bei gleicher Einteilung beider Achsen) durch Spiegelung des Graphen von f an der Winkelhalbierenden (Geraden y = x). Zur Vereinheitlichung bezeichnet man übrigens auch wieder den Funktionswert der Umkehrfunktion mit y, ihr Argument mit x.

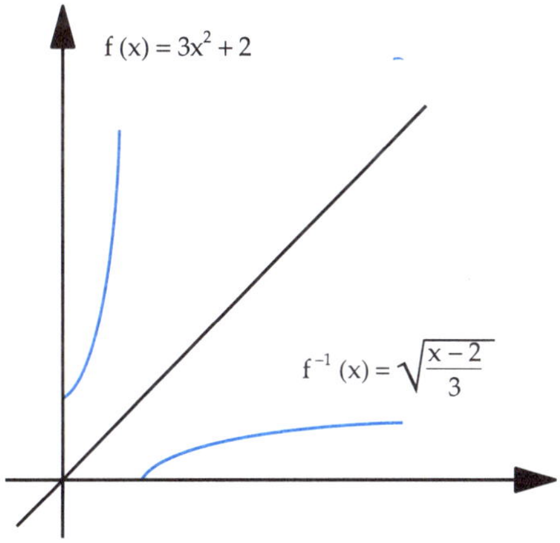

Abb. 16 Die Funktion $y = 3x^2 + 2$ und ihre Umkehrfunktion $y = \sqrt{\frac{x-2}{3}}$ für $\mathbb{D}_f = \mathbb{W}_{f^{-1}} = \mathbb{R}_0^+$ und $\mathbb{D}_{f^{-1}} = \mathbb{W}_f = [2; \infty[$.

Man definiert also:

Eine Funktion f hat genau dann eine Umkehrfunktion f^{-1}, wenn für alle $x_1, x_2 \in \mathbb{D}$ gilt:

$x_1 \neq x_2 \Rightarrow f(x_1) \neq f(x_2)$ oder $f(x_1) = f(x_2) \Rightarrow x_1 = x_2$

4. Nullstellen

Neben den Extremalpunkten sind die Schnittpunkte der Funktionsgraphen mit den Achsen von besonderer Bedeutung. Während dabei der Schnittpunkt mit der y-Achse im allgemeinen leicht zu bestimmen ist, bedarf es zur Bestimmung der Schnittpunkte mit der x-Achse, den sogenannten *Nullstellen*, oftmals ausgefeilter Techniken.

Problemlos lassen sich die Nullstellen nur bei sogenannten *linearen Funktionen* bestimmen (die übrigens korrekter *affine Funktionen* genannt würden). Sie gehorchen einer Gleichung der Form $y = mx + b$. Somit ergibt sich die einzige Nullstelle aus $0 = mx + b \Leftrightarrow x_0 = -\frac{b}{m}$

Bei *quadratischen Funktionen* hilft folgende Formel weiter:

$$0 = ax^2 + bx + c \Rightarrow x_{1/2} = \frac{-b \pm \sqrt{b^2 - 4ac}}{2a}$$

Beispiel:

Die Funktion mit der Gleichung $y = 3x^2 - 4x + 1$ hat die Nullstellen $x_{1/2} = \frac{4 \pm \sqrt{16 - 12}}{6}$

also $x_1 = 1$ und $x_2 = \frac{1}{3}$.

Dies ist eine erweiterte p-q-Formel (siehe Band I, S. 170).

Bedauerlicherweise gestaltet sich die Nullstellensuche nur noch bei Termen ähnlich einfach, die sich auf sogenannte *biquadratische Gleichungen* zurückführen lassen. Das sind solche, bei denen nur zwei Potenzen von x auftreten, deren Exponenten darüber hinaus im Verhältnis 2 : 1 stehen. (Beispiel: $y = x^6 - 3x^3 - 4$.) Die Substitution $x^3 = z$ führt auf $y = z^2 - 3z - 4$. Diese Gleichung hat die Nullstellen $z_1 = 4$ und $z_2 = -1$. Damit wird $x_1 = \sqrt[3]{4} \approx 1{,}59$ und $x_2 = \sqrt[3]{-1} = -1$.

Die einzigen Nullstellen der Funktion $y = x^6 - 3x^3 - 4$ sind somit $x_1 = \sqrt[3]{4}$ und $x_2 = -1$.

Für ganzrationale Funktionen höheren Grades als 2 (der höchste Exponent der Unbekannten ist größer als 2) hilft in der Regel nur noch das Verfahren der *Polynomdivision* weiter (siehe Band II, S. 104), sofern die Nullstellen Brüche oder ganze Zahlen sind. Das Verfahren basiert auf folgenden Überlegungen:

- Jedes Polynom f vom Grad $n \geq 1$ besitzt für $x_0 \in \mathbb{R}$ eine Zerlegung der Form $f(x) = f(x_0) + (x - x_0) \cdot g(x)$. Dabei ist g ein Polynom vom Grad $n - 1$ *(Zerlegungssatz).*

- Die ganzrationale Funktion f mit der Gleichung $y = a_n x^n + a_{n-1} x^{n-1} + \ldots + a_1 x + a_0$ $(n \geq 1)$ hat in $x_1 \in \mathbb{R}$ genau dann eine Nullstelle, wenn es ein Polynom g vom Grad $n - 1$ gibt, so daß $f(x) = (x - x_1) \cdot g(x)$ für alle $x \in \mathbb{D}$. Daraus ergibt sich für $x \neq x_1$ das Verfahren $f(x) : (x - x_1) = g(x)$.

- Durch wiederholte Anwendung ergibt sich: Die ganzrationale Funktion f vom Grad $n \geq 1$ hat genau dann die Nullstellen $x_1, \ldots, x_k$ mit $k \leq n$, wenn es ein Polynom g vom Grad $n - k$ gibt, so daß $f(x) = (x - x_1)(x - x_2) \ldots (x - x_k) \cdot g(x)$ gilt. Tritt dabei ein Faktor, zum Beispiel $(x - x_m)$, mehrfach auf, so heißt x_m doppelte, dreifache, ... Nullstelle.

- Eine ganzrationale Funktion vom Grad n hat höchstens n Nullstellen.
  Beweis:
  Beim Ausmultiplizieren von n + 1 Linearfaktoren ergäbe sich als höchster Exponent n + 1 im Widerspruch zur Voraussetzung, daß der Grad von f (x) n ist.
  Wie aber sehen die Zahlen x_0 ... aus?

- Ist $z \in \mathbb{Z}$ Nullstelle von f (x), so teilt $|z|$ die Zahl a_0 (absolutes Glied von f (x)).
  Ist $\frac{p}{q} \in \mathbb{Q}$ Nullstelle von f mit teilerfremden p und $q \in \mathbb{Z}$, so teilt $|p|$ die Zahl a_0 und $|q|$ teilt a_n *(Teilbarkeitskriterium).*

Beispiel:

Gegeben ist die Funktion f mit $f(x) = 4x^4 + 4x^3 - 6x^2 - 6x$.
Durch Ausklammern ergibt sich $f(x) = x(4x^3 + 4x^2 - 6x - 6)$.
Somit ist $x_1 = 0$ eine von 4 möglichen Nullstellen von f(x).
Als weitere Nullstellen kommen aufgrund des Teilbarkeitskriteriums
1; –1; 2; –2; 3; – 3; 6; – 6; 1/4; –1/4; 1/2; –1/2; 3/4; – 3/4; 3/2 und – 3/2 in Frage.
Durch Probieren ergibt sich $x_2 = -1$.
Daraus folgt mittels der Polynomdivision:

$$
\begin{array}{l}
(4x^3 + 4x^2 - 6x - 6) : (x + 1) = 4x^2 - 6 \\
\underline{-(4x^3 + 4x^2)} \\
\quad -6x - 6 \\
\underline{-(-6x - 6)} \\
\qquad 0
\end{array}
$$

aus der Gleichung $4x^2 - 6 = 0$ folgt $x^2 = \frac{3}{2} \Rightarrow x_3 = \sqrt{\frac{3}{2}}\,;\; x_4 = -\sqrt{\frac{3}{2}}$

Bedauerlicherweise finden sich für nichtrationale Nullstellen keine geschlossenen Verfahren mehr. Hier muß auf computergestützte Näherungsverfahren verwiesen werden.
Analog verläuft die Berechnung der Nullstellen von gebrochen rationalen Funktionen, da sie nur dort Nullstellen besitzen können, wo das Zählerpolynom Null wird.

5. Schnittstellen- und Schnittwinkelbestimmung

Die Schnittstellenbestimmung von zwei Funktionen f und g ist auf die Nullstellenbestimmung zurückführbar. Es gilt nämlich f (x) = g (x) genau dann, wenn f (x) – g (x) = 0 ist.

- Für die Bestimmung von Schnittwinkeln müssen wir uns zunächst auf Geraden beschränken. Zwei nicht parallele Geraden in der Ebene schneiden sich in genau einem Punkt. Schneiden sich die beiden Geraden nicht rechtwinklig, so bezeichnet man den kleineren der dabei entstehenden Winkel als den *Schnittwinkel* φ. Damit gilt $0 \leq \varphi \leq 90°$ (Abb. 17 a). Aus den Neigungswinkeln α_1 und α_2 ergibt sich: $\varphi = |\alpha_2 - \alpha_1|$ oder $\varphi = 180° - |\alpha_2 - \alpha_1|$.

- Mit Hilfe der Additionstheoreme für trigonometrische Funktionen (siehe Band II, S. 117 und S. 105) gilt dann:

  $$\tan \varphi = |\tan|\alpha_2 - \alpha_1|| = |\tan(\alpha_2 - \alpha_1)| = \left|\frac{\tan \alpha_2 - \tan \alpha_1}{1 + \tan \alpha_2 \cdot \tan \alpha_1}\right| = \left|\frac{m_2 - m_1}{1 + m_1 \cdot m_2}\right|$$

  Bei Geraden stimmt die Steigung m mit dem *Tangens des Steigungswinkels* überein:

$\tan \alpha = m$

Diese Formel gilt für alle Werte von m_1 und m_2 mit Ausnahme von $m_1 \cdot m_2 = -1$. In diesem Fall aber stehen die Geraden senkrecht aufeinander (Abb. 17 b):

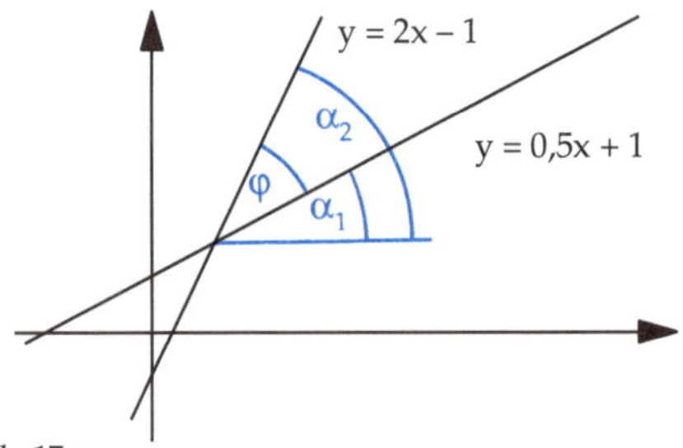

Abb. 17 a

$g_1 \perp g_2 \Leftrightarrow m_1 \cdot m_2 = -1$

Bei der Bestimmung des Schnittwinkels wurde also wesentlich auf die Steigung zurückgegriffen. Die Schnittwinkel bei anderen Funktionen können wir somit erst bestimmen, wenn mit Hilfe der Differentialrechnung festgelegt wurde, was unter der Steigung einer solchen Funktion verstanden werden soll.

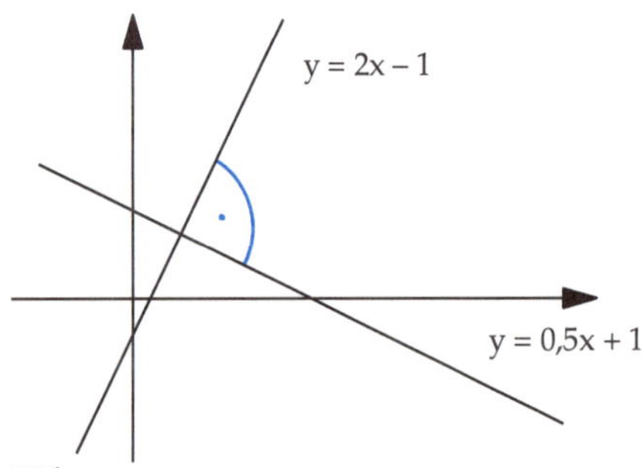

Abb. 17 b

6. Asymptotisches Verhalten

Hierunter versteht man das „Anschmiegen" eines Funktionsgraphen an eine (gedachte) Linie. Auf entsprechende Berechnungen soll in den folgenden Abschnitten eingegangen werden.

Folgen als Funktionen auf $\mathbb{N}$

Einführungsbeispiel:

Ein Baggersee von 1200 m^2 Größe wird weiter ausgebaggert und wächst dadurch jede Woche um 600 m^2. Eine Algenart bedeckt zu Beginn der Baggerarbeiten 1 m^2 Wasserfläche. Die mit Algen bedeckte Fläche verdreifacht sich jede Woche. Als dies einer der Bauarbeiter feststellt, sagt er: „Bald wird der ganze See mit Algen überwuchert sein!“ Hat er recht?

Lösung: Wochenzahl	0	1	2	3	4	5	6	7	8
Seefläche in m^2	1200	1800	2400	3000	3600	4200	4800	5400	6000
Algenfläche in m^2	1	3	9	27	81	243	729	2187	6561

Nach knapp 8 Wochen haben die Algen also den ganzen See erobert.

Für die Lösung werden Zahlenwerte aufgeschrieben, wobei die *Reihenfolge* dieser Zahlen vorbestimmt ist und eine Vertauschung sofort zu einer Verfälschung führen würde. Deshalb spricht man von **Zahlenfolgen** und numeriert die einzelnen **Glieder** der Folge durch: $s_1 = 1200$, $s_2 = 1800$, $s_3 = 2400$, ... oder $a_1 = 1$, $a_2 = 3$ ..., wenn mit s_n die Glieder der Folge des Seewachstums und mit a_n die Glieder der „Algenfolge“ bezeichnet werden.
Beide Folgen lassen sich mittels einer Funktion darstellen, die jedem n einen Funktionswert zuordnet:
$s(n) = s_n = 1200 + n \cdot 600$
$a(n) = a_n = 3^n$, wobei $n \in \mathbb{N}$.

Folgen sind also Funktionen mit $\mathbb{D} = \mathbb{N}$.

Weitere Beispiele, die dem Leser sicher bereits vertraut sind:
$n_n = n$, die Folge der natürlichen Zahlen (Hausnummern), also $n_1 = 1, n_2 = 2, n_3 = 3 \ldots$
$q_n = n^2$, die Folge der Quadratzahlen, also $q_1 = 1, q_2 = 4, q_3 = 9 \ldots$
$k_n = \frac{1}{n}$, die Folge der Kehrwerte der natürlichen Zahlen, also $k_1 = 1, k_2 = \frac{1}{2}, k_3 = \frac{1}{3} \ldots$
$i_n = (-1)^n$ mit $i_1 = -1, i_2 = 1, i_3 = -1, i_4 = 1 \ldots$

Die Folgeglieder der letzten Folge haben wechselnde Vorzeichen; die Folge heißt deshalb **alternierend**.
Auch die beiden Folgen unseres Einführungsbeispiels gehören zwei speziellen Gruppen von Folgen an:

Bei der Seewachstumsfolge ist jeweils die Differenz zweier aufeinanderfolgender Glieder konstant:

$s_n - s_{n-1} = 1200 + 600n - (1200 + [n-1] \cdot 600) = 600$

Dadurch wird s_n zum *arithmetischen Mittel* von Vorgänger und Nachfolger:

$$1200 + n \cdot 600 = \frac{1200 + (n+1) \cdot 600 + 1200 + (n-1) \cdot 600}{2}$$

Die Folge heißt deshalb **arithmetische Folge**.

Wegen $s_2 - s_1 = s_3 - s_2 = \ldots = d$ gilt:

$s_n = s_1 + (n-1) \cdot d$

Bei der Algenwachstumsfolge ist jeweils der Quotient zweier aufeinanderfolgender Glieder konstant: $a_n : a_{n-1} = 3^n : 3^{(n-1)} = 3^{n-(n-1)} = 3$.

Dadurch wird a_n zum *geometrischen Mittel* von a_{n+1} und a_{n-1}:

$3^n = \sqrt{3^{n+1} \cdot 3^{n-1}}$, die Folge heißt deshalb **geometrische Folge**.

Hier gilt dann: $a_n = a_1 \cdot q^{n-1}$

Addiert man die Glieder einer arithmetischen Folge auf, so entsteht eine neue Folge: eine Folge von Teilsummen. Diese bezeichnet man als **arithmetische Reihe**. Analog entsteht beim Addieren der Glieder einer geometrischen Folge eine **geometrische Reihe**.

Beispiel:

Bei einem Prämiensparvertrag werden jährlich 1000 DM auf das Sparkonto eingezahlt. Der gesparte Betrag erhöht sich zusätzlich um den Zinsertrag von jährlich 6 %. Wie hoch ist das Guthaben am Ende des siebenten Jahres?

Die erste Einzahlung wird siebenmal mit dem Zinsfaktor 1,06 multipliziert; sie wächst auf 1000 DM $\cdot\ 1{,}06^7$. Die zweite Einzahlung wird sechs Jahre lang verzinst und erbringt daher 1000 DM $\cdot\ 1{,}06^6$. Insgesamt ergibt sich daher für das Guthaben

$S = 1000\,\text{DM} \cdot (1{,}06^7 + 1{,}06^6 + \ldots + 1{,}06^1) = 1000\,\text{DM} \cdot 1{,}06 \cdot (1{,}06^6 + \ldots + 1) \approx 8897{,}47\,\text{DM}$

Da die Vielzahl der Eingaben recht mühsam ist, wäre es günstig, die gesamte Rechnung durch eine „Summenformel" ersetzen zu können. Dies soll im Abschnitt Vollständige Induktion und Reihensummen (Seite 36 ff.) geschehen.

Grenzwerte von Folgen; Grenzwertsätze

Einführungsbeispiel:

Bei einer Orgel werden Pfeifen gleicher Klangfarbe zu Registern zusammengefaßt. Jedes Register umfaßt in der Regel 56 Pfeifen unterschiedlicher Tonhöhe. Bei gleicher Bauart der Pfeifen (offen, geschlossen) hängt die Höhe des erzeugten Tones von ihrer Länge ab: je länger die Pfeife, desto tiefer der Ton. In einem Orgelregister ist die auf den Ton c gestimmte Pfeife etwa 130 cm lang. Der um eine Oktave höhere Ton c' wird von einer halb so langen Pfeife erzeugt. Die Pfeifen für die elf dazwischenliegenden Töne sind so bemessen, daß benachbarte Pfeifen jeweils dasselbe Längenverhältnis haben. Wie lang sind die einzelnen Pfeifen, und wie geht es weiter?

Die Längenmaßzahlen gehören zu einer geometrischen Folge $a_n = a_1 \cdot q^{n-1}$ mit $a_1 = 130$ cm. Die 13. Pfeife ist halb so lang wie die erste.

Deshalb läßt sich q aus der Gleichung $a_1 \cdot q^{12} = 0{,}5 \cdot a_1$ bestimmen.

Es ist $q = \sqrt[12]{0{,}5} \approx 0{,}9439$.

Wie es weitergeht, ist anschaulich klar: Die 26. Pfeife ist wieder halb so lang wie die 13. Pfeife, hat also 25 % der Länge der ersten Pfeife. Die Pfeifen werden also mit zunehmender Tonhöhe immer kürzer. Schließlich werden (theoretisch) Töne im Ultraschallbereich erzeugt, die Pfeifenlänge sinkt unter jede vorgegebene positive Zahl und schrumpft bei beliebig hohen Tönen auf Null zusammen. Negative Werte dagegen sind unmöglich. Die Länge Null gilt daher als **Grenzwert** der Pfeifenlängen.

Nicht immer ist dies aus der Anschauung so klar. Deshalb definiert man:

Die Folge a_n (wobei $n \in \mathbb{N}$) heißt **Nullfolge**, wenn es zu jeder Zahl $\varepsilon > 0$ eine Nummer n_0 gibt, so daß für alle Folgenglieder mit höherer Nummer, also $n > n_0$, gilt: $|a_n| < \varepsilon$.
Man schreibt auch: $\lim\limits_{n \to \infty} a_n = 0$ und sagt, die Folge a_n **konvergiert** gegen Null.

Warum macht man es sich so kompliziert und sagt nicht einfach „unendlich viele Glieder der Folge weichen nur um ganz wenig, nämlich um dieses ε, vom Grenzwert ab"? Dies klären folgende Beispiele.

Beispiele:

1. Sei $b_n = (-1)^n \cdot \frac{1}{n}$, so gibt es positive und negative Folgenglieder.

   Dennoch ist der *Grenzwert 0*.
   Dies erklärt die Notwendigkeit des Betragszeichens: $|b_n| < \varepsilon$

2. Sei $c_n = (-1)^n$. Dann treten abwechselnd die Folgeglieder 1 und –1 auf. Wie eng man die ε-Umgebung etwa um die 1 auch macht, immer finden sich unendlich viele Folgeglieder (nämlich alle die mit gerader Nummer) innerhalb dieser ε-Umgebung, aber eben auch unendlich viele draußen! Deshalb nähern sich die Folgenglieder eben nicht einem klar bestimmbaren Wert. In diesem speziellen Fall sagt man, die Folge hat zwei **Häufungspunkte**. Außerdem ist c_n *beschränkt*, da die Folgenglieder nie größer werden als 1 und nie kleiner als –1.
   Allgemein gilt:

> Eine Folge f_n heißt **beschränkt**, wenn es eine Zahl $K > 0$ gibt, so daß $|f_n| < K$ für alle $n \in \mathbb{N}$ gilt.

3. Die Folge $d_n = \frac{1}{n} + 10^{-6}$ hat offenbar nicht den Grenzwert Null, sondern den Grenzwert 10^{-6}. Aber für $\varepsilon = 10^{-3}$ ließe sich die Bedingung $|d_n| < \varepsilon$ für $n > n_0 = 1001$ erfüllen und damit der Grenzwert Null fälschlicherweise plausibel machen.
   Deshalb ist die Forderung *für alle* $\varepsilon > 0$ notwendig!

Beispiel 3 zeigte schon, daß es auch andere Grenzwerte als Null gibt. Deshalb definiert man:

> Eine Folge a_n hat den Grenzwert a, wenn die Folge $(a_n - a)$ den Grenzwert Null hat.

In Symbolen: $\lim\limits_{n\to\infty} a_n = a \Leftrightarrow \lim\limits_{n\to\infty} (a_n - a) = 0$

Für jedes $\varepsilon > 0$ gibt es ein n_0, so daß für $n > n_0$ der Betrag $|a_n - a| < \varepsilon$ wird.

Das Problem dabei ist, daß man den Grenzwert offensichtlich „erraten" muß. Deshalb existiert eine weitere Möglichkeit, festzustellen, ob eine Folge überhaupt einen Grenzwert hat, das sogenannte **Cauchy-Kriterium**:

> Eine Folge a_n ist **konvergent**, wenn es zu jedem $\varepsilon > 0$ ein n_0 gibt, so daß für $n, m > n_0$ gilt:
> $|a_n - a_m| < \varepsilon$

Beispiel:

$a_n = \frac{1}{2n-1}$ ist konvergent, denn für $\varepsilon = \frac{1}{n_0}$ gilt

$$\left|\frac{1}{2n-1} - \frac{1}{2m-1}\right| = \left|\frac{2(m-n)}{4mn-2m-2n+1}\right| < \frac{1}{n_0}$$

und für m > n folgt:

$$2mn_0 - 2nn_0 < 2mn_0 + 2nn_0 \leq 2m\,(n-1) + 2n\,(m-1) < 2mn - 2m + 2nm - 2n + 1$$
$$= 4mn - 2m - 2n + 1$$

Der Grenzwert selbst ist Null, wie man leicht sieht.
Manchmal hilft auch folgende Regel weiter:

Jede **monotone** und **beschränkte** Folge ist konvergent.

Beispiel:

$a_n = (2n-1)^{-1}$ ist beschränkt, da alle Folgenglieder zwischen Null und Eins liegen.
Sie ist ferner *monoton fallend*, denn
$(2n-1)^{-1} > (2\,[n+1]-1)^{-1} = (2n+1)^{-1}$.
Also ist a_n *konvergent*; der Grenzwert ist Null.

Folgen ohne Grenzwert heißen divergent.

Für das Arbeiten mit Grenzwerten gelten folgende Sätze:
Es sei $\lim\limits_{n\to\infty} a_n = a$; $\lim\limits_{n\to\infty} b_n = b$. Dann gilt:

1. $\lim\limits_{n\to\infty} (a_n + b_n) = a + b$

2. $\lim\limits_{n\to\infty} (a_n - b_n) = a - b$

3. $\lim\limits_{n\to\infty} (a_n \cdot b_n) = a \cdot b$

Es gilt sogar: $\lim\limits_{n\to\infty} a_n = a$, b_n beschränkt, aber nicht konvergent und $b_n \neq$ konstant

$\Rightarrow \lim\limits_{n\to\infty} (a_n \cdot b_n) = a$

4. $\lim\limits_{n\to\infty} (a_n : b_n) = a : b$, falls $\lim\limits_{n\to\infty} b_n \neq 0$

Beweis zu **1.**:

Zu $\varepsilon > 0$ existieren n_0 und m_0 mit $|a_n - a| < \varepsilon$ für $n > n_0$ und $|b_n - b| < \varepsilon$ für $n > m_0$.

Für $n > \max\{n_0, m_0\}$ erhalten wir dann nach der **Dreiecksungleichung**

$|(a_n + b_n) - (a + b)| = |(a_n - a) + (b_n - b)| \leq |a_n - a| + |b_n - b| < \varepsilon + \varepsilon = 2\varepsilon = \varepsilon$

(Für ein Dreieck mit den Seiten a, b, c gilt: $a + b \geq c$)

Die übrigen Beweise verlaufen analog und seien deshalb dem Leser als Übung überlassen. Ferner lassen sich Grenzwertberechnungen mit *Verkettungen* vertauschen.

Beispiel:

$\lim\limits_{n\to\infty} \exp(a_n) = \exp(\lim\limits_{n\to\infty} a_n)$; $\lim\limits_{n\to\infty} \sin(a_n) = \sin(\lim\limits_{n\to\infty} a_n)$

Leider ist, wie wir schon oben gesehen haben, die Grenzwertdefinition bei Rechnungen äußerst unhandlich. Da sie aber zumindest aus dem Schulalltag nicht wegzudenken und leider manchmal auch nicht zu umgehen ist, sei zum Abschluß noch einmal die Berechnung von ε konkret vorgeführt. Gleichzeitig aber soll auf eine in vielen Fällen unproblematischere Methode verwiesen werden.

Beispiel:

$a_n = \dfrac{2n^2 - 3n + 7}{n^2 + n}$ konvergiert gegen 2.

Es gilt nämlich:

$$\left|\frac{2n^2 - 3n + 7}{n^2 + n} - 2\right| = \left|\frac{2n^2 - 3n + 7 - 2(n^2 + n)}{n^2 + n}\right| = \left|\frac{-5n + 7}{n^2 + n}\right| = \frac{5n - 7}{n^2 + n} < \varepsilon \quad \text{für} \quad n \geq 2$$

Also ist $5n - 7 < \varepsilon \cdot (n^2 + n)$ oder $n^2 + \left(1 - \dfrac{5}{\varepsilon}\right) \cdot n + \dfrac{7}{\varepsilon} > 0.$

Mit der ***p-q-Formel*** ergibt sich für $\varepsilon = 10^{-3}$: $n > 4997{,}6$ (also $n_0 = 4997$)

für $\varepsilon = 10^{-6}$: $n > 499997{,}6$ (also $n_0 = 499997$)

Bei derartigen rationalen Termen erweist sich jedoch folgende Methode als günstiger:

- kürze mit der höchsten Potenz von n im Nenner;
- bestimme anschließend den Gesamtgrenzwert aus den Einzelgrenzwerten mit Hilfe der Grenzwertsätze.

Beispiel:

$$\lim_{n\to\infty} a_n = \lim_{n\to\infty} \frac{2-\frac{3}{n}+\frac{7}{n^2}}{1+\frac{1}{n}} = \frac{\lim\limits_{n\to\infty} 2 - \lim\limits_{n\to\infty} \frac{3}{n} + \lim\limits_{n\to\infty} \frac{7}{n^2}}{\lim\limits_{n\to\infty} 1 + \lim\limits_{n\to\infty} \frac{1}{n}} = \frac{2-0-0}{1+0} = 2$$

Für kompliziertere Terme erweist sich darüber hinaus das **Einschließungskriterium** als nützlich:

Es seien a_n und c_n konvergent mit dem Grenzwert g. Ferner gelte $a_n < b_n < c_n$ für alle $n > n_0$. Dann ist auch b_n konvergent und hat den Grenzwert g.

Beispiel:

Gegeben sei die Folge $s_n = \dfrac{\sin\left(\frac{1}{n}\right)}{\frac{1}{n}}$.

Hat sie einen Grenzwert für $n \to \infty$, und wenn ja, welchen?
Das Problem ist, daß zwar Zähler und Nenner konvergieren, aber der Grenzwert des Nenners Null ist. Hier hilft das *Einschließungskriterium* weiter. Es ist nämlich:

$$\tan\left(\frac{1}{n}\right) > \frac{1}{n} > \sin\left(\frac{1}{n}\right) \Leftrightarrow \frac{1}{\cos\left(\frac{1}{n}\right)} > \frac{\frac{1}{n}}{\sin\left(\frac{1}{n}\right)} > 1 \Leftrightarrow \cos\left(\frac{1}{n}\right) < \frac{\sin\left(\frac{1}{n}\right)}{\frac{1}{n}} < 1$$

Also ist $1 = \lim\limits_{n\to\infty} \cos\left(\frac{1}{n}\right) \le \lim\limits_{n\to\infty} \dfrac{\sin\left(\frac{1}{n}\right)}{\frac{1}{n}} \le \lim\limits_{n\to\infty} 1 = 1$

und damit auch der gesuchte Grenzwert 1.

Verhalten von Funktionen für $|x| \to \infty$

Einführungsbeispiel:

Vergleicht man die Folge $a_n = \frac{1}{n}$ mit der Funktion f mit $y = \frac{1}{x}$, so stellt man fest, daß für $x > 0$ beide ein ähnliches Verhalten zeigen. Allerdings ist es bei der Funktion f nicht mehr möglich, das erste x, für das $f(x) < \varepsilon$ ist, explizit anzugeben, da die reellen Zahlen dicht liegen. Dafür gibt es hier aber ein x_0, für das $f(x) = \varepsilon$ ist.

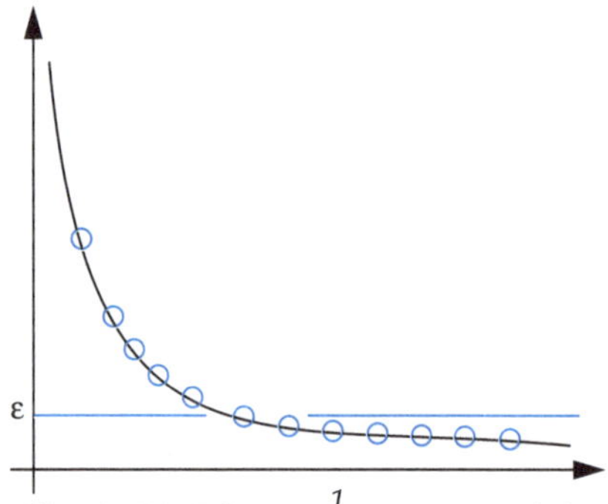

Abb. 18 Die Folge $a_n = \frac{1}{n}$; $\mathbb{D} = \mathbb{N}$ und die Funktion $y = \frac{1}{x}$; $\mathbb{D} = \mathbb{R}$

Man definiert deshalb analog:

Eine Funktion f konvergiert für x gegen ∞ gegen den Grenzwert 0, wenn es zu jedem $\varepsilon > 0$ eine Zahl x_0 gibt, so daß $|f(x)| < \varepsilon$ für alle $x \in \mathbb{D}$ mit $x > x_0$.
Man schreibt dann auch: $\lim\limits_{x \to \infty} f(x) = 0$

Entsprechend definiert man:

f konvergiert gegen $a \in \mathbb{R}$, wenn es zu jedem $\varepsilon > 0$ ein x_0 gibt, so daß $|f(x) - a| < \varepsilon$ für $x > x_0$.

Selbstverständlich gelten die Sätze zur Berechnung von Grenzwerten entsprechend.
Die Zahl a läßt sich auch als konstante Funktion mit der Gleichung $y = a$ auffassen, an die sich die Funktion f mit steigenden Argumenten x immer enger anschmiegt. Man bezeichnet sie deshalb als **Asymptote**.

Beispiele:

1. $\lim\limits_{x \to \infty} \frac{5}{|x|} = 0$; $\lim\limits_{x \to \infty} \left(4 - \frac{8}{x}\right) = 4$; $\lim\limits_{x \to \infty} \frac{4-x}{2+x} = \lim\limits_{x \to \infty} \frac{\frac{4}{x} - 1}{\frac{2}{x} + 1} = \frac{-1}{+1} = -1$

2. $\lim\limits_{x \to \infty} \frac{2x^2+3}{5x^2-1} = \frac{2}{5}$; $\lim\limits_{x \to \infty} e^{-x} = 0$; $\lim\limits_{x \to \infty} e^{x} = \infty$ *(uneigentlicher Grenzwert).*

Die beiden Beispiele zeigen schon, daß es bei Funktionen, anders als bei Folgen, noch weitere Grenzwerte geben kann. So laufen im vorletzten Beispiel die Exponenten ja gegen $-\infty$, weshalb man auch schreiben könnte:

$\lim\limits_{x \to \infty} e^{-x} = \lim\limits_{x \to -\infty} e^{x} = 0$. Man definiert entsprechend zum Grenzwert für $x \to \infty$ auch einen Grenzwert für $x \to -\infty$.

$|f(x) - a| < \varepsilon$ für $x < x_0$, falls zu jedem $\varepsilon > 0$ ein solches x_0 existiert.

Die Grenzwertsätze für Folgen gelten entsprechend auch für Funktionen.
Für **rationale** Funktionen ergeben sich folgende Aussagen:

Sei f gegeben durch $f(x) = \frac{a_n x^n + \ldots + a_1 x + a_0}{b_m x^m + \ldots + b_1 x + b_0}$, so gilt für

m > n: $\lim\limits_{|x| \to \infty} f(x) = 0$

n > m: $\lim\limits_{|x| \to \infty} f(x) = \infty$ oder $-\infty$ (es existiert kein Grenzwert).

n = m: $\lim f(x) = a_n : b_n$

Die Ergebnisse „∞“ oder „$-\infty$“ bezeichnet man auch als „uneigentliche Grenzwerte“.

Beispiele:

1. $\lim\limits_{x \to \infty} \frac{4x^2-1}{3x^3+2} = 0$

2. $\lim\limits_{x \to \infty} \frac{3x^2+2x}{-x+2} = \infty$

3. $\lim\limits_{x \to \infty} \frac{-4x^3+2}{2x+1} = -\infty$

4. $\lim\limits_{x \to \infty} \frac{6x^3+2x+1}{-5x^3+2x+4} = -\frac{6}{5}$

Grenzwerte von Funktionen für $x \to x_0$, Stetigkeit und stetige Ergänzung

Einführungsbeispiel:

Gegeben sei die Funktion f mit $f(x) = \frac{x^2 - 3x + 2}{x^2 - x - 2}$

Diese Funktion ist an den Stellen –1 und 2 nicht definiert, da dies die Nullstellen des Nenners sind. Wie verhält sich die Funktion in der Nähe dieser Stellen?

Erstellt man mit Hilfe des Taschenrechners eine Wertetabelle und zeichnet danach den Funktionsgraphen, so stellt man fest, daß bei –1 zwei auseinanderlaufende Äste entstehen, während bei 2 offenbar nur ein Loch im Graph bleibt, das mit Hilfe eines zusätzlichen Punktes leicht auszufüllen wäre.

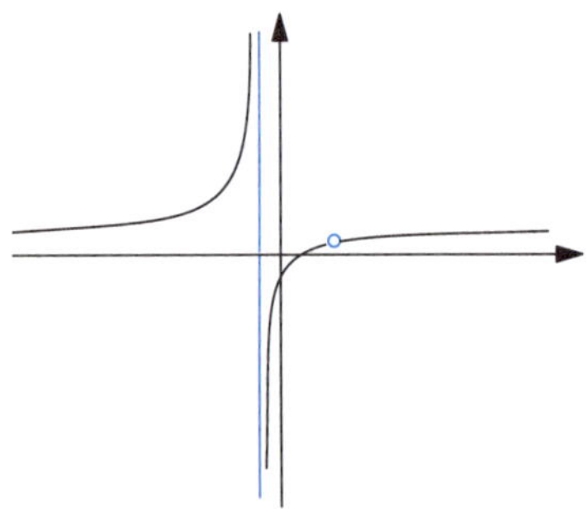

Abb. 19 $y = \frac{x^2 - 3x + 2}{x^2 - x - 2}$

Nun sind Tabellen und Zeichnungen allein nicht beweiskräftig. Kann man dieses Ergebnis auch zweifelsfrei errechnen? Es geht folglich um einen „Grenzwert für $x \to 2$ oder $x \to -1$". Da die reellen Zahlen (im Gegensatz zu den natürlichen Zahlen) dicht liegen, es also in jedem *Intervall* unendlich viele reelle Zahlen gibt, ist ein solches Annähern an jede Zahl möglich, die Existenz eines solchen Grenzwerts also plausibel. Dazu stellt man jede Zahl in der Umgebung von 2 als 2 + h dar (das sind dann die Zahlen rechts von der 2), und 2 – h (das sind die Zahlen links von 2). Man erhält dann:

$$f(2+h) = \frac{(2+h)^2 - 3 \cdot (2+h) + 2}{(2+h)^2 - (2+h) - 2} = \frac{h^2 + h}{h^2 + 3h} = \frac{h+1}{h+3} \text{ und analog } f(2-h) = \frac{h-1}{h-3}$$

Annäherung an $x_0 = 2$ bedeutet dann, daß h immer kleiner wird, also letztlich $h \to 0$, aber trotzdem $h \neq 0$ ist.

Dann wird $\lim\limits_{h \to 0} f(2+h) = \frac{1}{3} = \lim\limits_{h \to 0} f(2-h)$

Mit dem zusätzlichen Funktionswert $\frac{1}{3}$ für $x_0 = 2$, also $f(2) = \frac{1}{3}$ ließe sich also die Lücke schließen. Ein Punkt dieser Art wird deshalb **Lücke** gennant.

In ähnlicher Weise erhält man:

$$f(-1+h) = \frac{(-1+h)^2 - 3 \cdot (-1+h) + 2}{(-1+h)^2 - (-1+h) - 2} = \frac{h^2 - 5h + 6}{h^2 - 3h}$$

$$f(-1-h) = \frac{(-1-h)^2 - 3 \cdot (-1-h) + 2}{(-1-h)^2 - (-1-h) - 2} = \frac{h^2 + 5h + 6}{h^2 + 3h}$$

und man erkennt, daß für $h \to 0$ der Nenner immer mehr auf Null zuläuft, also kein Grenzwert existieren kann.
Die Stelle $x_0 = -1$ heißt ungleichnamige **Polstelle**.

Wie hat man sich dieses h vorzustellen? Am einfachsten wäre es mit $h = \frac{1}{n}$. Damit wäre $\lim\limits_{h \to 0} (...)$ dasselbe wie $\lim\limits_{n \to \infty} (...)$ und der Anschluß geschafft. Leider stimmt das nicht völlig, da die Zahlen n^{-1} für $n \in \mathbb{N}$ nur singuläre Punkte sind, während aufgrund der Formulierung „für alle ..." in den Grenzwertdefinitionen das h *alle reellen Zahlen* annehmen soll. Man spricht deshalb auch von einer **kontinuierlichen h-Sonde**.
Ein solcher Grenzwert kann natürlich unabhängig davon bestimmt werden, ob für eine Zahl x_0 bereits ein Funktionswert existiert oder nicht. Dann können dieser Funktionswert und der so berechnete Grenzwert übereinstimmen oder nicht. Deshalb legt man fest:

> Eine Funktion f heißt **stetig** in x_0, wenn $f(x_0) = \lim\limits_{h \to 0} f(x_0 + h) = \lim\limits_{h \to 0} f(x_0 - h)$.

Eine Funktion heißt ferner stetig auf ganz $\mathbb{D}$, wenn sie in jedem $x \in \mathbb{D}$ stetig ist. Stetigkeit ist somit eine *lokale* Eigenschaft. Existiert wie im Einführungsbeispiel zwar der Grenzwert, aber kein Funktionswert, so kann dieser nachträglich ergänzt werden. Dies bezeichnet man dann als **stetige Ergänzung**.

> Ist f in $x_0 \in \mathbb{R}$ nicht definiert, aber gilt $\lim f(x_0 + h) = \lim f(x_0 - h) = k$, so heißt
> f^* mit $f^*(x) = \begin{cases} f(x) \text{ für } x \neq x_0 \text{ und } x \in \mathbb{R} \\ k \quad \text{für } x = x_0 \end{cases}$ stetige Ergänzung von f in x_0.

Dies legt folgende Beschreibung für eine stetige Funktion $f: \mathbb{R} \to \mathbb{R}$ nahe: „Eine Funktion ist stetig, wenn man sie in einem Strich durchzeichnen kann." Leider ist diese Beschreibung nicht korrekt, aber dennoch nützlich. Gegenbeispiele sind allerdings vorwiegend von innermathematischer Bedeutung.

Beispiel:

Die Funktion g sei definiert durch $g(x) = \begin{cases} 0 \text{ für } x \in \mathbb{Q} \\ 1 \text{ für } x \in \mathbb{R} \setminus \mathbb{Q} \end{cases}$

Da es unendlich viele rationale Zahlen gibt, entsteht bereits beim Zeichnen des ersten Anteils ein durchgehender Strich parallel zur x-Achse im Abstand 1, obwohl g natürlich nirgends stetig ist. Wir erinnern in diesem Zusammenhang an die Folge $a_n = (-1)^n$, die keinen Grenzwert besitzt, obwohl unendlich viele Folgeglieder den Wert 1 haben. Immerhin beweist die Existenz solcher Gegenbeispiele die Notwendigkeit einer exakten Definition. Deshalb seien hier noch zwei äquivalente Definitionen der **Stetigkeit** angegeben:

f heißt stetig in $x_0 \in \mathbb{D}$, wenn **für jede** Folge x_n $(n \in \mathbb{N})$ mit $x_n \in \mathbb{D}$ und $\lim_{n \to \infty} x_n = x_0$ gilt:
$\lim_{n \to \infty} f(x_n) = f(x_0)$

Dies macht noch einmal plausibel, daß obiges Gegenbeispiel g (x) nirgends stetig ist.

f heißt stetig in $x_0 \in \mathbb{D}$, wenn folgendes gilt:
Zu jedem $\varepsilon > 0$ gibt es ein $\delta > 0$, so daß aus $|x - x_0| < \delta$ für $x \in \mathbb{D}$ folgt:
$|f(x) - f(x_0)| < \varepsilon$

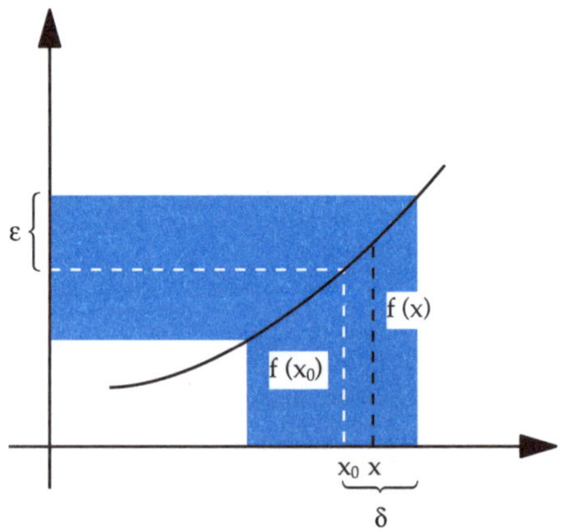

Abb. 20

Die Grenzwertsätze lassen sich auch auf die **Stetigkeitsfrage** übertragen. Sie lauten dann:

Summe, Differenz und Produkt von zwei an einer Stelle $x_0 \in \mathbb{D}$ stetigen Funktionen sind wieder stetig.
Der Quotient $\frac{f}{g}$ aus zwei in $x_0 \in \mathbb{D}$ stetigen Funktionen f und g ist dann stetig in x_0, wenn $g(x_0) \neq 0$ ist.
Ist g stetig in $x_0 \in \mathbb{D}_g$ und f stetig in $y_0 = g(x_0) \in \mathbb{D}_f$, so ist die Verkettung $f \circ g$ stetig in x_0.

Beispiele:

1. $f(x) = \text{sgn}(x) = \begin{cases} 1 \text{ für } x > 0 \\ 0 \text{ für } x = 0 \\ -1 \text{ für } x < 0 \end{cases} \; x \in \mathbb{R}$,

da $\lim\limits_{h \to 0} \text{sgn}(0 - h) = -1$ und $\lim\limits_{h \to 0} \text{sgn}(0 + h) = 1$ unstetig ist in $x_0 = 0$

(sgn = signum = Zeichen (Vorzeichen))

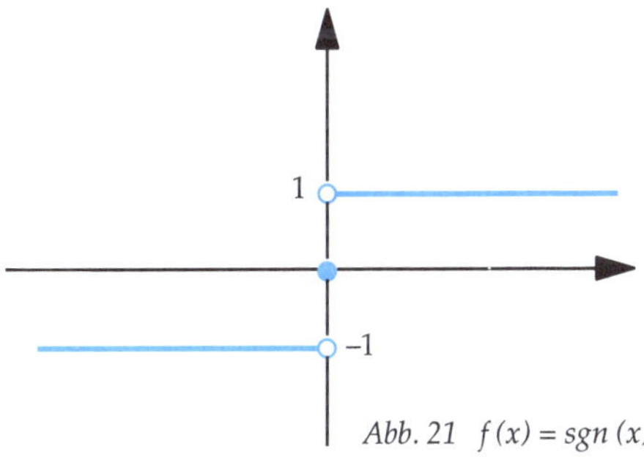

Abb. 21 f(x) = sgn(x)

Eine solche Unstetigkeitsstelle heißt **Sprungstelle**.

2. $g(x) = \dfrac{x^2 - 3x + 2}{x^2 + x - 6}$ ist definiert für $x \in \mathbb{R} \setminus \{-3; 2\}$.

Durch Ausklammern ergibt sich: $g(x) = \dfrac{(x-2)(x-1)}{(x-2)(x+3)} = \dfrac{x-1}{x+3}$ für $x \in \mathbb{D}$.

Diese geänderte Funktion ist aber auch für $x = 2$ definierbar. Deshalb kann g an der Stelle $x = 2$ durch $g^*(2) = \dfrac{2-2}{2+3} = \dfrac{1}{5}$ stetig ergänzt werden. Dies gilt sogar immer:

Eine rationale Funktion kann dann **stetig ergänzt** werden, wenn sich mittels Polynomdivision eine Nullstelle x_N des Nenners auch im Zähler abspalten läßt. Die Funktion ist dann durch den mit Hilfe des gekürzten Terms berechneten Funktionswert zu ergänzen.

Polstellen heißen **gleichnamig**, wenn beide Äste des Graphen in eine Richtung laufen; sie heißen **ungleichnamig**, wenn ein Ast gegen $+\infty$, der andere gegen $-\infty$ läuft.

Für $x = -3$ entsteht eine ungleichnamige Polstelle. Dies ist hier übrigens *keine* Unstetigkeitsstelle, da f für -3 gar nicht definiert ist!

Beispiele:

1. $h(x) = \sin\left(\frac{1}{x}\right)$ läßt sich für $x = 0$ nicht stetig ergänzen, da die Funktion beliebig oft zwischen 1 und –1 schwankt.
   Dagegen ist $k(x) = x \cdot \sin\left(\frac{1}{x}\right)$ durch $k^*(0) = 0$ stetig ergänzbar
   (*Einschließungskriterium,* siehe Seite 27).

2. $a(x) = x^2 + 5$ ist stetig in $x_0 = 2$.
   $b(y) = \sqrt{y}$ ist stetig in $y = 9 = a(2)$.
   Dann ist $b(a(x)) = \sqrt{x^2 + 5}$ stetig in $x_0 = 2$.

Für stetige Funktionen gelten ferner:

Nullstellensatz: Eine im Intervall $I = [a; b]$ stetige Funktion, bei der $f(a)$ und $f(b)$ verschiedene Vorzeichen haben, hat in I mindestens eine Nullstelle.

Beweis: Folgt aus der Vollständigkeitseigenschaft von $\mathbb{R}$.

Zwischenwertsatz: Eine in I stetige Funktion nimmt jeden Zahlenwert zwischen $f(a)$ und $f(b)$ mindestens einmal an.

Beweis: Sei $f(a) < y_0 < f(b)$. Dann erfüllt $f(x) - y_0$ die Bedingungen des Nullstellensatzes, es gibt also eine Zahl x_0 mit $f(x_0) - y_0 = 0$. Dies bedeutet $f(x_0) = y_0$.

Extremwertsatz („minimax"): Eine in einem Intervall stetige Funktion hat dort stets einen größten und einen kleinsten Funktionswert.

Dieser Satz leuchtet von der Anschauung her unmittelbar ein, da eine stetige Funktion keine Pole hat und auch nicht unendlich viele Schwankungen aufweist.

Der verallgemeinerte Asymptotenbegriff

Einführungsbeispiele:

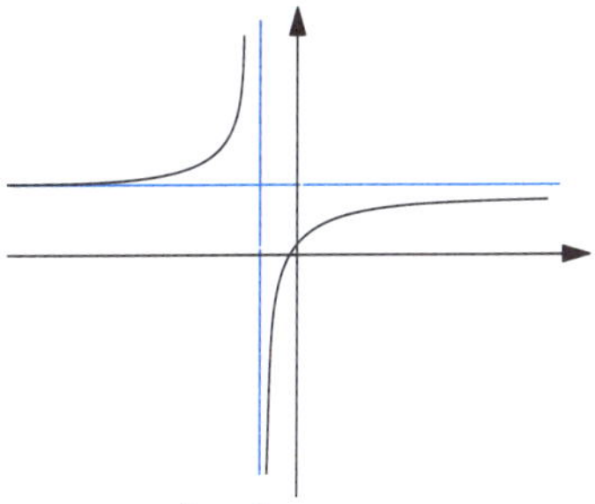

Abb. 22 $y = \frac{2x+1}{x+2}$

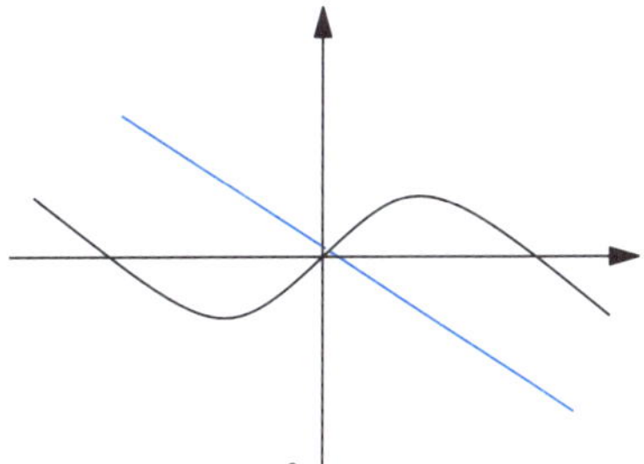

Abb. 23 $y = \frac{5x - x^3}{x^2 - 3}$

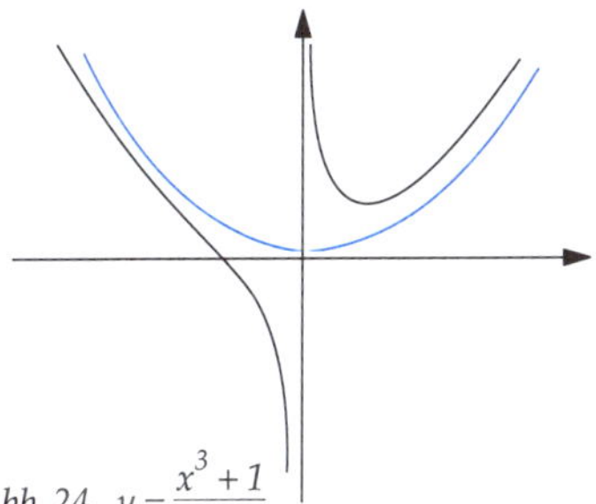

Abb. 24 $y = \frac{x^3 + 1}{x}$

Die Abbildung 22 ist uns wohlvertraut: die waagrechte Asymptote ist der Grenzwert $\lim\limits_{|x| \to \infty} f(x) = 2$; die senkrechte Asymptote entsteht als Polstelle bei der Untersuchung der Frage, ob man die Definitionslücke bei $x = -2$ schließen kann. Eine Asymptote *kann* eine Gerade sein, sie *muß es aber nicht*.

Die Abbildungen 23 und 24 zeigen nämlich, daß man den Asymptotenbegriff weiter fassen muß: Auch bei diesen Beispielen kommt es zu Annäherungen an *einfachere* Funktionen. Deshalb definiert man:

Der Graph einer Funktion a heißt **Asymptote** zum Graphen von f, wenn

$$\lim_{|x| \to \infty} |f(x) - a(x)| = 0$$

Für gebrochen rationale Funktionen erhält man die Asymptoten durch *Polynomdivision* (siehe Seite 19) mit Rest:

Für Abbildung 23: $(-x^3 + 5x) : (x^2 + 3) = -x + \frac{8x}{x^2 + 3}$ mit $\lim\limits_{|x| \to \infty} \frac{8x}{x^2 + 3} = 0$

$$\begin{array}{l} x^3 + 3x \\ \hline 8x \end{array}$$

Für Abbildung 24: $(x^3 + 1) : x = x^2 + \frac{1}{x}$ mit $\lim\limits_{|x| \to \infty} \frac{1}{x} = 0$

Deshalb kann man sagen:

Der Graph einer gebrochen rationalen Funktion vom Zählergrad n und Nennergrad m nähert sich asymptotisch für $|x| \to \infty$ demjenigen einer ganzrationalen Funktion vom Grad (n – m).

An Definitionslücken (Beispiel 3) entstehen letztlich wieder senkrechte Asymptoten. Bei komplizierteren Verhältnissen muß auf die Regel von **de l'Hospital** zurückgegriffen werden.

Vollständige Induktion und Reihensummen

Einführungsbeispiel:

Der griechische Philosoph Zenon (ca. 490–430 v. Chr.) verblüffte seine Zuhörer mit einem Rätsel. Achilles, griechischer Held von Troja, jagte einmal eine Schildkröte, die er erblickte, als sie 100 m von ihm entfernt war. Achilles konnte hundertmal so schnell laufen wie die Schildkröte. Dennoch sollte er sie angeblich nie erreichen, wenn man rein geometrische Überlegungen zugrunde legt. Hat nämlich Achilles die 100 m bis zum ursprünglichen Standort der Schildkröte zurückgelegt, ist diese bereits einen Meter weitergekrochen. Ist Achilles diesen Meter gelaufen, ist die Schildkröte wieder 10 cm weiter. Obwohl also die Abstände immer kleiner werden, wird er sie nie erreichen.
Physikalisch führen wir das leicht einem Widerspruch zu, wenn wir die Zeit ins Spiel bringen. Aber auch mit rein mathematischen Hilfsmitteln können wir das. Die zurückgelegten Wege bilden nämlich eine *geometrische Reihe*:
$100\text{ m} + 1\text{ m} + 0{,}1\text{ m} + \ldots = 100\text{ m} \cdot (1 + 100^{-1} + 100^{-2} + \ldots) =$
$100 \cdot (q^0 + q^1 + q^2 + \ldots)$ mit $q = \frac{1}{100}$. Da die Addition im Prinzip nie aufhört, erhalten wir eine sogenannte unendliche geometrische Reihe. Deren Wert ist jedoch $\frac{1}{1-q}$ (siehe Band I, S. 156). Deshalb holt Achilles die Schildkröte nach $100 \cdot \frac{100}{99}\text{ m} = 101{,}01\text{ m}$ ein.

Das Problem ist also, eine Summe mit endlich oder im Extremfall sogar unendlich vielen Summanden durch eine Formel ersetzen zu können, aus der nach Einsetzen einiger weniger Zahlenwerte das Gesamtergebnis ablesbar ist. Solche Formeln sind nicht ganz einfach zu entdecken. Einige besonders wichtige sollen jedoch im folgenden gezeigt und gleichzeitig ein Verfahren demonstriert werden, mittels dessen man die Korrektheit einer einmal gefundenen Formel nachweisen kann.
Dabei hat sich folgende Schreibweise eingebürgert:

$$a_1 + a_2 + \ldots + a_n = S_n = \sum_{i=1}^{n} a_i \qquad \text{oder}$$

$$a_1 + a_2 + a_3 + \ldots = \lim_{n \to \infty} S_n = \sum_{i=1}^{\infty} a_i$$

Das Symbol **Σ**, der griechische Buchstabe Sigma = S, ist das **Summensymbol.**

Die Summe der n ersten natürlichen Zahlen läßt sich wie folgt ausdrücken:

$$1 + 2 + 3 + \ldots + n = \sum_{i=1}^{n} i = \frac{n \cdot (n+1)}{2}$$

Hierfür gibt es einen mittels eines Tricks ganz einfachen Beweis: Man schreibt die Summe zweimal untereinander

$$\begin{array}{l} 1 + \quad 2 \quad + \quad 3 \quad + \ldots + (n-1) + n \\ n + (n-1) + (n-2) + \ldots + \quad 2 \quad + 1 \\ \hline (n+1) + (n+1) + \ldots \qquad\qquad + (n+1) \end{array}$$

und erkennt, daß es insgesamt n gleiche Summanden (n + 1) sind. Dies ist der Wert der doppelten Summe der ersten n natürlichen Zahlen; daher hat die einfache Summe den Wert $0{,}5 \cdot n \cdot (n+1)$.

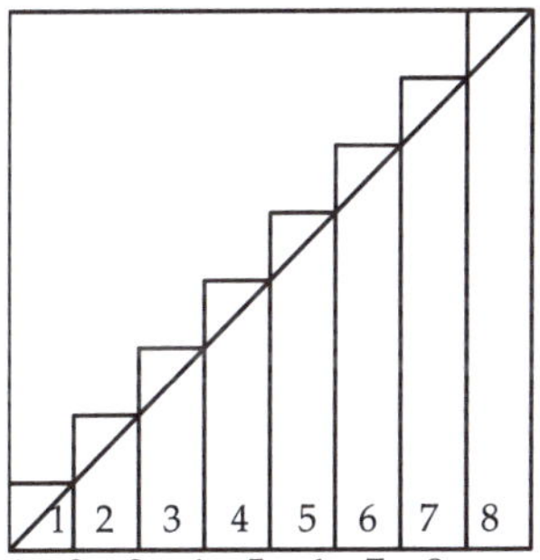

$1 + 2 + 3 + 4 + 5 + 6 + 7 + 8 =$
$(8 \cdot 8) : 2 + 8 \cdot 0{,}5 = 0{,}5 \cdot 8 \cdot (8+1)$

Abb. 25 Die Summe der ersten acht natürlichen Zahlen

Neben diesem Trick existiert jedoch ein reguläres **Beweisverfahren:** Das Verfahren der **vollständigen Induktion** (induktiver Beweis).
Dieses Verfahren ist auf alle Probleme anwendbar, die mit abzählbaren Objekten zu tun haben, die sich also in ihrer Darstellung der natürlichen Zahlen bedienen. Es läuft in drei Schritten ab.

1. Schritt: Man zeigt die Gültigkeit einer Behauptung für einen konkreten Fall.
2. Schritt: Man nimmt an, daß es ein n_0 gibt, für das die Behauptung schon erfüllt ist.
3. Schritt: Man zeigt allgemein, daß die Behauptung dann auch für den direkten Nachfolger dieser Zahl n_0, nämlich $n_0 + 1$, gilt.

Beispiel:

Zu beweisen ist die Aussage: $1 + 2 + ... + n = 0{,}5 \cdot n \cdot (n + 1)$

1. Schritt: $1 = 0{,}5 \cdot 1 \cdot (1 + 1)$ ist richtig.

2. Schritt: Es gibt also ein n_0, so daß $1 + 2+ ...+ n_0 = 0{,}5 \cdot n_0 \cdot (n_0 + 1)$

3. Schritt: Zu zeigen ist, daß

$1 + 2 + 3 + ... + n_0 + n_0 + 1 = 0{,}5 \cdot (n_0 + 1) \cdot (n_0 + 2)$ ist.

$$1 + 2 + 3 + \dots + n_0 + n_0 + 1 = 0{,}5 \cdot n_0 \cdot (n_0 + 1) + n_0 + 1 \text{ nach Schritt 2.}$$
$$= 0{,}5 \cdot n_0 \cdot (n_0 + 1) + 2 \cdot 0{,}5 \cdot (n_0 + 1)$$
$$= 0{,}5 \cdot ((n_0 + 1)(n_0 + 2))$$

Eine *arithmetische Reihe* ensteht durch die Addition der Glieder einer arithmetischen Folge. Deshalb gilt für **die allgemeine Summe einer endlichen arithmetischen Reihe**:

$$a_1 + a_2 + a_3 + ... + a_n = a_1 + (a_1 + d) + (a_1 + 2d) + ... a_1 + (n - 1) \cdot d = \sum_{k=0}^{n-1}(a_1 + k \cdot d) = \frac{n}{2}(a_1 + a_n)$$

Beweis durch Induktion:

1. Schritt: $a_1 = \frac{1}{2}(a_1 + a_1)$

2. Schritt: $S_m = \frac{m}{2}(a_1 + a_m)$ ist schon für ein $m \in \mathbb{N}$ gezeigt.

3. Schritt: $a_1 + \dots + a_m + a_{m+1} = S_m + a_{m+1} = \frac{m}{2}\left(2a_1 + (m-1)\,d\right) + a_{m+1}$

$$= \frac{m}{2} \cdot 2a_1 + \frac{1}{2} \cdot 2a_1 + \left(\frac{m}{2}(m-1) + \frac{m}{2} \cdot 2\right)d$$
$$= \frac{m+1}{2} \cdot 2a_1 + \frac{m}{2}(m+1) \cdot d$$
$$= \frac{m+1}{2}\left(2a_1 + md\right) = \frac{m+1}{2}\left(a_1 + (a_1 + md)\right)$$
$$= \frac{m+1}{2}\left(a_1 + a_{m+1}\right)$$

Der induktive Beweis ist jedoch vielseitiger einsetzbar als nur zum Beweis der Richtigkeit von Reihensummen. Er hilft bei Teilbarkeitsfragen, in der Trigonometrie und sogar der Geometrie.

Beispiele:

1. Die Summe der Kuben (dritten Potenzen) dreier aufeinanderfolgender Zahlen ist durch 9 teilbar.

Beweis:

1. Schritt: $1^3 + 2^3 + 3^3 = 36$ ist durch 9 teilbar.

2. Schritt: $k^3 + (k + 1)^3 + (k + 2)^3$ ist durch 9 teilbar für mindestens ein k.

3. Schritt: $(k + 1)^3 + (k + 2)^3 + (k + 3)^3 = [(k^3 + (k + 1)^3 + (k + 2)^3] + [9 \cdot (k^2 + 3k + 3)]$ ist ebenfalls durch 9 teilbar, da jeder der beiden Inhalte der eckigen Klammern durch 9 teilbar ist.

2. Die Summe der Innenwinkel eines n-Ecks, bei dem sich keine Kanten schneiden, beträgt $(n-2) \cdot 180°$.

Beweis:

1. Schritt: Das erste sinnvolle n-Eck ist ein Dreieck ($n = 3$). Seine Winkelsumme beträgt $180° = (3-2) \cdot 180°$.

2. Schritt: Es gibt also mindestens ein n (≥ 3), für das die Behauptung erfüllt ist, also ein n-Eck mit der Winkelsumme $(n-2) \cdot 180°$.

3. Schritt: Nun erhöht man die Eckenzahl durch einen zusätzlichen Punkt auf $n + 1$. Dann existiert mindestens ein Punkt, den man durch eine Diagonale zwischen den beiden angrenzenden Eckpunkten „abschnüren" kann, so daß die Figur in ein n-Eck und ein angrenzendes Dreieck zerlegt wird. Das n-Eck hat die Winkelsumme $(n-2) \cdot 180°$ (nach Schritt 2), das Dreieck $180°$ (nach Schritt 1). Somit hat die Gesamtfigur die Winkelsumme $(n-1) \cdot 180°$.

Weitere Reihensummen:

- Die Summe der ersten n ungeraden Zahlen:
  $1 + 3 + 5 + \ldots + (2n-1) = n^2$
- Die Summe der ersten n geraden Zahlen:
  $2 + 4 + 6 + \ldots + 2n = n\,(n+1)$
- Die Summe der n ersten Quadratzahlen
  $$\sum_{i=1}^{n} i^2 = \frac{n\,(n+1)\,(2n+1)}{6}$$
- Die Summe der n ersten Kubikzahlen
  $$\sum_{i=1}^{n} i^3 = \frac{n^2\,(n+1)^2}{4}$$

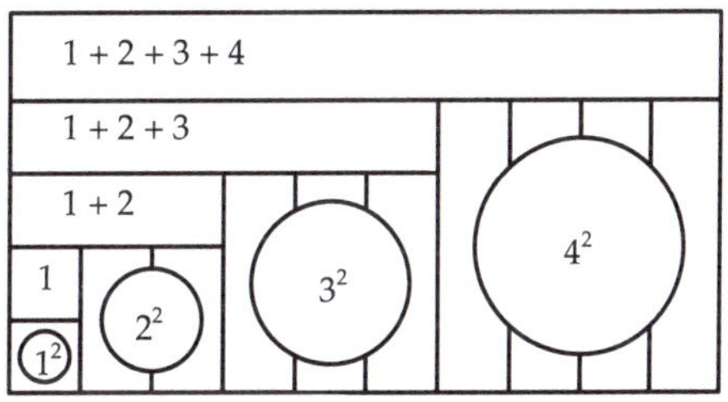

Abb. 26 zeigt den Fall für n = 4

Abb. 27
Jede neuen k^3 Würfel lassen sich so um das schon vorhandene Quadrat herumbauen, daß ein L der Breite k aus ihnen entsteht. Das neue Quadrat hat somit die Seitenlänge $1 + 2 + 3 + \ldots + k = 0{,}5 \cdot k \cdot (k+1)$ und die Fläche $(0{,}5 \cdot k \cdot (k+1))^2 = 0{,}25 \cdot k^2 \cdot (k+1)^2$

Die endliche geometrische Reihe entsteht durch Addition der n ersten Glieder einer *geometrischen Folge*. Dabei gilt:

$$a_1 + a_1 \cdot q + a_1 \cdot q^2 + \ldots + a_1 \cdot q^{n-1} =$$
$$\sum_{i=1}^{n} a_1 \cdot q^{i-1} = a_1 \cdot \sum_{i=0}^{n} q^i = a_1 \cdot \frac{q^n - 1}{q - 1}$$

Auch hier gibt es alternativ zur Induktion einen Trick (siehe Band I, S. 153). Diese Formel gilt für jede reelle Zahl außer $q = 1$ (dafür ist der Summenwert na_1). Für $q = 0$ ist sie wenig sinnvoll, da die gesamte Reihe nur aus dem ersten Summanden a_1 besteht. Für $q = -1$ erhält man bei geradzahligem n den Summenwert Null, bei ungeradzahligem n den Summenwert a_1, wie man auch durch direkte Rechnung bestätigen kann.

Die unendliche geometrische Reihe entsteht durch Addition aller Glieder einer unendlichen Folge, ist also eine unendliche Summe. Verblüffenderweise gibt es Fälle, in denen der Summenwert dennoch endlich bleibt. Hat man eine Summenformel für die entsprechende endliche Reihe, so erhält man die Summe der unendlichen Reihe durch Grenzwertbildung. Im Fall der geometrischen Reihe erhalten wir also:

$$\lim_{n\to\infty} S_n = \lim_{n\to\infty} \frac{q^n - 1}{q - 1} = \begin{cases} \infty & \text{für } q > 1 \\ \dfrac{1}{1-q} & \text{für } |q| < 1 \end{cases} \quad \left. \text{und für } q < -1 \text{ oder } |q| = 1 \text{ keine Lösung} \right\}$$

Allgemeine Kriterien für die Konvergenz einer Reihe übersteigen in der Regel selbst die Möglichkeiten der gymnasialen Oberstufe. An der geometrischen Reihe kann man aber immerhin ablesen:

> Damit eine Reihe **konvergiert**, muß zumindest die zugrundeliegende Folge den Grenzwert Null haben.

Aber auch das ist nicht hinreichend. Dies zeigt folgendes **Gegenbeispiel**:

Die „harmonische Reihe“ $1 + \frac{1}{2} + \frac{1}{3} + \ldots$ hat keinen Grenzwert, obwohl $\lim \frac{1}{n} = 0$ ist.

Allgemeingültig ist jedoch das **Leibniz-Kriterium**:

> Die Folge c_k sei monoton fallend und habe den Grenzwert Null.
>
> Dann ist die **alternierende Reihe** $\sum_{k=1}^{\infty} (-1)^k \cdot c_k$ konvergent.

Übungsaufgaben

1. Zeigen Sie: Die Parabel durch die Punkte $(x_1 | 0)$, $(x_2 | 0)$ und $(x_3 | y_3)$ hat die Gleichung $y = k\,(x - x_1)\,(x - x_2)$. Bestimmen Sie außerdem die Zahl k.
2. Sind in einem Wechselstromkreis ein ohmscher Widerstand, eine Spule und ein Kondensator in Reihe geschaltet, so eilt die Spannung an der Spule dem gemeinsamen Strom um 90° voraus, während die Spannung am Kondensator um 90° nachhinkt. Die Spannung am ohmschen Widerstand ist dagegen mit dem Strom in Phase. Dabei lassen sich Strom und Spannungen mit Hilfe von Sinusfunktionen beschreiben.
   Geben Sie diese Funktionen an.

3. Welche x lösen die Gleichung ?
a) $x^3 = 216$
b) $x^3 + 8 = 0$
c) $x^4 - 9 = 7$

4. Wie lauten die Scheitelformen und Umkehrfunktionen folgender Parabelgleichungen ?
a) $y = x^2 - 8x + 20$
b) $y = 4x^2 + 6x - 3$
c) $y = -3x^2 + 3x + 5$
d) $y = -2x^2 + 3x - 1$

5. Wie lauten die Koordinaten der Eckpunkte des Dreiecks, das von den Geraden mit den Gleichungen
$0 = 4 + 2x - 3y$
$0 = 16 - 3x - y$
$0 = 9 - x - 4y$
gebildet wird ?

6. Unter welchem Winkel schneiden sich die Geraden aus Aufgabe 5 ?

7. In welchen Punkten schneidet die Gerade mit der Gleichung $y = 2x + 1$
a) die Parabel mit der Gleichung $y = -x^2 + 4$
b) die Hyperbel mit der Gleichung $y = x^{-1}$
c) den Kreis mit der Gleichung $x^2 + y^2 = 9$?

8. Bevölkerung A beträgt zur Zeit 60 Millionen und nimmt jährlich um 0,5 % ab. Bevölkerung B beträgt zur Zeit 4 Millionen und vermehrt sich jedes Jahr um 2,5 %. In wieviel Jahren hat B
a) 10 % von A erreicht
b) 50 % von A erreicht
c) A eingeholt ?

9. Gegeben sei die Parabel mit der Gleichung $y = -x^2 - 6x - 7$.
a) Bestimmen Sie die Nullstellen der Parabel.
b) Geben Sie die Scheitelform der Parabelgleichung an und vergleichen Sie mit der Normalparabel.
c) Bestimmen Sie die Umkehrfunktion f^{-1}, und geben Sie ihren Definitionsbereich an.

10. Wenn eine quadratische Funktion zwei Nullstellen hat, dann liegen diese Nullstellen symmetrisch zum Scheitelpunkt des Graphen. Stimmt diese Aussage ?

11. Bestimmen Sie die Nullstellen der Funktion mit der Gleichung
$y = x^4 - 7x^3 + 8x^2 + 11x - 5$

12. Gegeben sei die Funktion mit $f(x) = y = 2 \cdot \sin\left(\frac{x}{3} - \pi\right) + 1$
a) Wie unterscheidet sich diese von der normalen Sinusfunktion ?
b) Ist sie beschränkt ? Wenn ja, geben Sie die Schranken an.

13. Gegeben seien die Folgen

$(a_n) = (2\,;\ \frac{3}{4}\,;\ \frac{4}{9}\,;\ \frac{5}{16}\,;\ \frac{6}{25}\,;\ \frac{7}{36}\,;\ \dots)$

$(b_n) = (2\,;\ 1\,;\ \frac{1}{2}\,;\ \frac{1}{4}\,;\ \frac{1}{8}\,;\ \frac{1}{16}\,;\ \dots)$

$(c_n) = (2\,;\ 4\,;\ 7\,;\ 11\,;\ 16\,;\ 22\,;\ \dots)$

a) Geben Sie für diese Folgen einen allgemeinen Term an.

b) Geben Sie – falls existent – obere und untere Schranken an.

c) Prüfen Sie allgemein, ob die Folgen monoton steigend oder fallend sind.

14. Bei einem Einstellungstest wird den Bewerbern folgende Aufgabe gestellt:
Gegeben sind die Zahlen 1; 3; 7; 15; 31.

a) Fügen Sie drei weitere Zahlen an, mit denen die Folge sinnvoll fortgesetzt werden kann.

b) Geben Sie eine rekursive Darstellung an.

c) Geben Sie eine explizite Darstellung (Funktionsgleichung) an.

d) Hat die Folge einen Grenzwert ?

15. Betrachten Sie die Folge mit $a_n = \frac{3n-1}{n^2}$

a) Ist die Folge monoton ?

b) Ist sie beschränkt ? Wenn ja, geben Sie die Schranken an.

c) Ist sie konvergent ? Wenn ja, wie lautet der Grenzwert ?

d) Ab wann ist $a_n < 0{,}1475$?

16. Das DIN-Format eines rechteckigen Papierbogens ist so festgelegt, daß beim Halbieren ein kleineres Rechteck entsteht, das dem Ausgangsrechteck ähnlich ist. Begründen Sie, daß sich aus dieser Bedingung ein Seitenverhältnis von $1 : \sqrt{2}$ für die Rechtecke ergibt. Hat die so definierte Folge der Rechtecke einen Grenzwert ?

17. Gegeben sind die Folgen mit den Gleichungen

$a_n = \frac{3n-2}{n+2}$

$b_n = \frac{n+2}{2n-1}$

$c_n = \frac{n+1}{2n^2+1}$

$d_n = \frac{2n^2+1}{2n+1}$

Untersuchen Sie, ob die nachstehenden zusammengesetzten Folgen einen Grenzwert haben, und berechnen Sie ihn in diesem Falle.

(I) $a_n + b_n$ (II) $b_n - c_n$ (III) $c_n \cdot d_n$ (IV) $c_n : d_n$

18. Berechnen Sie die Grenzwerte folgender Terme für $x \to \infty$ und $x \to -\infty$

a) $\dfrac{4x^3 - 1}{x^3 + 2x^2 - x + 7}$ b) $\dfrac{\cos(x)}{x}$

c) $\dfrac{x^2 - 2x + 5}{x^4 + x^2 - 1}$ d) $\dfrac{x^2 - 2x + 1}{e^x - x}$

e) $\dfrac{x}{x^2 + \cos(x)}$ f) $\dfrac{\sqrt{x} - 1}{\sqrt{x} + 1}$

g) $\dfrac{|4 - x|}{x - 8}$ h) $\dfrac{1 - 2^x}{2^x}$

19. Die Amplitude einer gedämpften Schwingung wird durch die Funktion $A(t) = A_0 e^{-kt} \cos(\omega t)$ beschrieben. Wohin strebt die Funktion für $t \to \infty$?

20. Gegeben sei $f(x) = \dfrac{x^2 - x - 2}{x^2 - 1}$

Wo ist die Funktion stetig ? Kann man sie an den Definitionslücken stetig fortsetzen ?

21. Gegeben sei die Funktion mit $f(x) = \dfrac{x^2 - 3x + 2}{x^2 + x - 6}$

a) Wie verhält sich die Funktion für $x \to \infty$ und $x \to -\infty$?
b) Wo ist die Funktion stetig ?
c) Kann man sie an den Lücken von $\mathbb{D}$ stetig ergänzen ?

22. Durch welche ganzrationale Funktion können die folgenden Funktionen für betragsmäßig große x-Werte angenähert werden ?

a) $\dfrac{3x^2 - 1}{x}$

b) $\dfrac{x - x^4}{x - 2}$

c) $\dfrac{x^3}{1 - x}$

d) $\dfrac{3x - 5}{1 - 2x}$

23. Beweisen Sie durch vollständige Induktion, daß für $n \geq 5$ gilt: $n^2 < 2^n$

24. Es sei $s_n = \sum_{i=1}^{n} \dfrac{1}{i(i+1)}$. Zeigen Sie, daß $\lim_{n \to \infty} s_n = 1$ ist.

25. Beweisen Sie durch Induktion, daß $1^3 + 2^3 + 3^3 + \ldots + n^3 = \dfrac{1}{4} n^2 (n+1)^2$

26. Beweisen Sie die Bernoulli-Ungleichung $(1 + \alpha)^n > 1 + n\alpha$, wenn $\alpha > -1$, $\alpha \neq 0$ und $n > 1$ ist.

Die Steigung einer Funktion

Das Tangentenproblem

Es ist anschaulich klar, daß jede graphisch darstellbare Funktion auch eine Steigung besitzen muß. Bestimmbar ist jedoch bisher lediglich die Steigung von *affinen* oder *linearen* Funktionen, deren Graph eine Gerade ist. Hierfür gilt:

$m = \tan \alpha = \frac{y_2 - y_1}{x_2 - x_1}$ mit Hilfe eines Steigungsdreiecks (siehe Band I, S. 129 f.).

Wie man sich komplizierteren Funktionen nähern kann, zeigt das Einführungsbeispiel.

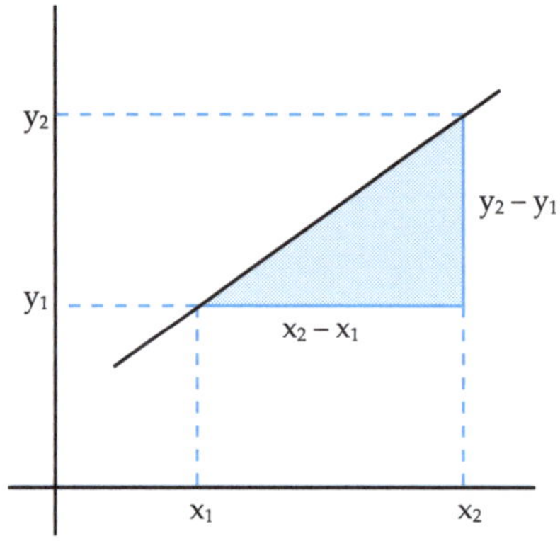

Abb. 28 Steigungsdreieck

Einführungsbeispiel:

Betrachten wir das Ventil am Reifen eines an uns vorbeifahrenden Autos, so bewegt sich dieses nicht geradlinig wie das Auto, sondern führt zusätzlich eine Auf- und Abbewegung aus. Deren Bild, die *Bahnkurve*, bezeichnet man als *Zykloide*. Ist nun der Reifen naß, so fliegen vom Mantel nach hinten Wassertröpfchen weg (Abb. 29), deren Flugrichtung sich zu jedem Zeitpunkt mit der momentanen Bewegungsrichtung des Reifenstücks, von dem sie kommen, deckt. Wir stellen fest, daß diese Linie (Flugbahn der Tröpfchen) der Tangente an dem Reifen entspricht. Es liegt deshalb nahe, die Steigung dieser Tangente, einer Geraden, als die momentane Steigung der Bahnkurve anzusehen.

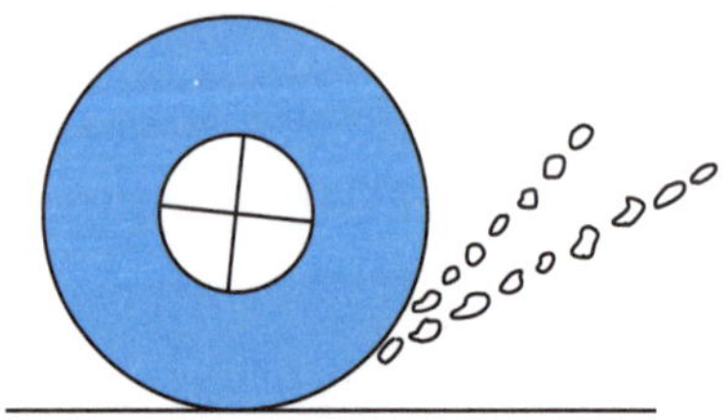
Abb. 29

Der Begriff der Tangente stammt aus der Geometrie des Kreises. Dort ist die Tangente eine Gerade, die genau einen Schnittpunkt mit dem Kreis hat (auch *Berührpunkt* genannt), während jede Sekante den Kreis in zwei Punkten schneidet. Diese Festlegung ist hier jedoch nicht aufrechtzuerhalten, da bei entsprechendem Verlauf des Graphen fast jede Tangente mehr als einen Schnittpunkt mit ihm hat.
Die beiden Geraden, die bestimmt nur einen Schnittpunkt mit dem Graphen von f haben, sind die Koordinatenachsen. Diese aber sind sicherlich keine Tangenten!
Dagegen würden wir intuitiv eine Gerade t als Tangente in P_0 identifizieren, da ihre Steigung dem Verhalten der Kurve in P_0 offensichtlich entspricht. Daß t noch einen weiteren Schnittpunkt mit dem Graphen von f hat, stört offenbar nicht weiter, wenn dieser Schnittpunkt weit genug von P_0 entfernt ist. Die Eigenschaft, *Tangente* zu sein, wird somit eine rein *lokale Eigenschaft*. Wir stellen ferner fest, daß die Sekanten dieses Verhalten um so besser widerspiegeln, je dichter der zweite Schnittpunkt bei P_0 liegt.

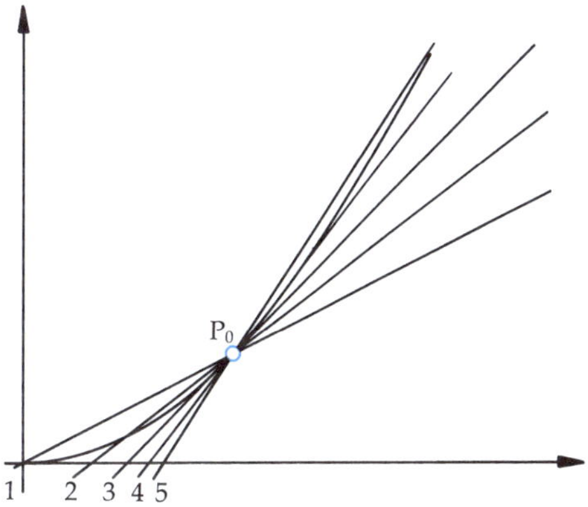

Abb. 30
Dargestellt sind folgende Funktionen:

$y = x$	(1)
$y = 1{,}5x - 0{,}5$	(2)
$y = 2x - 1$	(3)
$y = 2{,}5x - 1{,}5$	(4)
$y = 3x - 2$	(5)

Konstruiert man eine *beliebige* Folge von Sekanten, wobei der zweite Schnittpunkt der Sekanten mit der Kurve von f sich immer dichter auf P_0 zubewegen soll. Dann erhält man im *Grenzfall*, wenn der zweite Punkt sozusagen mit P_0 zusammenfällt, die Tangente.

Graphische Differentiation

Die Konstruktion beliebig vieler Folgen von Sekanten ist konstruktiv unmöglich. Rechnerisch allerdings läßt sich dieses Problem lösen. Zuvor jedoch wollen wir eine Möglichkeit zeigen, die Steigung graphisch zu bestimmen. Zwar sind, wie schon mehrfach betont, Skizzen nicht beweiskräftig; sie leisten jedoch gute Dienste bei der Unterstützung einer Rechnung oder geben konkrete Hinweise darauf, wie das Ergebnis auszusehen hat.

Vorgehensweise:
Man legt in P_0 einen flachen Taschenspiegel so an die Kurve, daß man im Spiegel genau das Bild der Kurve erblickt. Anschließend zeichnet man an der Spiegelkante ein Tangentenstückchen ein. Die Steigung dieser Geraden entspricht dann der Steigung der Kurve in P_0 (Abb. 31).

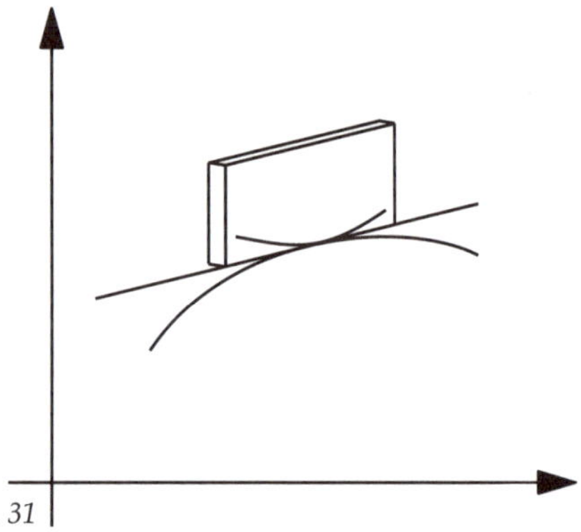

Abb. 31

Alternativ (vielleicht weil der Spiegel zu dick ist und die Umgebung von P_0 nicht sichtbar zu machen ist, oder weil man seinem geometrischen Gefühl nicht traut) kann der Umweg über die *Normale* beschritten werden.
Die Normale ist diejenige Gerade, die auf der Tangente senkrecht steht. Sie ist völlig unproblematisch zu ermitteln. Man muß nur den Spiegel so auf P_0 plazieren, daß der Graph sich ohne Knick scheinbar durch den Spiegel fortsetzt (Abb. 32).

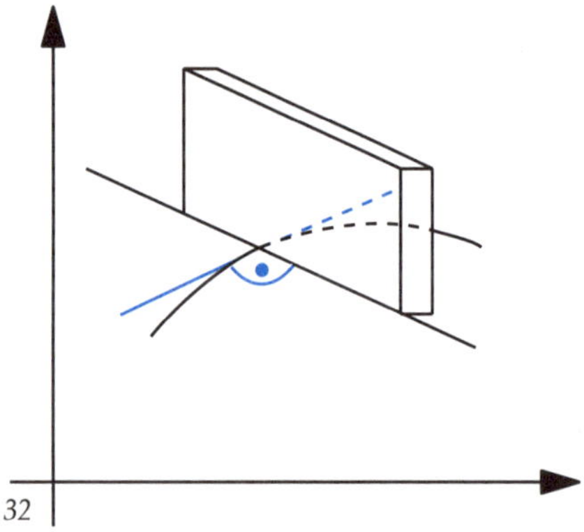

Abb. 32

Anschließend konstruiert man die gesuchte Tangente als Senkrechte auf der Normalen. Selbstverständlich kann man so nicht nur die Tangente von P_0, sondern in jedem anderen Punkt der Kurve ermitteln. Zieht man Parallelen zu diesen Tangenten durch x = –1, so erhält man über die Schnittpunkte mit der y-Achse sämtliche gesuchten Steigungswerte (Steigungsdreieck mit Ankathete 1!). Zusammen mit den x-Werten der Punkte der Ausgangsfunktion f ergeben diese Steigungen einen neuen Graphen, der sich aus den Punkten $(x \mid m_x)$ zusammensetzt. Diese Punkte ergeben den Graphen der **Ableitungsfunktion** (Abb. 33).

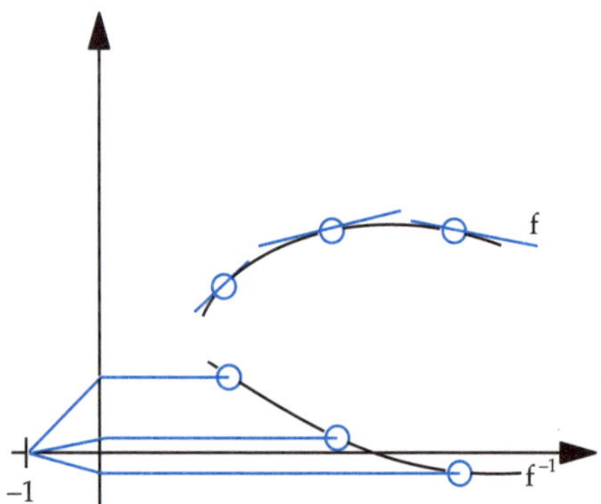

Abb. 33

Differentialquotient, Ableitungsfunktion und höhere Ableitungen

Kommen wir nun zur rechnerischen Lösung des Problems.

Einführungsbeispiel:

Gegeben sei die Funktion f mit $y = x^2$. Ihr Graph ist die Normalparabel. Wir betrachten den Punkt $P_0\,(2\,|\,4)$. Wie sieht die Steigung von f in P_0 aus?
Der Weg zur Lösung führt über die Sekanten. Deshalb betrachten wir eine beliebige Sekante durch P_0 und einen weiteren Kurvenpunkt (P (x | y). Sie hat die Steigung

$$m_s = \frac{y - y_0}{x - x_0} = \frac{x^2 - 4}{x - 2}$$

Diese ist bei festem P_0 allein von P abhängig. Der Parabelpunkt P wiederum ist schon durch seinen x-Wert festgelegt. Deshalb ist m_s eine Funktion von x. Wir nennen sie **Sekantensteigungsfunktion**. Sie ist außer für $x_0 = 2$ überall definiert, denn für diesen Wert fielen beide Punkte zusammen: Wir hätten keine Sekante mehr, sondern gerade die gesuchte Tangente. Da also $x \neq 2$ ist, kann man m_s durch Polynomdivision vereinfachen. Man erhält:

$$m_s(x) = \frac{x^2 - 4}{x - 2} = \frac{(x + 2)(x - 2)}{x - 2} = x + 2,\ \mathbb{D}_{m_s} = \mathbb{R}\setminus\{2\}$$

Wir sehen nun, daß m_s für $x = 2$ durch $y^* = 4$ **stetig ergänzt** werden kann. Damit ist die Tangentensteigung die stetige Ergänzung der Sekantensteigung. Die Steigung der Kurve in P_0 ist also 4. Die Tangente hat dann die Gleichung $y = 4 \cdot (x - 2) + 4 = 4x - 4$, wie man durch Einsetzen von P_0 in die allgemeine Geradengleichung $y = mx + b$ feststellt.

Diese Rechnung ist verallgemeinerungsfähig, denn eine Tangente existiert für jeden beliebigen Punkt $P_0\,(x_0\,|\,y_0)$ des Graphen von $y = x^2$.
Wir erhalten dann über

$$m_{s,x_0}(x) = \frac{x^2 - x_0^2}{x - x_0} = \frac{(x + x_0)\,(x - x_0)}{x - x_0} = x + x_0$$

unendlich viele zueinander parallele Geraden mit jeweils einem Loch für $x = x_0$.

Alle Funktionen, die in Abb. 34 dargestellt sind, sind stetig ergänzbar durch $m^*_{s,x_0}(x_0) = 2x_0$. Dann bilden alle Ergänzungen eine neue **Funktion der Tangentensteigungen**, die wir mit $m_t(x) = 2x$ bezeichnen.

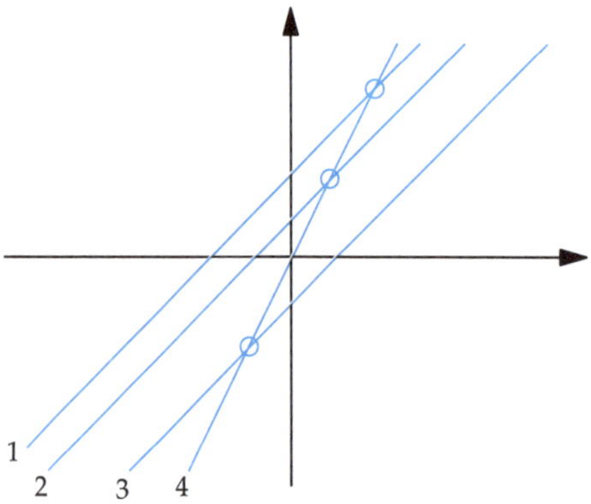

Abb. 34
Dargestellt sind folgende Funktionen:
$y = x + 2$ (1)
$y = x + 1$ (2)
$y = x - 1$ (3)
$y = 2x$ (4)

Die stetige Ergänzung einer Funktion g war als $\lim\limits_{h \to 0} g(x_0 + h) = \lim\limits_{h \to 0} g(x_0 - h)$ bestimmt worden. Analog läßt sich für die Tangentensteigung schreiben:

$$\lim_{h \to 0} \frac{f(x_0 + h) - f(x_0)}{h} = \lim_{h \to 0} \frac{f(x_0 - h) - f(x_0)}{-h} = f'(x_0) \text{ mit } x = x_0 \pm h$$

Dieser Grenzwert heißt **Differentialquotient** an der Stelle x_0; $f'(x_0)$ bezeichnet man als **1. Ableitung** von f an der Stelle x_0. Der Differentialquotient ist somit die stetige Ergänzung der Differenzenquotienten $\frac{y - y_0}{x - x_0} = \frac{f(x_0 \pm h) - f(x_0)}{\pm h}$, die für die Sekantensteigungen stehen.

Manchmal schreibt man auch $\frac{\Delta y}{\Delta x}$ für die Sekantensteigungen. Dabei drückt Δ (Delta) eine Differenz aus: die Differenz der y-Werte oder x-Werte. Für den Differentialquotienten schreibt man $\frac{dy}{dx} = \frac{df(x)}{dx}$, wobei das „d" für eine **infinitesimale** (unendlich kleine) *Änderung* steht.

Auf unser Beispiel bezogen, heißt das:

$$\frac{(2 + h)^2 - 2^2}{(2 + h) - 2} = \frac{4 + 4h + h^2 - 4}{h} = 4 + h \text{ oder } \frac{(2 - h)^2 - 2^2}{(2 - h) - 2} = \frac{4 - 4h + h^2 - 4}{-h} = 4 - h$$

und damit $\lim\limits_{h \to 0} (4 + h) = \lim\limits_{h \to 0} (4 - h) = 4 = f'(2)$.

Die Differenzierbarkeit ist damit – wie die Stetigkeit – zunächst eine lokale Eigenschaft, also punktweise erklärbar. Ist eine Funktion f jedoch für jedes $x_0 \in I$ differenzierbar, so heißt sie differenzierbar über I, und man erklärt auf diesem Intervall die **Ableitungsfunktion f '**. Analog zur 1. Ableitung lassen sich auch noch weitere (man sagt auch: höhere) Ableitungen erklären. So heißt zum Beispiel die Ableitung von f ' dann 2. Ableitung f ''.

Beispiel:

Gegeben sei die Funktion f mit $f(x) = x^3$.

Dann ist

$$f'(x_0) = \lim_{h \to 0} \frac{(x_0 + h)^3 - x_0^3}{h} = \lim_{h \to 0} \frac{x_0^3 + 3x_0^2 h + 3x_0 h^2 + h^3 - x_0^3}{h} = \lim_{h \to 0} (3x_0^2 + 3x_0 h + h^2)$$

$$f'(x_0) = 3x_0^2$$

$$f'(x_0) = \lim_{h \to 0} \frac{(x_0 - h)^3 - x_0}{-h} = \lim_{h \to 0} \frac{x_0^3 - 3x_0^2 h + 3x_0 h^2 - h^3 - x_0^3}{-h} = \lim_{h \to 0} (3x_0^2 - 3x_0 h + h^2)$$

$$f'(x_0) = 3x_0^2$$

Also ist $f'(x) = 3x^2$.

Damit wird $f''(x) = 6x$

Weitere Beispiele: $f(x) = x \Rightarrow f'(x) = 1$ und $f(x) = c \Rightarrow f'(x) = 0$

Ein grenzwertfreier Einstieg

Bisher haben wir zwei Varianten kennengelernt, sich die Steigung einer Funktion und ihres Graphen zu erschließen: die *formal-rechnerische* mit dem Differentialquotienten (sie befriedigt die Anschauung nicht völlig) und die *graphische* Methode. Letztere ist extrem aufwendig, denn schließlich muß man zunächst einen Graphen mit Hilfe einer nicht zu kleinen Wertetabelle zeichnen. Auch ist diese Methode nicht restlos sicher, denn wer garantiert, daß alle Punkte wirklich in der Wertetabelle repräsentiert sind? Deshalb wird mit der Methode der **linearen Approximation** ein dritter Weg vorgestellt, der bei schematischer Anwendung ohne Grenzwert auskommt und sich sogar in seiner argumentativen Ausprägung mit einem heuristischen Grenzwertbegriff zufriedengibt (Abb. 35).

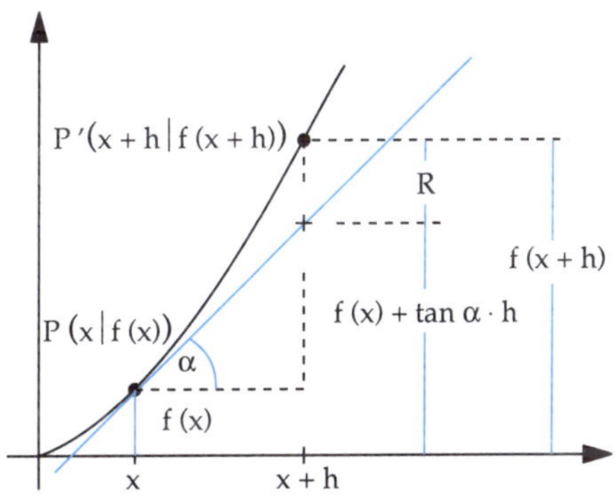

Abb. 35

Ausgangspunkt ist hier die Idee, daß man die Kenntnis der Steigung einer Funktion dazu nutzen kann, von einem Punkt zum nächsten zu gelangen. Aber auch der übernächste und alle Punkte in der Nähe des Ausgangspunktes müssen noch recht gut auffindbar sein. Der nächste Schritt ist dann wieder, die Steigung mit Hilfe der Tangente festzulegen, da eine Tangente geometrisch immer vorhanden, wenn auch analytisch nicht immer einfach bestimmbar ist. Unter der Annahme, die Tangente bereits gefunden zu haben, formuliert man eine Extrapolationsaufgabe:

Wie kann der Punkt $P'(x + h \mid f(x + h))$ mit den Informationen des Punktes $P(x \mid f(x))$ möglichst genau erreicht werden?

Die Tangente in P führt in die Nähe von $P'(x+h \mid f(x+h))$. Die Näherung ist dabei um so besser, je kleiner h ist. Es ergibt sich:
$f(x+h) = f(x) + \tan(\alpha) \cdot h + R$,
wobei R mindestens quadratisch mit h abnimmt. Deshalb muß der letzte Summand bei kleinem h viel schneller kleiner werden als der zweite, weshalb er letztlich *vernachlässigt* werden darf (*intuitive Grenzwertbildung* $h \to 0$). Daraus ergibt sich
$f(x+h) = f(x) + f'(x) \cdot h + R$.

Beispiele:

1. Gegeben sei wieder die Funktion f mit $f(x) = x^2$. Dann ist
   $f(x+h) = (x+h)^2 = x^2 + 2xh + h^2 = f(x) + f'(x) \cdot h + R$.
   Ein Koeffizientenvergleich ergibt:
   $f'(x) = 2x$; $R = h^2$ nimmt tatsächlich quadratisch mit h ab.
2. Gegeben sei f mit $f(x) = x^3$.
   Dann ist $f(x+h) = (x+h)^3 = x^3 + 3x^2h + 3xh^2 + h^3 = f(x) + f'(x) \cdot h + R$.
   Wieder liefert der Koeffizientenvergleich dasselbe Ergebnis wie der Differentialquotient:
   $f'(x) = 3x^2$; $R = 3xh^2 + h^3$ enthält als niedrigste Potenz von h einen Term in h^2.

Dies ist natürlich nicht nur Zufall oder liegt an den geschickt gewählten Beispielen. Vielmehr läßt sich diese Methode theoretisch auf dem Differentialquotienten aufbauen. Es gilt nämlich

$$f(x+h) = f(x) + f'(x) \cdot h + R$$
$$\Leftrightarrow f(x+h) - f(x) = f'(x) \cdot h + R$$
$$\Leftrightarrow \frac{f(x+h) - f(x)}{h} = f'(x) + \frac{R}{h}$$

wobei für $h \to 0$ die rechte Seite zum (rechtsseitigen) Differentialquotienten wird. Auf der rechten Seite bleibt gerade die Ableitung $f'(x)$ übrig, da R ja h mindestens in quadratischer Form enthält. Also enthält $\frac{R}{h}$ immer noch h mindestens linear. Deshalb ist sein Grenzwert für $h \to 0$ ebenfalls Null.

Übungsaufgaben

1. Bilden Sie mit Hilfe des Differentialquotienten die Ableitungen von
   a) $f(x) = x$
   b) $f(x) = c$
2. Zeigen Sie: $f(x) = |x+1|$ ist für $x_0 = -1$ zwar stetig, aber nicht differenzierbar.
3. Leiten Sie mit Hilfe des Differentialquotienten die Funktion mit der Gleichung $f(x) = 2x^2 - 3x + 1$ an der Stelle $x_0 = 2$ ab.
   Wie lautet die Ableitungsfunktion?
   Bestimmen Sie die Gleichung der Tangenten an f für $x_0 = 2$.
4. Leiten Sie die Funktion f aus Aufgabe 2 mit der grenzwertfreien Methode ab.
5. Berechnen Sie für obige Funktion f die höheren Ableitungen f'', f''' und $f^{(4)}$.
   Was läßt sich über weitere Ableitungen sagen?

Die Ableitung der ganzrationalen Funktion

In vielen Fällen läßt sich der Term einer komplizierten Funktion näherungsweise durch ein Polynom beschreiben. Wir verweisen dabei zunächst auf das asymptotische Verhalten. Darüber hinaus ist etwa:

$$\frac{x}{e^x - 1} \approx 1 - \frac{x}{2} + \frac{1}{6} \cdot \frac{x^2}{2!} - \frac{1}{30} \cdot \frac{x^4}{4!}$$

$$\approx 1 - \frac{x}{2} + \frac{x^2}{12} - \frac{x^4}{720}$$

$$\ln\left(\frac{1+x}{1-x}\right) \approx 2 \cdot \left[x + \frac{x^3}{3} + \frac{x^5}{5} + \frac{x^7}{7}\right] \text{ für } |x| < 1$$

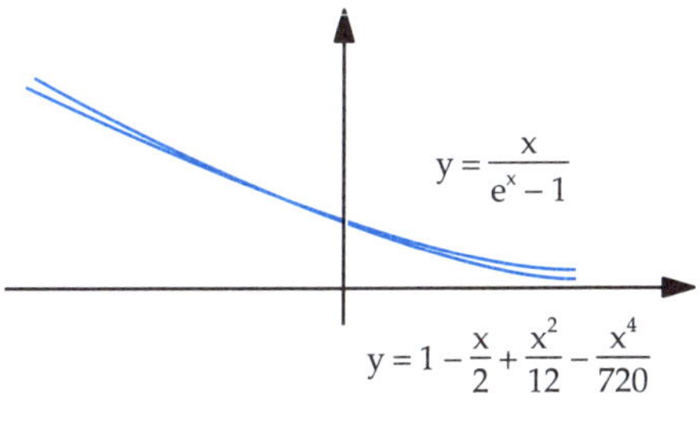

Abb. 36

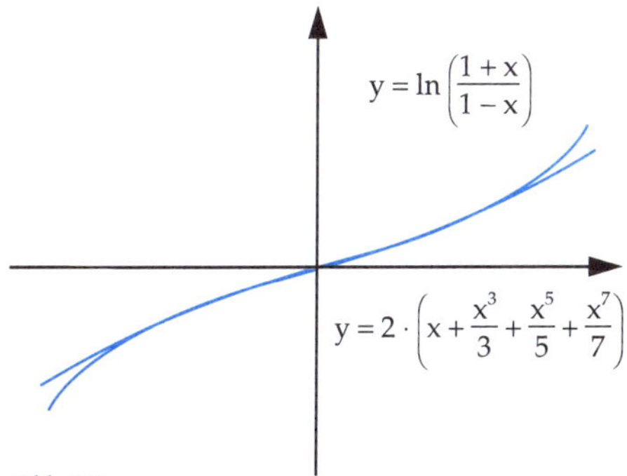

Abb. 37

Aber auch Funktionen, deren Term durch Polynome gegeben ist, können schon genug Schwierigkeiten machen.

Was etwa sind die **Extremwerte** von $f(x) = -0{,}5 \cdot x \cdot (x^2 - 2) = -0{,}5x^3 + x$?

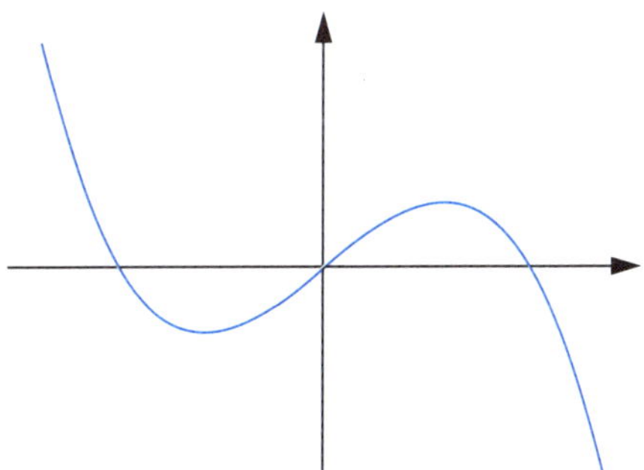

Abb. 38 $y = -0{,}5x^3 + x$

Man sieht recht schnell, daß hier keine „glatten“ Zahlen auftreten.

Die Potenzregel für $n \in \mathbb{N}$

Polynome aber sind wiederum nichts anderes als *Linearkombinationen* von Potenzen von x. Deshalb ist die Ableitung der allgemeinen Potenzfunktion $f(x) = x^n$ von fundamentaler Bedeutung.
Sammeln wir zunächst die Beispiele, bei denen wir die Ableitung durch Berechnungen mit Hilfe des Differentialquotienten schon kennen:

$f(x)$	x	x^2	x^3
$f'(x)$	1	$2x$	$3x^2$

Dies führt zu folgender *Vermutung*:

$$f(x) = x^n \Rightarrow f'(x) = n \cdot x^{n-1}$$

Wir beweisen diese Vermutung mit Hilfe der **Extrapolationsmethode** (siehe Band I, S. 98).

$$f(x+h) = f(x) + h \cdot f'(x) + R \Leftrightarrow (x+h)^n = x^n + n \cdot h \cdot x^{n-1} + \sum_{k=2}^{n} \binom{n}{k} \cdot h^k x^{n-k}$$

Also ist $f'(x) = n \cdot x^{n-1}$, was zu beweisen war.

Die Summenregel

Da Polynome – wie schon erwähnt – Linearkombinationen von Potenzen sind, folgt die Summenregel für Polynome direkt aus der **Potenzregel**. Mit Hilfe des Differentialquotienten kann man dies sogar für beliebige Funktionen zeigen. Sei die Funktion h gegeben durch $h(x) = f(x) + g(x)$. Dann ist

$$h'(x) = f'(x) + g'(x).$$

Beispiel:

$f(x) = -0{,}5x \cdot (x^2 - 2) = -0{,}5x^3 + x \Rightarrow f'(x) = -1{,}5x^2 + 1$

Speziell gilt:
Ist $g(x) = c$, so ist $h'(x) = f'(x)$, denn eine additive Konstante fällt beim Ableiten weg.

Die Faktorregel und die Produktregel

Es sei nun h (x) = f (x) · g (x). Wie sieht die zugehörige Ableitungsfunktion h '(x) aus? Einfach ist hier der Fall g (x) = k. Denn eine Konstante kann man wie bei der Betrachtung der Grenzwerte von Folgen aus dem Grenzprozeß herausziehen.
Damit erhält man die **Faktorenregel**:

Sei $h(x) = k \cdot f(x)$. Dann ist $h'(x) = k \cdot f'(x)$.

Sei der Funktionsterm von f ein Polynom, also $f(x) = a_n x^n + a_{n-1}x^{n-1} + \ldots + a_1 x + a_0$.
Dann gilt mit der Summen- und der Faktorregel:

$f'(x) = na_n x^{n-1} + (n-1)a_{n-1}x^{n-2} + \ldots + a_1$.

	h (x)	h '(x)	f (x)	g (x)	f '(x)	g '(x)
1.	x	1	1	x	0	1
2.	x^2	$2x$	x	x	1	1
3.	x^3	$3x^2$	x^2	x	$2x$	1
4.	x^4	$4x^3$	x^3	x	$3x^2$	1
5.	x^4	$4x^3$	x^2	x^2	$2x$	$2x$
6.	x^5	$5x^4$	x^4	x	$4x^3$	1
7.	x^5	$5x^4$	x^3	x^2	$3x^2$	$2x$
8.	x^6	$6x^5$	x^5	x	$5x^4$	1
9.	x^6	$6x^5$	x^4	x^2	$4x^3$	$2x$
10.	x^6	$6x^5$	x^3	x^3	$3x^2$	$3x^2$

Der allgemeine Fall ist komplizierter. Eine Idee holen wir uns aus dem Verhalten des Produkts zweier Potenzfunktionen mit Hilfe der **Produktregel**:

Aus $h(x) = f(x) \cdot g(x)$ folgt $h'(x) = f'(x) \cdot g(x) + f(x) \cdot g'(x)$

Beispiel:

$h(x) = -0{,}5 \cdot (x^2 - 2) \Rightarrow f(x) = -0{,}5x;\; g(x) = x^2 - 2$

$f'(x) = -0{,}5;\quad g'(x) = 2x$

$\Rightarrow h'(x) = -0{,}5\,(x^2 - 2) - 0{,}5x \cdot 2x = -0{,}5x^2 + 1 - x^2 = -1{,}5x^2 + 1$

Der allgemeine Beweis bedient sich eines gern benutzten Tricks: Durch gleichzeitige Addition einer Zahl und ihrer Gegenzahl addiert man insgesamt Null. Mit Hilfe der neuen Terme aber läßt sich der gesamte Ausdruck geeignet umsortieren. Konkret gilt:

$$\lim_{h\to 0} \frac{f(x+h)\cdot g(x+h) - f(x)\cdot g(x)}{h} =$$

$$\lim_{h\to 0} \frac{f(x+h)\cdot g(x+h) - f(x)\cdot g(x+h) + f(x)\cdot g(x+h) - f(x)\cdot g(x)}{h} =$$

$$\lim_{h\to 0} \frac{[f(x+h) - f(x)]\cdot g(x+h) + f(x)\cdot [g(x+h) - g(x)]}{h} =$$

$$\lim_{h\to 0} \frac{f(x+h) - f(x)}{h} \cdot \lim_{h\to 0} g(x+h) + f(x)\cdot \lim_{h\to 0} \frac{g(x+h) - g(x)}{h} = f'(x)\cdot g(x) + f(x)\cdot g'(x)$$

wegen der Differenzierbarkeit (und damit auch Stetigkeit) von f und g. Damit gelingt ein zweiter Beweis der Ableitung der Potenzfunktion mittels *Induktion*:
Für $n = 1$ gilt $f(x) = x \Rightarrow f'(x) = 1 \cdot x^0 = 1$

Sei nun für ein m schon klar:
$f(x) = x^m \qquad \Rightarrow f'(x) = m \cdot x^{m-1}$
Für $n = m + 1$ gilt
$f(x) = x^{m+1} = x \cdot x^m \Rightarrow f'(x) = 1 \cdot x^m + x \cdot m \cdot x^{m-1} = (m+1)\cdot x^m$

Der volle Wert der Produktregel wird erst bei der Kombination von Polynomen mit anderen Funktionen oder bei Kombinationen von diesen klar.

Beispiel:

$h(x) = x^4 \cdot \sin(x) \Rightarrow f(x) = x^4; \quad g(x) = \sin(x)$
$\qquad f'(x) = 4x^3; \quad g'(x) = \cos(x)$
$\Rightarrow h'(x) = 4x^3 \cdot \sin(x) + x^4 \cdot \cos(x)$

Steigungsverhalten und Extremwerte

Schon im Kapitel 2 hatten wir uns klargemacht, daß die 1. Ableitung die Steigung einer Funktion oder ihres Graphen beschreibt. Wie sind die Zusammenhänge genau?

Einführungsbeispiel:

Wir betrachten die Funktion f mit
$f(x) = 0{,}75x^4 - 4x^3 + 6x^2$.

Dann ist
$f'(x) = 3x^3 - 12x^2 + 12x$,
$f''(x) = 9x^2 - 24x + 12$.

Wir sehen, daß überall dort, wo f steigt, f ′ positiv ist. Wo f fällt, ist f ′ negativ. Beim einzigen Extremwert $x_0 = 0$ ist $f'(0)$ Null, allerdings auch bei $x_1 = 2$, wo kein Extremwert vorliegt. Allerdings unterscheiden sich an diesen beiden Stellen die Werte von f ″. Es gilt $f''(0) = 12$ und $f''(2) = 0$. Auch mit Hilfe von f ′ läßt sich übrigens ein Unterschied erkennen: $f'(0 - h)$ ist negativ, $f'(0 + h)$ positiv. Dagegen ist die erste Ableitung sowohl links als auch rechts von 2 positiv.

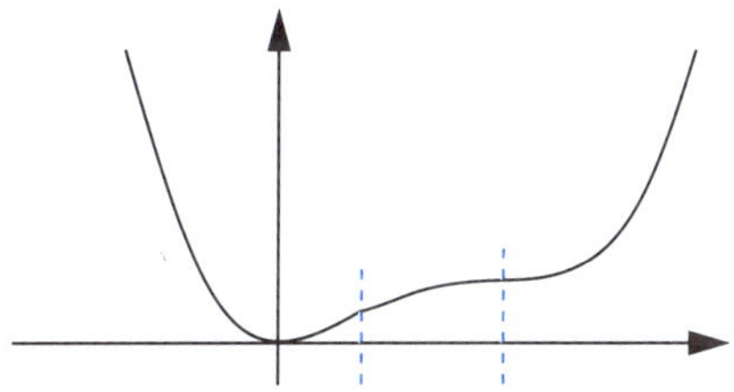

Abb. 39 a $y = 0{,}75x^4 - 4x^3 + 6x^2$

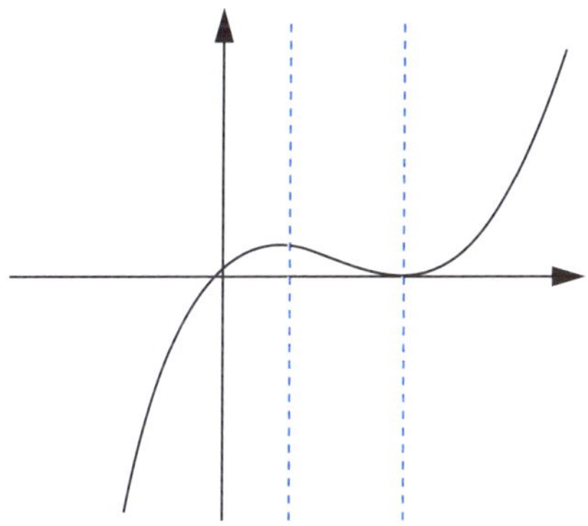

Abb. 39 b $y' = 3x^3 - 12x^2 + 12x$

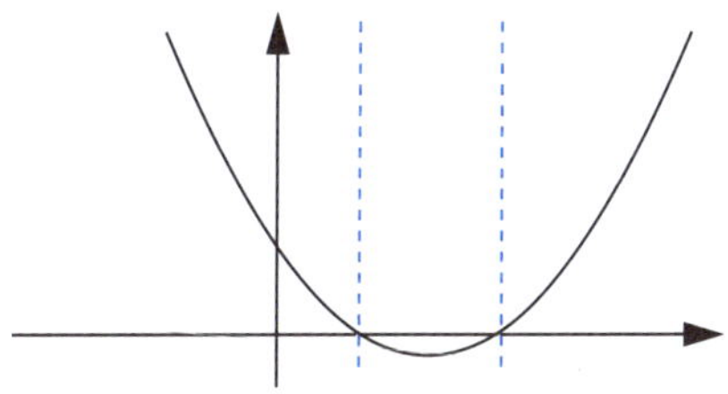

Abb. 39 c $y'' = 9x^2 - 24x + 12$

Insgesamt gilt:

1. Ist für $x \in \,]a; b[$ $f'(x) > 0$, so ist f streng monoton steigend auf dem Intervall]a; b[.
2. Ist $f'(x) < 0$, so ist f dort streng monoton fallend.
3. Ist $f(x_0) = 0$ und $f''(x_0) < 0$, so ist $(x_0 \,|\, f(x_0))$ ein Maximum.
   Oder: Ist $f'(x)_0 = 0$ und $f'(x_0 - h) > 0$ und $f'(x_0 + h) < 0$, so ist $(x_0 \,|\, f(x_0))$ ein Maximum.
4. Ist $f'(x_0) = 0$ und $f''(x_0) > 0$, so ist $(x_0 \,|\, f(x_0))$ ein Minimum.
   Oder: Ist $f'(x_0) = 0$ und $f'(x_0 - h) < 0$ und $f'(x_0 + h) > 0$, so ist $(x_0 \,|\, f(x_0))$ ein Minimum.

Beweise:

Aussage 1:

$$0 < \lim_{h \to 0} \frac{f(x_0 + h) - f(x_0)}{h} \Rightarrow 0 < \frac{f(x_0 + h) - f(x_0)}{h} \text{ zumindest dicht bei } x_0.$$

Das bedeutet aber: $f(x_0 + h) > f(x_0)$, also f streng monoton steigend.

Der Rest des Beweises von 1 und der Beweis von 2 verlaufen analog.

Aussage 3:

f'' ist die Ableitung von f'. Aus $f''(x_0) < 0$ folgt daher nach (2), daß f' in der Umgebung von x_0 streng monoton fällt. Wegen $f'(x_0) = 0$ ist also f' links von x_0 positiv, rechts davon negativ (siehe auch die alternative Formulierung, die jedoch in der praktischen Rechnung unhandlicher ist). Mit den Ausagen 1 und 2 folgt daraus f ist links von x_0 streng monoton steigend, rechts davon streng monoton fallend. Also ist $f(x_0)$ der *größte Funktionswert* in $]x_0 - h\,;\, x_0 + h[$.

Der Beweis der Aussage 4 verläuft wieder analog.

Beispiel:

$f(x) = -0{,}5x \cdot (x^2 - 2) = -0{,}5x^3 + x.$

$f'(x) = -1{,}5x^2 + 1\,;\; f''(x) = -3x.$

$f'(x) = 0$ für $x_1 = \sqrt{\frac{2}{3}}$ oder $x_2 = -\sqrt{\frac{2}{3}}.$

$f''(x_1) < 0 \Rightarrow$ Maximum bei x_1; $f''(x_2) > 0 \Rightarrow$ Minimum bei x_2

Umkehrbar sind diese Sätze übrigens nicht!

So ist $f(x) = x^3$ überall streng monoton steigend, aber $f'(0) = 0$.

Für $f(x) = x^4$ ist $f'(0) = f''(0) = 0$, aber es liegt dennoch für $x_0 = 0$ ein Minimum vor. Dies hätte das Kriterium, das allein auf die 1. Ableitung zurückgreift, offenbart. Muß man also im Zweifelsfall doch auf dieses unhandliche Kriterium zurückgreifen? Nicht unbedingt!

In diesen Fällen gilt nämlich:

Ist $f'(x_0) = f''(x_0) = 0$ und f hinreichend oft differenzierbar, so liegt genau dann ein Extremum vor, wenn eine geradzahlige Ableitung an der Stelle x_0 erstmals von Null verschieden ist. Ist dagegen eine ungeradzahlige Ableitung erstmals von Null verschieden, so ist bei x_0 kein Extremum.

Beispiel:

$f(x) = x^4$

$f'(x) = 4x^3$

$f''(x) = 12x^2$

$f'''(x) = 24x$

$f^{(4)}(x) = 24 \neq 0$

Im Einführungsbeispiel ist $f'''(x) = 18x - 24$, also $f'''(2) = 12 \neq 0$. Damit ergibt auch die Rechnung, daß für $x = 2$ kein Extremum vorliegt. Der Punkt $(2 \mid f(2))$ heißt **Sattelpunkt**.
Auf der Suche nach Extremwerten hilft noch folgender Satz:

Ist x_0 doppelte Nullstelle von f, so ist x_0 auch Nullstelle von f'.

Beweis:

$f(x) = (x - x_0)^2 \cdot g(x) \Rightarrow f'(x) = 2(x - x_0) \cdot g(x) + (x - x_0)^2 \cdot g'(x) \Rightarrow f'(x_0) = 0$

Durch wiederholte Anwendung dieses Satzes ergibt sich:

Eine ganzrationale Funktion n-ten Grades hat höchstens $n - 1$ lokale Extremstellen.

Lassen sich die Nullstellen der ersten Ableitung nicht mehr elementar bestimmen, helfen wieder nur **Näherungsverfahren**. Um diese aber sinnvoll einsetzen zu können, sollte man die Nullstellen wenigstens *einkreisen* können. Hierbei helfen folgende Sätze:

Die Funktion f sei über $[a; b]$ differenzierbar, und es gelte $f(a) = f(b)$. Dann gibt es zumindest ein $x_0 \in\ ]a; b[$ mit $f'(x_0) = 0$. **(Satz von Rolle)**

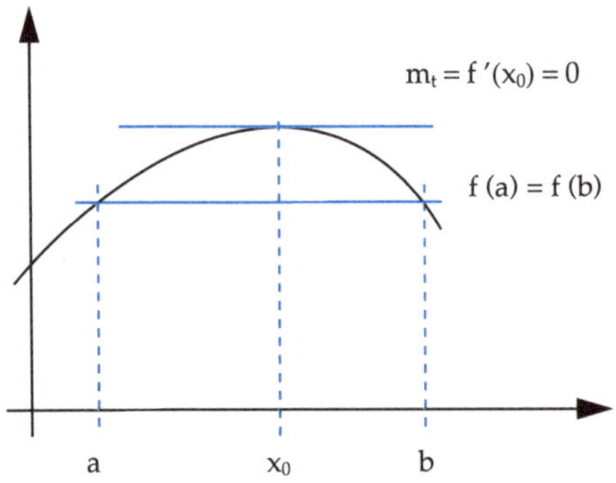

Abb. 40 Satz von Rolle

Die Funktion f sei über [a; b] differenzierbar. Dann gibt es mindestens ein $x_0 \in\ ]a; b[$ mit $f'(x_0) = \frac{f(b) - f(a)}{b - a}$ **(Mittelwertsatz der Differentialrechnung)**

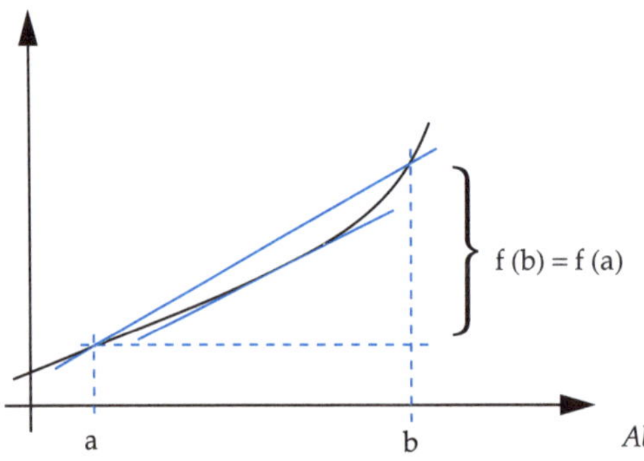

Abb. 41 Mittelwert der Differentialrechnung

Beweis:
Es sei s eine Sekante mit s (a) = f (a) und s (b) = f (b). Für d (x) = f (x) – s (x) gilt dann d (a) = d (b) = 0. Mit dem *Satz von Rolle* folgt, daß es ein $x_0 \in\ ]a; b[$ mit $d'(x_0) = f'(x_0) - s'(x_0) = 0$ gibt. Daraus folgt wiederum

$$f'(x_0) = s'(x_0) = \frac{s(b) - s(a)}{b - a} = \frac{f(b) - f(a)}{b - a}$$

Der Mittelwertsatz erfährt eine praktische Anwendung etwa bei der Bestimmung von mittleren Geschwindigkeiten.

Krümmungsverhalten und Wendepunkte

Einführungsbeispiele:

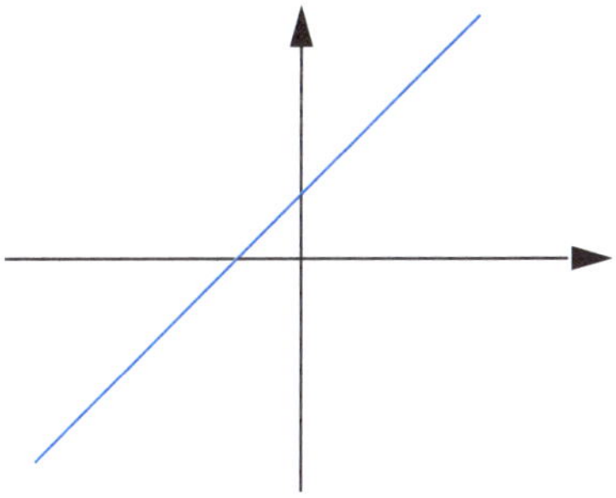

Abb. 42 $y = x + 1$

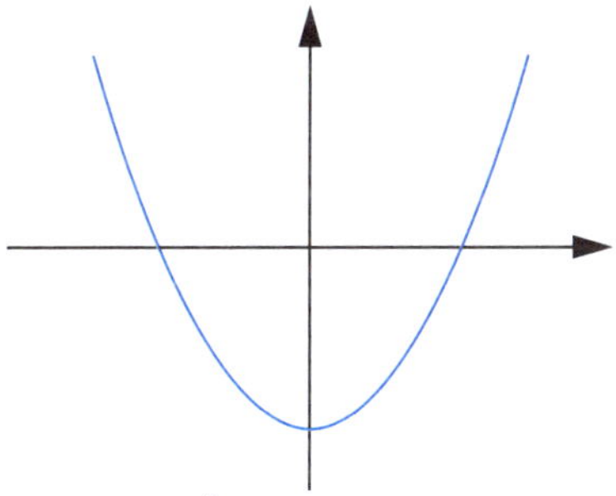

Abb. 43 $y = x^2 - 2$

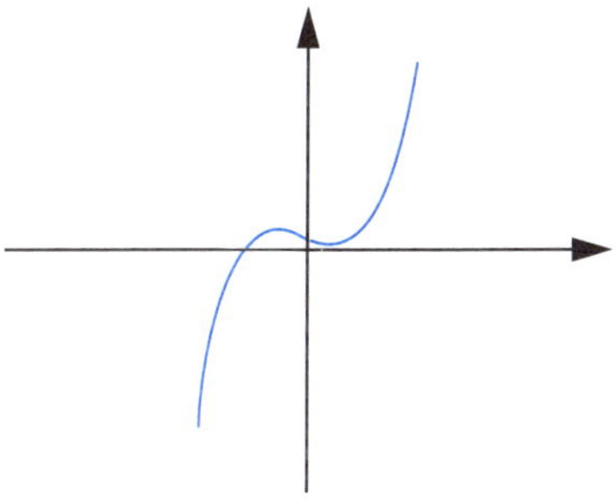

Abb. 44 $y = x^3 - 2x^2 + x$

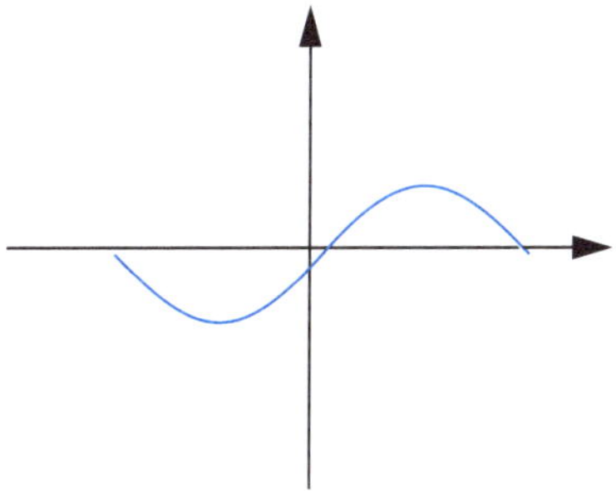

Abb. 45 $y = \sin(x)$

Wir stellen fest: Nicht gekrümmt sind lediglich die Funktionen der Form $f(x) = c$ oder $f(x) = mx + b$. Ihre Graphen sind Geraden, sie haben einheitliche Steigungen. Zu einer Krümmung kommt es also immer dann, wenn die Steigung uneinheitlich ist, also zu- oder abnimmt.

Wird dabei die Steigung immer steiler, ergibt sich eine **Linkskrümmung**; wird die Steigung dagegen flacher, erhalten wir eine **Rechtskrümmung**. Die Steigung wird durch f' beschrieben. Ist f' nicht konstant, hat f' selbst wieder eine Steigung. Die „Steigung der Steigung" aber beschreibt f''. Nach dem oben Gesagten ist bei einer Linkskrümmung f' *streng monoton steigend*, bei einer Rechtskrümmung *streng monoton fallend*. Damit ergibt sich:

Ist in $x_0 \in \,]a\,;b[$ und $f''(x_0) < 0$, so ist die Kurve an dieser Stelle rechtsgekrümmt.
Ist dagegen $f''(x_0) > 0$, so ist die Kurve in x_0 linksgekrümmt.
Ist $f''(x_0) = 0$ und $f'''(x_0) \neq 0$, so hat f in x_0 einen **Wendepunkt**.

Dies paßt mit den Aussagen über Extremwerte zusammen:
Ein Maximum kann nur im rechtsgekrümmten Teil einer Funktion vorliegen, ein Minimum nur im linksgekrümmten Teil.

Beispiel:

$f(x) = 0{,}75x^4 - 4x^3 + 6x^2$
$f'(x) = 3x^3 - 12x^2 + 12x$
$f''(x) = 9x^2 - 24x + 12$

$\Rightarrow f''(x) = 0$ für $x_1 = \frac{2}{3}$ oder $x_2 = 2$

$f'''(x) = 18x - 24 \Rightarrow f'''\left(\frac{2}{3}\right) = -12$ und $f'''(2) = 12.$

Also hat f zwei Wendepunkte. Ferner ist $f''(x) > 0$ für $x < \frac{2}{3}$, $f''(x) < 0$ für $x \in]\frac{2}{3};\ 2[$ und $f''(x) > 0$ für $x > 2$, der Kurvenverlauf ist linksgekrümmt, rechtsgekrümmt und wieder linksgekrümmt.

$f(x) = -0{,}5x^3 + x \Rightarrow f''(x) = 0$ für $x = 0$
$f'''(x) = -3$, also auch $f'''(0) = -3 \neq 0$. Ferner ist $f''(x) > 0$ für $x < 0$ und $f''(x) < 0$ für $x > 0$. Also ist f zunächst linksgekrümmt, dann rechtsgekrümmt. Wir können also präzisieren:

Ist $f''(x_0) = 0$ und $f'''(x_0) > 0$, so geht an der Wendestelle x_0 eine Rechtskrümmung in eine Linkskrümmung über. Ist dagegen $f''(x_0) = 0$ und $f'''(x_0) < 0$, so geht an der Wendestelle x_0 eine Linkskrümmung in eine Rechtskrümmung über.
Gilt für einen Wendepunkt außerdem $f'(x_0) = 0$, so heißt der Punkt $(x_0 \mid f(x_0))$ **Sattelpunkt.**

In Analogie zum Satz über das Vorliegen von Extrema (siehe Seite 55) gilt:
Ist f n-mal differenzierbar und $f'(x_0) = \ldots = f^{(n-1)}(x_0) = 0$, aber $f^{(n)}(x_0) \neq 0$ mit n ungeradzahlig und $n > 3$, so hat f an x_0 eine Wendestelle. Durch wiederholte Anwendung ergibt sich:

Eine ganzrationale Funktion n-ten Grades hat höchstens $n - 2$ Wendestellen.

Übungsaufgaben

1. Gegeben sei die Funktion mit der Gleichung $f(x) = x^4 - 8x^3 + 6x^2 + 40x - 4$. Bestimmen Sie mit Hilfe der Ableitungen alle Extremal- und Wendepunkte.
2. Untersuchen Sie $f(x) = x^6 - 12$ auf Extremstellen.
3. Bestimmen Sie alle Extremal- und Wendestellen von $f(x) = x^3 + 6x^2 + 12x + 3$.
4. Differenzieren Sie nach der Produktregel und kontrollieren Sie durch Ausmultiplizieren und anschließendes Ableiten nach der Potenz- und Summenregel:
   a) $f(x) = x \cdot (x^2 - 2x)$
   b) $f(x) = (4x^2 + x - 1) \cdot (x^2 + 3x + 5)$

Anwendungen

Die Kurvendiskussion

Im Kapitel Eigenschaften von Funktionen (Seite 14) hatten wir als (ein) Ziel der Analysis genannt, den Verlauf von Funktionen ohne lange Wertetabellen beschreiben zu können. Dieses Ziel haben wir nun – zumindest für *ganzrationale Funktionen* – erreicht. Eine derartige vollständige Beschreibung unter Zuhilfenahme von *Grenzwerten* und *Ableitungen* bezeichnet man als **Kurvendiskussion**.

Sie läßt sich in folgendes Raster fassen:

1. Bestimmung des maximalen Definitionsbereichs,
2. Symmetrieeigenschaften,
3. Beschränktheit, asymptotisches Verhalten und stetige Ergänzung,
4. Ermittlung der Schnittpunkte mit den Achsen,
5. Bestimmung der Extremalpunkte und des Steigungsverhaltens,
6. Bestimmung der Wendepunkte und des Krümmungsverhaltens,
7. Skizzierung des Funktionsgraphen unter Berücksichtigung der ermittelten wichtigen Punkte und Eigenschaften.

Einführungsbeispiel:

Gegeben sei die Funktion f mit der Gleichung $f(x) = x^4 - 6x^3 + 9x^2 - 4x$.
Führen Sie eine Kurvendiskussion durch.

1. $\mathbb{D} = \mathbb{R}$; es handelt sich um eine ganzrationale Funktion.

2. Der Funktionsgraph ist weder symmetrisch zum Ursprung noch zur y-Achse, da sowohl gerade als auch ungerade Potenzen von x auftreten.

3. $f(x) = x^4 \cdot \left(1 - \frac{6}{x} + \frac{9}{x^2} - \frac{4}{x^3}\right)$ für $x \neq 0$.
Für $|x| \to \infty$ verhält sich f (x) wie x^4, da der Grenzwert der Klammer 1 ist. Deshalb ist $\lim\limits_{|x| \to \infty} f(x) = \infty$. Da f auf ganz $\mathbb{R}$ definiert ist, gibt es keine senkrechten Asymptoten; stetige Ergänzung ist an keiner Stelle nötig.

4. $f(0) = 0$; der Schnittpunkt mit der y-Achse ist somit gleichzeitig die erste Nullstelle $x_1 = 0$
$f(x) = x \cdot (x^3 - 6x^2 + 9x - 4)$ wird außerdem Null, wenn der Klammerterm Null wird.
Das Teilbarkeitskriterium (siehe Seite 19) liefert: $x_2 = 1 \Rightarrow f(x) = 0$.
Durch Polynomdivision ergibt sich $(x^3 - 6x^2 + 9x - 4) : (x - 1) = x^2 - 5x + 4$
Mit Hilfe der p-q-Formel erhält man als restliche Nullstellen $x_3 = 1$ und $x_4 = 4$.
$x_2 = x_3 = 1$ ist also doppelte Nullstelle.

5. $f'(x) = 4x^3 - 18x^2 + 18x - 4$

Da $x = 1$ doppelte Nullstelle von f ist, folgt, daß $x = 1$ auch Nullstelle von f' sein muß.

Die Polynomdivision liefert weiter: $f'(x) = (x - 1) \cdot (4x^2 - 14x + 4)$.

Mit der p-q-Formel erhalten wir $x = 1{,}75 \pm \sqrt{1{,}75^2 - 1}$, also $x_5 \approx 3{,}186$ und $x_6 \approx 0{,}314$.

$f''(x) = 12x^2 - 36x + 18.$
$f''(1) = -6 < 0 \Rightarrow$ Maximum bei $x = 1$; $E_1 = (1 \mid 0)$.
$f''(3{,}186) = 25{,}111 > 0 \Rightarrow$ Minimum bei $x = 3{,}186$; $E_2 = (2{,}186 \mid -12{,}393)$.
$f''(0{,}314 = 7{,}879 > 0 \Rightarrow$ Minimum bei $x = 0{,}314$; $E_2 = (0{,}314 \mid -0{,}545)$.

Mit **3.** folgt: In $]-\infty\,; 0{,}314[$ ist f streng monoton fallend;
in $]0{,}314\,; 1[$ ist f streng monoton steigend;
in $]1\,; 3{,}186[$ ist f streng monoton fallend;
in $]3{,}186\,; \infty[$ ist f streng monoton steigend.

6. $f''(x) = 12x^2 - 36x + 18 = 12 \cdot (x^2 - 3x + 1{,}5)$.

Die p-q-Formel liefert als Nullstellen von f'' und mögliche Wendestellen: $x_7 = 2{,}366$ oder $x_8 = 0{,}634$.

$f'''(x) = 24x - 36,$
$f'''(2{,}366) = 20{,}784 > 0,$
$f'''(0{,}634) = -20{,}784 < 0.$

Wir haben also zwei Wendestellen; bei $x_8 = 0{,}634$ geht eine Links- in eine Rechtskrümmung über, bei $x_7 = 2{,}366$ eine Rechts- in eine Linkskrümmung. Die Wendepunkte lauten $W_1 = (0{,}634 \mid -0{,}286)$; $W_2 = (2{,}366 \mid -7{,}214)$.

7.

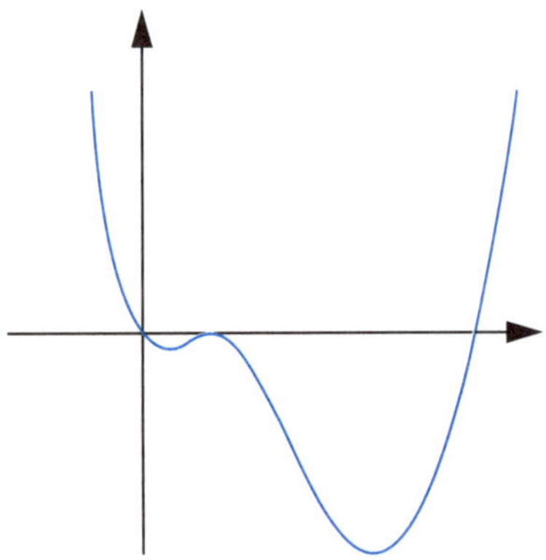

Abb. 46 $y = x^4 - 6x^3 + 9x^2 - 4x$

Bestimmung einer ganzrationalen Funktion aus vorgegebenen Eigenschaften

Oftmals hat man die Funktionsgleichung nicht vorgegeben, sondern kennt nur bestimmte Bedingungen, welche die gesuchte (möglichst einfache) Funktion erfüllen muß: zum Beispiel Punkte, durch die der Graph verläuft oder Steigungs- oder Krümmungsverhalten an bestimmten Stellen. Gerade in der Praxis ist dies oft der Fall, da sich die meisten Vorgänge nicht kontinuierlich beobachten und aufzeichnen lassen.
Wie viele solcher Informationen sind nötig, um eine bestimmte Funktion zu ermitteln? Um eine Geradengleichung zu bestimmen, brauchten wir zwei Punkte, für eine Parabel schon drei Punkte oder entsprechende Informationen. Es ist leicht einzusehen, daß man daher für eine Funktionsgleichung, die durch ein Polynom n-ten Grades gegeben ist, genau n + 1 Informationen benötigt.
Dabei treten in den Beschreibungen immer wieder bestimmte Standardformulierungen auf, die eine ähnliche Bedeutung besitzen. Die wichtigsten von ihnen haben wir in der folgenden Liste aufgeführt:

Standardformulierungen	**Und was sie bedeuten**
geht durch den Punkt (a | b)	$f(a) = b$
ist symmetrisch zum Ursprung	$f(-a) = -f(a)$ *oder* *bei Polynomen: alle Koeffizienten bei geradzahligen Potenzen von x sind Null.*
ist symmetrisch zur y-Achse	$f(a) = f(-a)$ *oder* *bei Polynomen: alle Koeffizienten bei ungeradzahligen Potenzen von x sind Null.*
schneidet die x-Achse bei x = a	$f(a) = 0$; *Nullstelle*
hat einen Extremwert für x = a	$f'(a) = 0$
hat für x = a die Steigung m	$f'(a) = m$
ist in x = a parallel zur Geraden g (x) = mx + b	$f'(a) = m$ *aber nicht notwendig:* $f(a) = g(a)$
berührt die x-Achse bei x = a	$f(a) = 0$ *und* $f'(a) = 0$
hat bei x = a einen Wendepunkt	$f''(a) = 0$
Wendetangente	*Tangente durch einen Wendepunkt*

Einführungsbeispiel:

Eine möglichst einfache Funktion hat in W (2 | ?) einen Wendepunkt mit der Tangente t (x) = 6 – 3x und geht durch den Punkt P (0 | –2). Wie lautet ihre Gleichung?

Da aus dem Text vier Bedingungen herausgelesen werden können, kann es sich nur um ein Polynom 3. Grades handeln:

$y = ax^3 + bx^2 + cx + d.$

Im einzelnen ergibt sich:

$f'(x) = 3ax^2 + 2bx + c$

$f''(x) = 6ax + 2b$

$t(2) = 0 = f(2)$; also W (2 | 0)	$\Rightarrow$	$8a + 4b + 2c + d = 0$
P (0 | –2)	$\Rightarrow$	$d = -2$
$f'(2) = m_t = -3$	$\Rightarrow$	$12a + 4b + c = -3$
x = 2 ist Wendestelle, also $f''(2) = 0$	$\Rightarrow$	$12a + 2b = 0$

Wir erhalten also ein Gleichungssystem von vier Gleichungen mit vier Unbekannten. Ein solches System ist (siehe Band I, S. 139 ff.) im allgemeinen lösbar.

Im vorliegenden Fall ergeben sich:

$d = -2$; $a = 1$; $b = -6$; $c = 9$

$\Rightarrow \mathbf{f(x) = x^3 - 6x^2 + 9x - 2}$

Um den Verlauf einer solchen Funktion genauer zu bestimmen, ließe sich nun eine Kurvendiskussion anschließen.

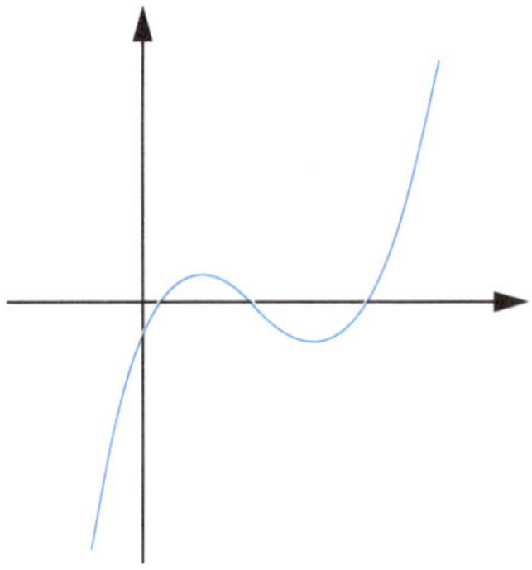

Abb. 47 $y = x^3 - 6x^2 + 9x - 2$

Extremwertaufgaben mit Nebenbedingungen

Eine weitere Anwendung der Differentialrechnung besteht in der Lösung sogenannter Extremwertaufgaben mit Nebenbedingungen. Diese auch zu den **Optimierungsproblemen** gerechneten Aufgaben entstammen oft der Geometrie oder Ökonomie. Es geht darum, etwa einen Inhalt zu maximieren oder zum Beispiel Kosten zu minimieren. Dabei hängt die das Problem beschreibende Funktion, die *Hauptbedingung*, in der Regel von mehr als einer Variablen ab. Die Strategie besteht dann darin, mit Hilfe der Nebenbedingungen (die Beziehungen zwischen den Variablen enthalten) die Anzahl der Variablen in der Hauptbedingung auf eins zu reduzieren. Anschließend läßt sich das Problem mit Hilfe der 1. und 2. Ableitung lösen.

Von besonderer Bedeutung ist noch die Festlegung des *Definitionsbereiches*, der keineswegs dem maximalen Definitionsbereich der Funktion entsprechen muß.

Einführungsbeispiel:

Einer senkrechten quadratischen Pyramide mit Grundkante a und Höhe h soll ein Quader mit möglichst großem Volumen einbeschrieben werden.

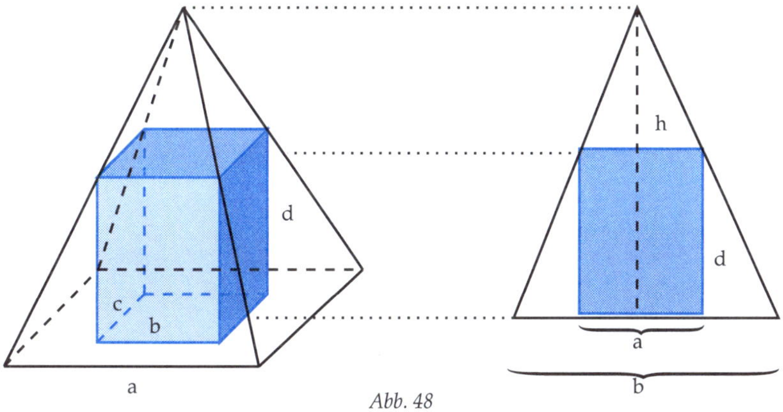

Abb. 48

Hauptbedingung: $V_Q\,(b; c; d) = b \cdot c \cdot d \rightarrow$ Maximum

Nebenbedingungen:

1. Symmetrie $\Rightarrow b = c$

2. Strahlensatz: $\dfrac{a}{2h} = \dfrac{a-b}{2d} \Leftrightarrow d = \dfrac{(a-b)\cdot 2h}{2a}$

Einsetzen:

1. $\Rightarrow V_Q\,(b; d) = b^2 d$

2. $\Rightarrow V_Q\,(b) \quad = b^2 \cdot \dfrac{(a-b)\cdot h}{a} = b^2 h - \dfrac{b\,h}{a}$

Definitionsbereich: $\mathbb{D} = \{0 < b < a\}$ und $\{0 < d < h\}$

Lösung: $V_Q'(b) = 2hb - (3hb^2) : a = b \cdot (2h - 3hb : a)$

$V_Q'(b) = 0 \Leftrightarrow b = 0 \vee b = \dfrac{2}{3} \cdot a$

Dabei ist die erste Lösung unbrauchbar, da nach Voraussetzung $b > 0$.

$V_Q''(b) = 2h \cdot (1 - 3b : a) \Rightarrow V_Q''\left(\dfrac{2}{3} \cdot a\right) = -2h < 0$ wegen $h > 0$.

Also liegt ein Maximum vor; das Einsetzen des gefundenen Wertes ergibt

$V_Q\,(b) = \dfrac{4}{9}\,ah^2 - \dfrac{8}{27}\,ah^2 = \dfrac{4}{27}\,ah^2;\ d = \dfrac{h}{3}$

Das Newtonsche Näherungsverfahren

Sind die Nullstellen ganzzahlig oder zumindest Brüche, so existieren diverse Verfahren zu ihrer Bestimmung (siehe Seite 19). *Nichtrationale Nullstellen* jedoch sind nur mittels eines Näherungsverfahrens wie etwa dem Newtonschen Näherungsverfahren zu bekommen.
Bei diesem Verfahren wird die komplizierte Funktion f durch die Tangente an f in x_1 ersetzt. Die Nullstelle x_2 dieser Tangente ist nun eine Näherungslösung für die tatsächliche Nullstelle x_0 von f, wenn nur x_1 dicht genug bei x_0 liegt (grobe Wertetabelle!). Für alle solche Zahlen x sind nämlich die Ableitungen (Tangentensteigungen) von f in x und x_0 nahezu identisch, und es gilt:

$$f'(x) \approx f'(x_0) = \lim_{x \to x_0} \frac{f(x) - f(x_0)}{x - x_0} \approx \frac{f(x) - f(x_0)}{x - x_0}$$

woraus wegen $f(x_0) = 0$ folgt:

$$f'(x) \approx \frac{f(x)}{x - x_0}$$

$$x_0 \approx x - \frac{f(x)}{f'(x)} \quad (*)$$

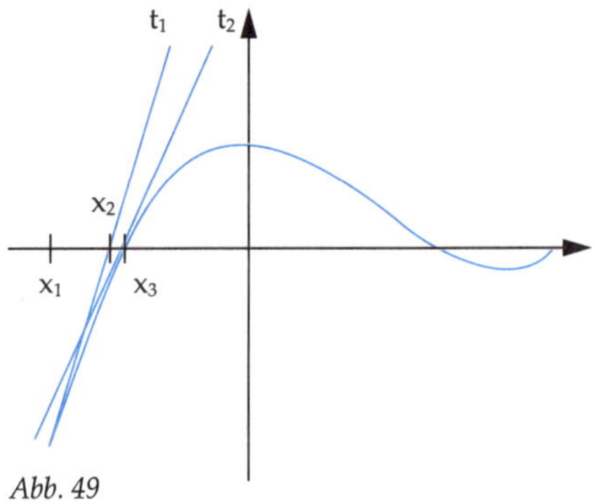

Abb. 49

Die Auflösung der Tangentengleichung aber führt auf eine analoge Formel:

$$t(x) = f'(x_{1)} \cdot (x - x_{1)} + f(x_1)$$

$$\Rightarrow t(x_2) = f'(x_1) \cdot (x_2 - x_1) + f'(x_1) = 0$$

$$\Rightarrow \quad x_2 = x_1 - \frac{f(x_1)}{f'(x_1)}$$

Da x_1 dicht bei x_0 liegt, gilt mit (*): $x_2 \approx x_0$
Man kann sogar zeigen, daß x_2 eine bessere Näherung für x_0 ist als x_1. Deshalb kann man nun mit der Tangente an f in x_2 weiterarbeiten und erhält eine wiederum bessere Näherung x_3 und so fort. Allgemein gilt die folgende **Rekursionsformel**:

$$x_{n+1} = x_n - \frac{f(x_n)}{f'(x_n)}$$

Das Newtonsche Näherungsverfahren liefert die Nullstelle x_0, wenn der Startwert x_1 dicht bei x_0 liegt, $f'(x_0) \neq 0$ ist und f in einer Umgebung von x_0, die x_1 enthält, zweimal stetig differenzierbar ist.

Einführungsbeispiel:

Gegeben sei die Funktion f mit $f(x) = x^3 - 2{,}5x^2 - 11x + 48$
Bestimmen Sie die Nullstelle von f in $[-4; -2]$!

Es ist $f(-4) = -12 < 0$, $f(-2) = 52 > 0$
nach dem *Zwischenwertsatz* gibt es ein $\overline{x}$ mit $f(\overline{x}) = 0$.
$f'(x) = 3x^2 - 5x - 11$.

Das Newtonsche Näherungsverfahren liefert:

$$x_1 = -4 - \frac{(-12)}{57} = -3{,}789$$

$$x_2 = -3{,}789 + \frac{0{,}609}{51{,}015} = -3{,}777$$

$$x_3 = -3{,}777 - \frac{0{,}001}{50{,}682} = -3{,}777$$

Bei dreistelliger Genauigkeit nach dem Komma ist damit
$\overline{x} = -3{,}777$

Übungsaufgaben

1. Gegeben sei die Funktion f mit der Gleichung $f(x) = 2x^5 - 4x^3 + 2x$
a) Wie groß ist der maximale Definitionsbereich?
b) Wie verhält sich die Funktion für $x \to \infty$ und $x \to -\infty$?
c) Wo liegen die Nullstellen? Gibt es mehrfache Nullstellen?
d) Bestimmen Sie ausschließlich mit Hilfe der 1. Ableitung das Steigungsverhalten und geben Sie die Extremalpunkte an.

2. Gegeben sei die Funktion f mit $f(x) = x^3 - 6x^2 - 6x$.
Führen Sie eine Kurvendiskussion durch.

3. Führen Sie eine Kurvendiskussion für die Funktion f mit $f(x) = -0{,}1x^3 + 0{,}5x^2 - 0{,}6x$ durch.

4. Diskutieren Sie die Funktion f mit $f(x) = x^3 - 6x^2 + 9x - 2$.

5. Diskutieren Sie die Funktion f mit $f(x) = -x^4 + 3x^2 + 4$.

6. Bestimmen Sie die ganzrationale Funktion 3. Grades, die bei $x = -1$ eine Nullstelle hat und bei $x = -2$ einen Wendepunkt mit der Wendetangente $y = 3x + 2{,}5$.

7. Eine ganzrationale Funktion 4. Grades hat an der Stelle $x = 1$ die Tangente t mit $t(x) = 2x + 4$, im Punkt $P(0|4)$ die Steigung Null und bei $x = 0{,}5 \cdot \sqrt{2}$ einen Wendepunkt. Wie lautet die Funktionsgleichung?

8. Der Graph eines Polynoms 5. Grades ist symmetrisch zum Koordinatenursprung, er geht durch die beiden Punkte $A(2|36)$ und $B(-3|-384)$ und hat an der Stelle $x = 3$ die Steigung 704.

9. Zerlegen Sie die Zahl 12 so in zwei Summanden, daß
a) ihr Produkt möglichst groß wird,
b) die Summe ihrer Quadrate möglichst klein wird.

10. Aus einem 120 cm langen Draht ist ein Kantenmodell eines Quaders so herzustellen, daß eine Kante dreimal so lang wie eine andere Kante ist und der Rauminhalt maximal wird.

11. Gegeben sei die Parabel mit der Gleichung $x = 6 - 0{,}25x^2$.
In den Ausschnitt der Ebene, der zwischen Parabel und x-Achse liegt, ist ein Rechteck
a) größten Umfangs b) größten Flächeninhalts einzubeschreiben.

12. Ein Wasserbehälter bestehe aus einem Zylinder mit angesetztem Kegel. Beide haben den Radius r; der Zylinder hat die Höhe a, der Kegel die Höhe h.
Die Seitenlinie des Kegels sei 3a.
Wie müssen die Abmessungen gewählt werden, damit das Volumen des Behälters maximal wird (a = 5 m)?

Die Ableitung der gebrochen rationalen Funktion

Einführungsbeispiel:

Obwohl eine gebrochen rationale Funktion (siehe Band I, S. 102) nur aus dem Quotienten zweier Polynome $\frac{Z(x)}{N(x)} = Q(x)$ besteht, gestaltet sich ihre Ableitung doch um einiges komplizierter, da beim Differentialquotienten Terme in h sowohl im Zähler als auch im Nenner auftreten.

Beispiel 1:

Es soll die Ableitung von Q mit $Q(x) = \frac{2x^2 + 2x + 1}{x^2 + 1}$ an der Stelle $x_0 = 1$ bestimmt werden.

Wir bestimmen die rechtsseitige Ableitung;
die linksseitige berechnet man analog.

$$\lim_{h \to 0} \frac{\frac{2(1+h)^2 + 2(1+h) + 1}{(1+h)^2 + 1} - \frac{2 \cdot 1^2 + 2 \cdot 1 + 1}{1^2 + 1}}{h} = \lim_{h \to 0} \frac{\frac{2(1 + h^2 + 2h) + 2 + h + 1}{1 + h^2 + 2h + 1} - \frac{5}{2}}{h}$$

$$\lim_{h \to 0} \frac{\frac{(5 + 3h + h^2) \cdot 2 - 5 \cdot (2 + 2h + h^2)}{2 \cdot (2 + 2h + h^2)}}{h} = \lim_{h \to 0} \frac{\frac{-4h - 3h^2}{4 + 4h + 2h^2}}{h} = \lim_{h \to 0} \frac{-4 - 3h}{4 + 4h + 2h^2} = -1$$

Der linksseitige Differentialquotient erbringt ebenfalls das Ergebnis – 1.
Also ist $Q'_{(1)} = -1$.

Die Quotientenregel

Im Einführungsbeispiel sehen wir:
- Die Ableitung von Potenzen spielt wieder eine Rolle.
- In Q′ tritt der Term $N^2(x)$ auf. Auch im Beispiel gilt dies wegen

  $Q(1) = \frac{5}{2} \quad Q'(1) = \frac{-4}{4}$ mit $4 = 2^2$.

Tatsächlich gilt dies immer, genauer:

Ist g (x) differenzierbar mit $g'(x) \neq 0$, so gilt: $\left(\frac{1}{g(x)}\right)' = \frac{-g'(x)}{g^2(x)}$

Beweis:

$$\lim_{h\to 0}\frac{\frac{1}{g(x+h)}-\frac{1}{g(x)}}{h} = \lim_{h\to 0}\frac{\frac{g(x)-g(x+h)}{g(x)\cdot g(x+h)}}{h} =$$

$$\lim_{h\to 0}\frac{1}{g(x)\cdot g(x+h)}\cdot\left(-\frac{g(x+h)-g(x)}{h}\right) =$$

$$\lim_{h\to 0}\frac{1}{g(x)\cdot g(x+h)}\cdot(-1)\cdot\lim_{h\to 0}\frac{g(x+h)-g(x)}{h} = \frac{1}{g^2(x)}\cdot(-1)\cdot g'(x) = -\frac{g'(x)}{g^2(x)}$$

Mit dieser Regel und der Produktregel beweist man die **Quotientenregel:**

$$h(x) = \frac{f(x)}{g(x)} \Rightarrow h'(x) = \frac{f'(x)\cdot g(x) - f(x)\cdot g'(x)}{g^2(x)}$$

Ein Spezialfall ist die Ausweitung der Potenzregel auf Zahlen $z \in \mathbb{Z}\setminus\{0\}$.

Beweis:

Nach der Quotientenregel $\left(x^{-n}\right)' = \left(\frac{1}{x^n}\right)' = -\frac{n\cdot x^{n-1}}{x^{2n}} = -\frac{n}{x^{n+1}} = -n\cdot x^{-(n+1)}$

mit der Extrapolationsmethode $(x+h)^{-n} = \frac{1}{(x+h)^n} = \frac{1}{x^n} + h\cdot f'(x) + R$

$$\Rightarrow 1 = \left(\frac{1}{x^n} + h\cdot f'(x) + R\right)\cdot(x+h)^n$$

$$1 = \left(\frac{1}{x^n} + h\cdot f'(x) + R\right)\cdot(x^n + nx^{n-1}h + \ldots + h^n)$$

$$1 = 1 + hx^n f'(x) + Rx^n + \frac{nx^{n-1}h}{x^n} + \ldots$$

$$0 = h\left(f'(x) + \frac{nx^{n-1}}{x^n}\right) + \tilde{R}(h^2)$$

Durch Koeffizientenvergleich folgt die Behauptung.

Die Diskussion der gebrochen rationalen Funktion

Die Kurvendiskussion bei *gebrochen rationalen Funktionen* verläuft prinzipiell nach denselben Kriterien wie die Diskussion *ganzrationaler Funktionen*. Zusätzlich stellt sich an den Definitionslücken die Frage nach stetiger Ergänzbarkeit. Im übrigen entscheidet vornehmlich der Zähler über die Frage nach Nullstellen, Extrema und Wendestellen. Bei den Ableitungen ist es oft möglich, den Grundterm des Nenners zu kürzen. Deshalb sollten die im Nenner entstehenden Potenzen zunächst nicht ausmultipliziert werden. Für höhere Ableitungen beachte man außerdem die Kettenregel (siehe Seite 73).

Beispiel:

Diskutieren Sie die Funktion f mit $f(x) = \dfrac{5x - x^3}{x^2 + 3}$

1. $\mathbb{D} = \mathbb{R}$, da $x^2 + 3 > 0$ für alle x
2. Da im Zählerpolynom nur ungerade Potenzen von x auftreten, ist es *ungerade*. Das Nennerpolynom dagegen ist gerade, da nur gerade Potenzen von x vorkommen. Deshalb ist f *ungerade* und daher y-Achsen-symmetrisch.
3. $f(x) = \dfrac{5x - x^3}{x^2 + 3} = (-x) \cdot \left(1 - \dfrac{8}{x^2 + 3}\right) = -x + \dfrac{8x}{x^2 + 3}$

   Deshalb ist für große $|x|$ die Gerade g mit $g(x) = -x$ Asymptote zu f.
   Damit ist f unbeschränkt.
4. $f(x) = 0 \Leftrightarrow 5x - x^3 = x \cdot (5 - x^2) = 0$
   also sind die Nullstellen $x_1 = 0$, $x_2 = 2{,}236$ und $x_3 = -2{,}236$.
5. $f'(x) = \dfrac{(5 - 3x^2)(x^2 + 3) - (5x - x^3)(2x)}{(x^2 + 3)^2} = \dfrac{5x^2 + 15 - 3x^4 - 9x^2 - 10x^2 + 2x^4}{(x^2 + 3)^2}$

   $f'(x) = \dfrac{-x^4 - 14x^2 + 15}{(x^2 + 3)^2}$

   $f'(x) = 0 \Leftrightarrow x^4 + 14x^2 - 15 = 0$

   Die Substitution $x^2 = z$ führt zu $z = -15$ oder $z = 1$ (p–q–Formel),
   also $x_4 = 1$; $x_5 = -1$

   $f''(x) = \dfrac{(16x^3 - 144x)(x^2 + 3)}{(x^2 + 3)^4} = \dfrac{16x^3 - 144x}{(x^2 + 3)^3}$

   $f''(1) = -2$, also Max $(1 \mid 1)$
   $f''(-1) = 2$, also Min $(-1 \mid -1)$.
   Zusammen mit dem asymptotischen Verhalten folgt:
   f fällt streng monoton in $]-\infty ; -1[$, steigt in $]-1 ; 1[$ und fällt wieder in $]1 ; \infty[$.

6. $f''(x) = 0 \Leftrightarrow 16x^3 - 144x = 16x \cdot (x^2 - 9) = 16x \cdot (x + 3)\,(x - 3) = 0$

Also sind $x_6 = 0$, $x_7 = 3$ und $x_8 = -3$ mögliche Wendestellen.

$$f'''(x) = \frac{(48x^2 - 144)\,(x^2 + 3)^3 - (16x^3 - 144x) \cdot 3(x^2 + 3)^2 \cdot 2x}{(x^2 + 3)^6}$$

$$= \frac{-48x^4 - 864x^2 - 432}{(x^2 + 3)^4}.$$

$f'''(0) = -5{,}333 < 0$

$f'''(3) = f'''(-3) = 0{,}167 > 0.$

Also sind $(-3\,|\,1)$, $(0\,|\,0)$ und $(3\,|\,-1)$ Wendepunkte.

f ist rechtsgekrümmt in $]-\infty\,; -1[$ und $]1\,; \infty[$ sowie linksgekrümmt in $]-1\,; 1[$.

7.

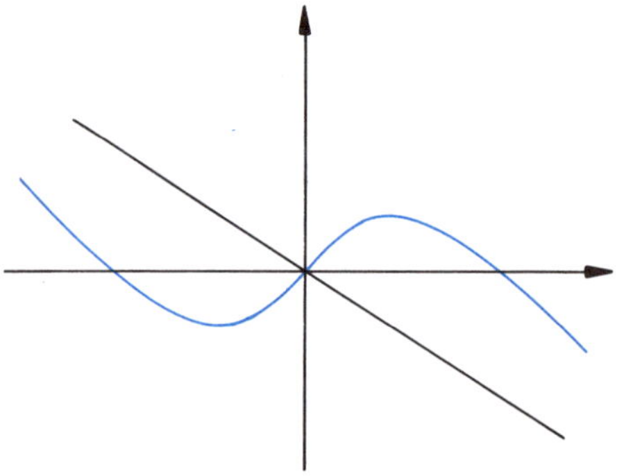

Abb. 50 Grafische Darstellung von $y = \frac{5x - x^3}{x^2 + 3}$

Übungsaufgaben

1. Leiten Sie folgende Funktionen mit Hilfe der Quotientenregel ab:

a) $\frac{4x^3 - 1}{x^3 + 2x^2 - x + 7}$ b) $\frac{x^2 - 2x + 5}{x^4 + x^2 - 1}$

2. Bestimmen Sie den maximalen Definitionsbereich, das Symmetrieverhalten, das asymptotische Verhalten, die Nullstellen und Extremwerte von $f(x) = \frac{2x^2 + 2x + 1}{x^2 + 1}$

3. Diskutieren Sie die Funktion f mit $f(x) = \frac{4x^3 - 12x + 8}{(2x + 2)^2}$

4. Diskutieren Sie die Funktion f mit $f(x) = \frac{x^2 - 4}{x + 3}$

5. Bestimmen Sie die Koeffizienten a, b und c bei $f(x) = \frac{ax^2 + b}{x^2 + c}$ so, daß für $x = 2$ ein Pol und für $x = 1$ eine Nullstelle vorliegen und die Gerade g mit $g(x) = 2$ Asymptote wird.

6. Ist x_0 doppelte Nullstelle von f mit $f(x) = \frac{g(x)}{h(x)}$, so ist x_0 auch Nullstelle von f'. Stimmt diese Behauptung?

Zur Ableitung weiterer Funktionen

Auch mit den bisher genannten Regeln lassen sich nicht alle Funktionen ableiten. Dabei fehlen durchaus nicht nur außergewöhnliche Funktionen, sondern auch durchaus gebräuchliche Typen wie etwa $f(x) = \sqrt{3x-1}$; $g(x) = \sin(x^2)$; $h(x) = e^{2x}$. Aber zum Beispiel auch für die Funktion $k(x) = (2x-3)^5$, die sich prinzipiell durch Ausmultiplizieren in ein Polynom verwandeln läßt, wäre eine einfachere Methode wünschenswert.
In allen diesen Funktionen kann man nun einfachere Grundtypen wiedererkennen. Und genauso, wie aus zwei Funktionen durch Verketten eine neue entsteht, kann man eine bestehende Funktion in zwei miteinander verkettete Funktionen zerlegen.

Beispiele:

1. $f(x) = f(z(x))$ mit $f(z) = \sqrt{z}$ und $z(x) = 3x - 1 \Rightarrow f(x) = \sqrt{3x-1}$
2. $g(x) = g(z(x))$ mit $g(z) = \sin(z)$ und $z(x) = x^2 \Rightarrow g(x) = \sin(x^2)$
3. $h(x) = h(z(x))$ mit $h(z) = e^z$ und $z(x) = 2x \Rightarrow h(x) = e^{2x}$
4. $k(x) = k(z(x))$ mit $k(z) = z^5$ und $z(x) = 2x - 3 \Rightarrow k(x) = (2x-3)^5$

Was wir also brauchen, ist zunächst eine Regel für die Ableitung solcher verketteter Funktionen. Außerdem tauchen in den Beispielen neue Typen auf: Wurzeln, Winkelfunktionen und Exponentialfunktionen. Deren Ableitung wird ebenfalls zu bestimmen sein.

Die Kettenregel

Einführungsbeispiel:

Gegeben sei die Funktion f mit $f(x) = y = (x^2 + 0{,}25)^3 + 0{,}125$. Sie sei entstanden aus der Verkettung von $f(z) = z^3 + 0{,}125$ mit $z(x) = x^2 + 0{,}25$. Erzeugt man den Graphen der verketteten Funktion f aus den Bildern der Ausgangsfunktionen, so sieht man, daß aus der Änderung von x um dx die Änderung von z um dz und von f (z (x)) um dy folgen.

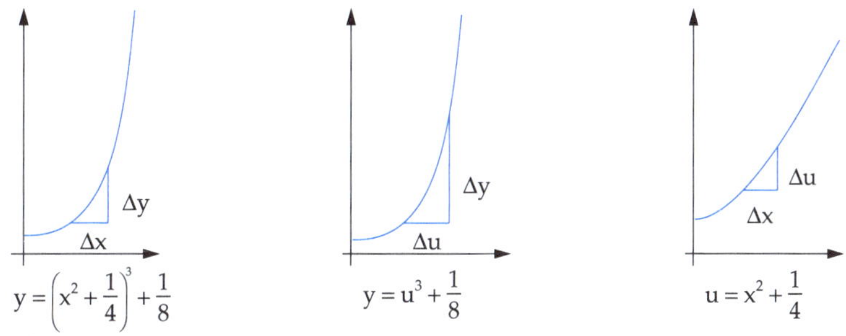

Abb. 51

Dies legt folgende Regel nahe:
Ist $z = g(x)$ in x_0 und $y = f(z)$ in $z_0 = g(x_0)$ differenzierbar, so ist auch $y = f(g(x))$ in x_0 differenzierbar, und es gilt:

$$\left(f(g(x_0))\right)' = f'(g(x_0)) \cdot g'(x_0) \text{ oder } \frac{dy}{dx} = \frac{dy}{dz} \cdot \frac{dz}{dx}$$

Die Ableitung der Umkehrfunktion

Da die Wurzelfunktionen (auf den Abschnitten der reellen Zahlengerade, wo die Ausgangsfunktion *bijektiv* beziehungsweise eineindeutig ist) die Umkehrung der Potenzfunktionen, die Arkusfunktionen die Umkehrung der trigonometrischen Funktionen, die Logarithmusfunktionen die Umkehrung der Exponentialfunktionen sind, ist es von besonderem Wert, wenn man aus der Ableitung einer Funktion auf die Ableitung ihrer Umkehrfunktion schließen kann. Dazu eröffnet die *Kettenregel* einen einfachen Weg.

Ist $f(x)$ differenzierbar in x_0 mit $f'(x_0) \neq 0$ und existiert die Umkehrfunktion f^{-1}, so ist $f^{-1}(y)$ differenzierbar in $y_0 = f(x_0)$ und $[f^{-1}]'(y_0) = \frac{1}{f'(x_0)}$.

Beweis:

$f^{-1}(f(x_0)) = x_0 \Rightarrow 1 = x' = [f^{-1}(f(x_0))]' = [f^{-1}]'(y_0) \cdot f'(x_0)$ nach der Kettenregel.

Also ist $[f^{-1}]'(y_0) = \frac{1}{f'(x_0)}$

Beispiel:

$$f(x) = \sqrt{3x-1} \Rightarrow f^{-1}(y) = \frac{y^2+1}{3} \Rightarrow \frac{1}{[f^{-1}]'(y)} = \frac{3}{2y} \text{ also } f'(x) = \frac{3}{2\sqrt{3x-1}}$$

oder

$$f(x) = (3x-1)^{\frac{1}{2}} \Rightarrow f'(x) = 3 \cdot \left(\frac{1}{2}\right) \cdot (3x-1)^{-\frac{1}{2}}$$

Dies ergibt folgende Erweiterung der Potenzregel für die Differentialrechnung:

$$f(x) = x^{\frac{p}{q}} \text{ mit } p,\ q \in \mathbb{Z} \Rightarrow f'(x) = \frac{p}{q} \cdot x^{\frac{p}{q}-1}$$

Allgemeine algebraische Relationen und Funktionen

Die bisher betrachteten Funktionstypen: ganzrationale Funktionen, gebrochen rationale Funktionen und Wurzelfunktionen sind nur Spezialfälle eines allgemeineren Typs: der algebraischen Funktion.

Eine Funktion heißt **algebraisch**, wenn ihre Wertepaare $(x \mid y)$ eine Relation der Form
$P_n(x) \cdot y^n + P_{n-1}(x) \cdot y^{n-1} + ... + P_1(x) \cdot y^1 + P_0(x) = 0 \ (n \in \mathbb{N})$
erfüllen. Dabei sind die $P_k(x)$ für $k = 0,1,...,n$ Polynome in x mit reellen Koeffizienten.

Die Graphen algebraischer Relationen heißen *algebraische Kurven*. Die höchste Exponentensumme von x und y, die in den Gliedern einer algebraischen Relation auftritt, heißt die *Ordnung* der algebraischen Kurve.

Beispiele:

1. $6x - 3y + 12 = 0$ mit der expliziten Form $y = 2x + 4$ (Geradengleichung)
Die Kurve ist von der Ordnung 1.

2. $x - y^n = 0$ steht für die Wurzelgleichung $y = \sqrt[n]{x}$
Die Kurve ist von der Ordnung n.

3. $x^2 + y^2 - 1 = 0$ steht für die Kreisgleichung $y = \sqrt{1 - x^2}$, aber auch für $y = -\sqrt{1 - x^2}$. Die algebraische Kurve steht also für zwei Funktionen. Sie ist von der Ordnung 2.

4. $x^2 + y^2 + 1 = 0$ hat dagegen keine Lösung.

5. $x - 5 = 0$ ergibt eine zur y-Achse parallele Gerade, also kein Bild einer Funktion. Aber auch hier ist der Graph von der Ordnung 1.

6. $\frac{x^2}{a^2} + \frac{y^2}{b^2} = 1$ ergibt das Bild einer Ellipse mit Hauptachse a und Nebenachse b.
Für a = b wird sie zu einem Kreis mit Radius a.

7. $\frac{x^2}{a^2} - \frac{y^2}{b^2} = 1$ ist eine Hyperbel mit Hauptachse a und Nebenachse b.

Setzen wir in der algebraischen Relation n = 1, so erhalten wir eine gebrochen rationale Funktion. Fordern wir zusätzlich $P_1(x) = \text{const.}$, so erhalten wir eine ganzrationale Funktion.

8. $y^2 - 2xy + 2x^2 - 1 = 0$ läßt sich mit Hilfe der p-q-Formel auflösen und führt auf die beiden Funktionen $y = x + \sqrt{1 - x^2}$ und $y = x - \sqrt{1 - x^2}$

Manchmal aber ist die Auflösung nach y nicht möglich, oder man findet den Trick nicht (wie in Beispiel 8 leicht möglich). Dennoch gibt es dann eine Möglichkeit, die Ableitung zu finden. Dieses Verfahren heißt **implizite Differentiation**.

Wir denken uns einfach y als f (x) und differenzieren mit Hilfe unserer Ableitungsregeln. Auch wenn y nicht nur linear auftritt, ist dies für y ′ der Fall (Kettenregel!), so daß sich im allgemeinen das Ergebnis nach y ′ auflösen läßt.

Weil dieses Verfahren auch im offenbar sinnlosen Fall **4** ein Ergebnis liefert, ist jedoch zu prüfen, ob die algebraische Relation überhaupt für ein Paar $(x_0 \mid y_0)$ erfüllt ist. Dann nämlich existiert die Ableitung der algebraischen Funktion F(x; y) = 0 zumindest in der Umgebung des obigen Punktes P_0 und ist gleich y ′.

Zu den Beispielen:

1. $F'(x\,;y) = 0 = 6 - 3y' \Rightarrow y' = 2$, wie auch aus der expliziten Form folgt.

2. $F'(x\,;y) = 0 = 1 - n \cdot y^{n-1} \cdot y' \Rightarrow y' = \frac{1}{n} \cdot y^{\,1-n} = \frac{1}{n} \cdot \sqrt[n]{x^{n-1}}$

3. $F'(x\,;y) = 0 = 2x + 2y\,y' \Rightarrow y' = -\frac{x}{y} = (-x) : \sqrt{1-x^2}$ für $y = \sqrt{1-x^2}$

4. liefert ebenfalls $y' = -\left(\frac{x}{y}\right)$; hier gibt es jedoch keinen Punkt, der die Relation erfüllt!

5. liefert den Widerspruch 1 = 0, da hier keine Funktion definiert war!

6. $F'(x\,;y) = 0 = \frac{2x}{a^2} + \frac{2y \cdot y'}{b^2} \Rightarrow y' = -\frac{b^2}{a^2} \cdot \frac{x}{y} = -\frac{b^2}{a^2} \cdot \frac{x}{\sqrt{b^2 - \frac{b^2}{a^2} \cdot x^2}}$

genau wie bei der Ableitung der expliziten Funktion

$y = \sqrt{b^2 - \frac{b^2}{a^2} \cdot x^2}$ mittels Kettenregel.

7. analog **6.** mit verändertem Vorzeichen.

8. $F(x\,;y)' = 0 = 2y \cdot y' - (2y + 2x \cdot y') + 4x \Rightarrow y' = \frac{y - 2x}{y - x} = 1 - \frac{x}{\sqrt{1-x^2}}$

Zur Ableitung von Exponentialfunktion und Logarithmusfunktion

Da Exponentialfunktion und Logarithmusfunktion Umkehrfunktionen voneinander sind, ist $a = e^{\ln(a)}$ und damit $a^x = (e^{\ln(a)})^x = e^{x \cdot \ln(a)} = e^z$ mit $z = x \cdot \ln(a)$. Damit reicht es aus, die Ableitung von e^x zu bestimmen. Die Kettenregel liefert dann den Rest.

Nun ist $\lim\limits_{h\to 0} \frac{e^{x+h} - e^x}{h} = \lim\limits_{h\to 0} \frac{e^x \cdot e^h - e^x}{h} = \lim\limits_{h\to 0} e^x \cdot \frac{e^h - 1}{h} = e^x \cdot \lim\limits_{h\to 0} \frac{e^h - 1}{h}$

Ferner ist aus Monotoniegründen $1 + h \leq e^h \leq 1 + h + h^2$ für $0 < h < 1$

$$h \leq e^h - 1 \leq h + h^2$$

$$1 \leq \frac{e^h - 1}{h} \leq 1 + h$$

und damit $\lim\limits_{h\to 0} 1 = 1 \leq \lim\limits_{h\to 0} (e^h - 1) : h \leq 1 = \lim\limits_{h\to 0} (1 + h)$

also $\lim\limits_{h\to 0} \frac{e^h - 1}{h} = 1$

Deshalb ist

$$\left(e^x\right)' = e^x.$$

Mit der Kettenregel folgt:

$$\left(a^x\right)' = \left(e^{x \cdot \ln(a)}\right)' = \left(e^z\right)' \cdot z'(x) = e^z \cdot \ln(a) = a^x \cdot \ln a$$

Da der Logarithmus die Umkehrung der Exponentialfunktion ist, ergibt seine Ableitung

$1 = x' = \left[\log_a\left(a^x\right)\right]' = \log'_a(y) \cdot \left(a^x\right)' = \log'_a(y) \cdot \left(a^x \cdot \ln(a)\right)$ mit $y = a^x$

oder $\frac{1}{y \cdot \ln(a)} = \left[\log_a(y)\right]'$

Im Spezialfall a = e folgt:

$$\left(\ln(x)\right)' = \frac{1}{x}.$$

Zu den trigonometrischen Funktionen und Arcusfunktionen

Zweimalige graphische Differentiation der *Sinusfunktion* liefert offenbar zunächst die *Kosinusfunktion*, anschließend die *Minus-Sinus-Funktion*.

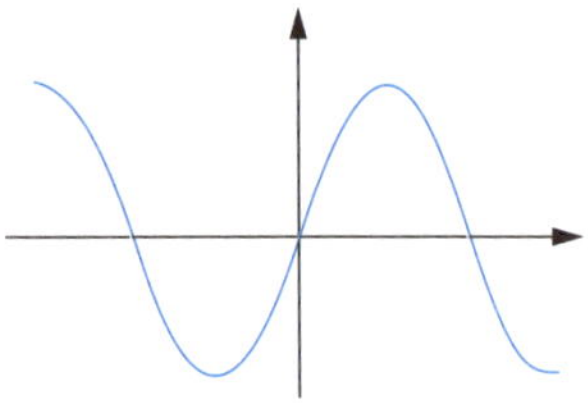

Abb. 52 $y = \sin(x)$

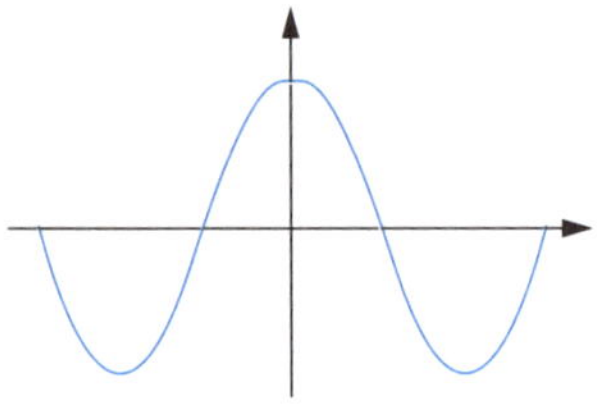

Abb. 53 $y = \cos(x)$

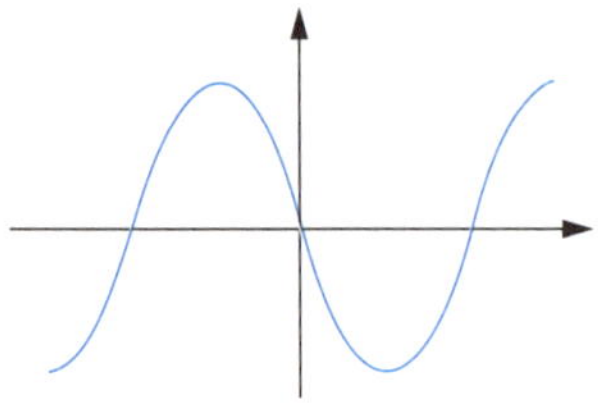

Abb. 54 $y = -\sin(x)$

In der Tat ergibt sich:

Die Sinus- und die Kosinusfunktion sind differenzierbar und es gilt:
$(\sin(x))' = \cos(x)$
$(\cos(x))' = -\sin(x)$

Beweis mit Hilfe der *Additionstheoreme!*

Mit der Quotientenregel ergeben sich hieraus die Ableitungen von Tangens und Kotangens zu:
$(\tan(x))' = (\cos^2(x))^{-1} = 1 + \tan^2(x)$
$(\cot(x))' = -(\sin^2(x))^{-1} = -(1 + \cot^2(x))$

Tritt als Argument der Sinusfunktion selbst eine Funktion auf, läßt sich die Ableitung mit Hilfe der *Kettenregel* finden.

Beispiel:

$f(x) = \sin(3x^2 - 1) \Rightarrow f'(x) = \cos(3x^2 - 1) \cdot 6x$
Da sich die Werte der trigonometrischen Funktionen periodisch wiederholen, sind sie nur in bestimmten Intervallen umkehrbar (man spricht auch von *Hauptwerten* (siehe Band II, S. 103 ff.).
Mit Hilfe der Regel über die Ableitung der Umkehrfunktion ergibt sich:

$$\left(\text{arc sin}\,(x)\right)' = \frac{1}{\sqrt{1-x^2}} \qquad \left(\text{arc cos}\,(x)\right)' = -\frac{1}{\sqrt{1-x^2}}$$

$$\left(\text{arc cot}\,(x)\right)' = -\frac{1}{1+x^2} \qquad \left(\text{arc tan}(x)\right)' = \frac{1}{1+x^2}$$

Außer mit Hilfe der Umkehrfunktion kann man die Ableitungen der Arkusfunktionen auch durch *implizites Differenzieren* gewinnen. Für $y = \text{arc sin}\,(x)$ etwa erhält man die Relation $x - \sin(y) = 0$. Daraus ergibt sich $1 - (\cos(y)) \cdot y' = 0$ und damit $y' = \left(\sqrt{1-x^2}\right)^{-1}$.

Übungsaufgaben

1. Bestimmen Sie mit Hilfe der Produktregel die Ableitung von

a) $f(x) = x^4 \cdot \cos(x)$

b) $g(x) = \cos(x) \cdot \sin(x)$

c) $h(x) = \cos(x) \cdot \sqrt[3]{x}$

d) $k(x) = (\ln x - 1) \cdot x$

2. Bestimmen Sie die Ableitungen von

a) $f(x) = \sin(x) \cdot \cos(x) \cdot x^2$

b) $g(x) = \sqrt{x} \cdot \frac{1}{x} \cdot \sin(x)$

Hinweis: $[f(x)\,g(x)\,h(x)]' = f'(x)\,g(x)\,h(x) + f(x)\,g'(x)\,h(x) + f(x)\,g(x)\,h'(x)$

3. Bestimmen Sie mit Hilfe der Quotientenregel die Ableitungen von

a) $f(x) = \dfrac{0{,}5 \cdot x^7}{7 \cdot \cos(x)}$

b) $g(x) = \dfrac{\sqrt{x}}{\sin(x)}$

c) $h(x) = \dfrac{\sqrt[3]{x^5}}{4 \cdot \cos(x)}$

4. Bestimmen Sie mit Hilfe der Kettenregel die Ableitungen von

a) $f(x) = \sin(3x^2 + 1)$

b) $g(x) = -\cos\left([\sin(x)]^2\right)$

c) $h(x) = \sqrt{2x - 5}$

d) $k(x) = \dfrac{\sqrt[3]{x^2}}{\cos^2(2x + 1)}$

e) $v(x) = -\ln(\cos x)$

5. Beweisen Sie den Hinweis zu Aufgabe 2.

6. Untersuchen Sie die Funktion f mit $f(x) = (x+1) \cdot e^{1-x}$ auf Asymptoten, Nullstellen, Extremal- und Wendepunkte.

7. Bei welchem Abwurfswinkel α erreicht man beim schiefen Wurf ohne Luftwiderstand die größte Wurfweite W?

Hinweis: Es gilt $W = \frac{2{v_0}^2}{g} \cdot \sin\alpha \cdot \cos\alpha$, wobei v_0 die Anfangsgeschwindigkeit des Körpers und g die Erdbeschleunigung ist.

8. Gegeben sei f mit $f(x) = [\,\ln(x)\,]^2 - 2 \cdot \ln(x)$

Bestimmen Sie den maximalen Definitionsbereich und untersuchen Sie das Verhalten von f an den Grenzen von $\mathbb{D}_{max}$. Bestimmen Sie außerdem die Nullstellen, den Tiefpunkt und den Wendepunkt von f.

9. Diskutieren Sie die Funktion f mit $f(x) = 2 \cdot \sqrt{x} - x$.

10. Gegeben sei die Relation R mit $y^2 - \frac{1}{9} \cdot x \cdot (3-x)^2 = 0$

a) Aus welchen Funktionen setzt sie sich zusammen?

b) Untersuchen Sie die Differenzierbarkeit an $x_0 = 0$.

c) Bestimmen Sie Nullstellen, Extrema und Wendepunkte.

Integralrechnung

Neben der Differentialrechnung bildet die Integralrechnung den zweiten tragenden Pfeiler der Analysis. Und wie die Differentialrechnung auf die Frage nach Steigung und Krümmung, kurz: dem Verlauf einer Kurve eingeht, so geht auch die Integralrechnung auf ein geometrisches Problem zurück. Sie klärt die Frage nach dem Inhalt einer krummlinig begrenzten Fläche. Diese Frage hängt, wie wir sehen werden, eng zusammen mit der „Umkehrung der Differentialrechnung".

Wir werden in dem folgenden Kapitel nach der Ausgangs- oder Stammfunktion zu einer gegebenen Funktion suchen, die zu diesem Zweck als Ableitung aufgefaßt wird.

Einführungsbeispiel:

Die anziehende Kraft zwischen zwei Himmelskörpern wird durch

$$F(r) = \frac{1}{4\pi\varepsilon_0} \cdot \frac{m_1 \cdot m_2}{r^2}$$

beschrieben, wobei ε_0 eine Naturkonstante, m_1 und m_2 die Massen der beiden Körper und r der Abstand zwischen ihnen ist.

Die Kraft hält zum Beispiel die Erde auf ihrer Umlaufbahn um die Sonne und verhindert, daß sie wie die Kugel eines Kugelstoßers ins Weltall hinausfliegt. Andererseits jedoch muß, damit ein Satellit von der Erdoberfläche (r_1) auf eine Umlaufbahn (r_2) gebracht werden kann, gegen die Anziehungskraft der Erde die Arbeit

$$W(r) = \frac{1}{4\pi\varepsilon_0} \cdot m_1 \cdot m_2 \cdot \left(\frac{1}{r_1} - \frac{1}{r_2}\right)$$ verrichtet werden.

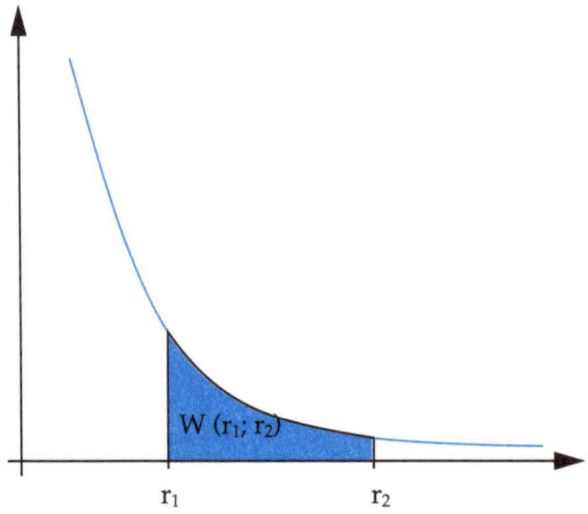

Abb. 55 Die Arbeit als Fläche unter der Kurve. Zeichnerische Darstellung zum Einführungsbeispiel

Die Existenz einer solchen Fläche unter der Kurve ist jedoch nicht selbstverständlich.

Beispiel:

$$\text{Es sei } f(x) = \begin{cases} 1 \text{ für } x \in [a\,;b] \text{ und } x \in \mathbb{Q} \\ 0 \text{ für } x \in [a\,;b] \text{ und } x \in \mathbb{R} \setminus \mathbb{Q} \end{cases}$$

Soll $y = 0$ oder $y = 1$ als obere Begrenzungslinie der Fläche fungieren? Wir sehen, daß es in solchen Fällen zumindest sehr mühsam sein wird, einen Flächeninhalt zu bestimmen. Dennoch kann ein Integralbegriff für lediglich beschränkte Funktionen entwickelt werden. Wegen ihrer größeren praktischen Bedeutung und Anschaulichkeit werden wir uns jedoch im wesentlichen auf stetige Funktionen beschränken.

Geometrische Aspekte der Integralrechnung

Riemann-Summen

Die Idee, wie man krummlinig begrenzten Flächen systematisch zu Leibe rücken könne, stammt von Georg Riemann (1826–1866). Er zerlegte die komplizierte Fläche in eine Vielzahl von Rechtecken, deren Grundseite auf der x–Achse liegt, während die Höhe durch den Funktionswert von Anfangs- oder Endpunkt der Grundseite gegeben ist.
Dabei kann zweierlei passieren: Entweder ragen die Rechtecke an einer Seite über den Funktionsgraph hinaus (dann ist die berechnete *Obersumme* der Rechtecksflächen zu groß), oder sie füllen nicht die gesamte Fläche unter der Kurve an (dann wird die *Untersumme* zu klein).

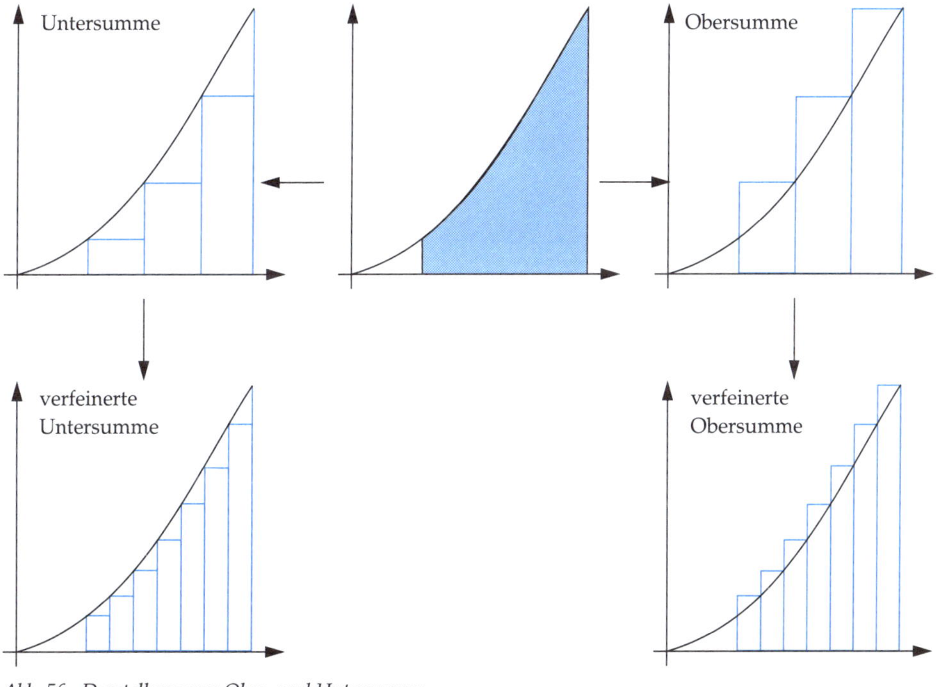

Abb. 56 Darstellung von Ober- und Untersumme

Eine feinere Unterteilung in mehr Rechtecke mit schmalerer Grundseite verkleinert offensichtlich den jeweils gemachten Fehler. Die Grenzwertbildung, das heißt der Übergang zu „unendlich vielen, aber beliebig schmalen" Rechtecken liefert eine Zahl $F_a(b)$, die dann der korrekten Fläche unter der Kurve von f über dem Intervall [a ; b], nämlich $A_{[a\,;\,b]}(f)$ entsprechen muß.

Wir demonstrieren dies zunächst am Beispiel einer elementar bestimmbaren Fläche, um dann als zweites Beispiel eine krummlinig begrenzte Fläche zu betrachten. Da sich oft eine *äquidistante* (gleichmäßige) Einteilung des Intervalls [a ; b] bewährt, wollen wir dies direkt mit aufgreifen.
Die Grundseite jedes Rechtecks hat bei einer Unterteilung in n Rechtecke dann die Länge

$$\Delta x = \frac{b-a}{n}$$

Einführungsbeispiel:

1. Ist $f(x) = x$, so gilt (hier berechnet mit den zu großen Rechtecken):

$$F_a(b) = \lim_{n\to\infty}\left(\frac{b-a}{n}\cdot f\left(a+\frac{b-a}{n}\right)+\frac{b-a}{n}\cdot f\left(a+2\,\frac{b-a}{n}\right)+\ldots+\frac{b-a}{n}\cdot f(b)\right)$$

$$= \lim_{n\to\infty}\frac{b-a}{n}\cdot\left(a+\frac{b-a}{n}+a+2\,\frac{b-a}{n}+\ldots+a+n\cdot\frac{b-a}{n}\right) \text{ mit } b = a+n\cdot\frac{b-a}{n}$$

$$= \lim_{n\to\infty}\frac{b-a}{n}\cdot\left(n\cdot a+\frac{b-a}{n}\cdot[1+2+\ldots+n]\right)$$

$$= \lim_{n\to\infty}\left[\frac{b-a}{n}\cdot na+\left(\frac{b-a}{n}\right)^2\cdot\frac{n}{2}(n+1)\right]$$

$$= ba-a^2+\frac{(b-a)^2}{2}+\lim_{n\to\infty}\frac{(b-a)^2}{2n}$$

$$= ba-a^2+\frac{b^2}{2}+\frac{a^2}{2}$$

$$= ba+0$$

$$= \frac{b^2}{2}-\frac{a^2}{2}$$

Elementar ergibt sich für die Trapezfläche:

$$A_{[a\,;\,b]}(f) = \frac{f(a)+f(b)}{2}\cdot(b-a) = \frac{(a+b)(b-a)}{2} = \frac{b^2}{2}-\frac{a^2}{2}$$

Einführungsbeispiel:

2. Für $f(x) = x^2$ ergibt sich

$$F_a(b) = \lim_{n\to\infty} \frac{b-a}{n} \cdot \left[\left(a + \frac{b-a}{n}\right)^2 + \left(a + 2\cdot\frac{b-a}{n}\right)^2 + \ldots + \left(a + n\cdot\frac{b-a}{n}\right)^2\right]$$

$$= \lim_{n\to\infty} \frac{b-a}{n} \cdot \left[a^2 + \left(\frac{b-a}{n}\right)^2 + 2a\frac{b-a}{n} + a^2 + 2^2\left(\frac{b-a}{n}\right)^2 + 4a\frac{b-a}{n} + \ldots \right.$$
$$\left. \ldots + a^2 + n^2\left(\frac{b-a}{n}\right)^2 + 2na\frac{b-a}{n}\right]$$

$$= \lim_{n\to\infty} \frac{b-a}{n}\left[na^2 + \left(\frac{b-a}{n}\right)^2 \cdot (1^2 + 2^2 + \ldots + n^2) + 2a\cdot\frac{b-a}{n}\cdot(1 + 2 + \ldots + n)\right]$$

$$= \lim_{n\to\infty} \frac{b-a}{n}\left[na^2 + \left(\frac{b-a}{n}\right)^2 \cdot \frac{n(n+1)(2n+1)}{6} + 2a\cdot\frac{b-a}{n}\cdot\frac{n}{2}(n+1)\right]$$

(durch Induktion)

$$= \lim_{n\to\infty}\left[(b-a)\,a^2 + \frac{(b-a)^3}{3} + (b-a)^2\,a + \frac{(b-a)^3}{2n} + \frac{(b-a)^3}{6n^2} + \frac{(b-a)^2 a}{n}\right]$$

$$= \lim_{n\to\infty}\left[ba^2 - a^3 + \frac{b^3}{3} - \frac{a^3}{3} - ba^2 - b^2a + b^2a - 2a^2b + a^3 + \frac{(b-a)^3}{2n} \right.$$
$$\left. + \frac{(b-a)^3}{6n^2} + \frac{(b-a)^2\,n}{n}\right]$$

$$= \frac{b^3}{3} - \frac{a^3}{3}$$

Das bestimmte Integral und seine Eigenschaften

Wie wir im letzten Abschnitt gesehen haben, ist $F_a(b)$ durch zwei Rechenprozesse entstanden: eine **Annäherung** durch Summation über etwas zu großer (Obersumme $O_n(x)$) und etwas zu kleiner (Untersumme $U_n(x)$) Flächenelemente sowie eine anschließende **Grenzwertbildung**.
Nach einem Vorschlag von Leibniz wird dies dadurch symbolisiert, daß für die Summenbildung anstelle von Σ das Zeichen $\int$ (ein stilisiertes S) und das Symbol **dx** für einen infinitesimal kleinen Abschnitt des Intervalls [a ; b] anstelle von Δx geschrieben wird. Damit definiert man

$$\int_a^b f(x)\,dx = \lim_{n\to\infty} U_n(x) = \lim_{n\to\infty} \sum_{i=1}^{n} f(x_{i-1})\Delta x_i = \lim_{n\to\infty} O_n(x) = \lim_{n\to\infty} \sum_{i=1}^{n} f(x_i)\Delta x_i$$

heißt **bestimmtes Integral** von f über [a ; b].
f (x) heißt **Integrand**, a die untere und b die obere **Integrationsgrenze**.

Wegen der äquidistanten Teilung sind alle Δx_i von gleicher Länge; deshalb genügt es auch, dafür Δx zu schreiben.
Das bestimmte Integral hat folgende *Eigenschaften*:

1. $\int_a^b f'(x)\,dx = -\int_b^a f'(x)\,dx$

Ist die obere Grenze kleiner als die untere, werden sämtliche Differenzen $x_k - x_{k-1}$ negativ. Damit ändern sämtliche „Flächenelemente" $f(x_k) \cdot (x_k - x_{k-1})$ und $f(x_{k-1}) \cdot (x_k - x_{k-1})$ ihr Vorzeichen. Vertauscht man also die Integrationsgrenzen, so wechselt das Integral sein Vorzeichen.

2. $\int_a^a f(x)\,dx = 0$

Dies ist anschaulich klar, da die „Grundseite der Fläche" Null ist.

3. $\int_a^c f(x)\,dx = \int_a^b f(x)\,dx + \int_b^c f(x)\,dx$ für $a < b < c$

Man denke sich den Integrationsbereich [a ; c] in Teilintervalle zerlegt und die entsprechenden Teilsummen gebildet. Dies nennt man auch *Intervalladditivität des bestimmten Integrals.*

4. $\int_a^b k \cdot f(x)\,dx = k \cdot \int_a^b f(x)\,dx$

Jeder Funktionswert $k \cdot f(x)$ entsteht aus dem entsprechenden Funktionswert $f(x)$ durch Multiplikation mit k. Damit bleiben die „Grundseiten" der Flächen unverändert, während die „Höhen" sich mit dem Faktor k ändern.

5. $\int_a^b (f(x) + g(x))\,dx = \int_a^b f(x)\,dx + \int_a^b g(x)\,dx$

Anwendung des Distributivgesetzes in O_n oder U_n. Das Integral einer Summe ist also gleich der Summe der Integrale.

6. Sind f und g über [a ; b] integrierbar, und gilt $f(x) < g(x)$ für alle $x \in [a ; b]$, so ist $\int_a^b f(x)\,dx < \int_a^b g(x)\,dx$

Dies ist zumindest für positive Funktionen f und g anschaulich klar, da für gleiche Grundseiten die höhere Fläche auch den größeren Inhalt hat. Da jede stetige Funktion auf einem abgeschlossenen Intervall beschränkt ist, also $m \leq f(x) \leq M$, folgt

$$m \cdot (b - a) \leq \int_a^b f(x)\,dx \leq M \cdot (b - a)$$

Bestimmtes Integral und Flächeninhalt

Bei der Betrachtung der Eigenschaften des bestimmten Integrals wurde letztlich nicht mehr auf das positive Vorzeichen von f Bezug genommen. Im Gegenteil, es wurden sogar bewußt negative Werte zumindest für $\int f(x)\,dx$ einbezogen, etwa bei Eigenschaft (1) oder bei (4) für $k < 0$.

Wie kann unter diesen Umständen das bestimmte Integral noch einen Flächeninhalt darstellen? Dieser Frage wollen wir mit Hilfe einiger Beispiele nachgehen.

Einführungsbeispiele:

1. Gegeben sei $f(x) = -x^2$. Bestimme $\int_0^1 f(x)\,dx$ und die Fläche unter der Kurve in $[0\,;\,1]$. Nach dem Beispiel 2 von Seite 85 ist $\int_0^1 x^2\,dx = \frac{1}{3}$. Wegen der Eigenschaft **4** (siehe Seite 87) ist dann $\int_0^1 -x^2\,dx = -\int_0^1 x^2\,dx = -\frac{1}{3}$. Da nun ein Faktor –1 eine Spiegelung an der x-Achse bedeutet, die Spiegelung als Kongruenzabbildung aber flächentreu ist (siehe Band II), muß die Fläche unter f ebenfalls die Maßzahl $\frac{1}{3}$ haben. Hier gilt also:

$$A_{[0\,;\,1]}(f) = -\int_0^1 f(x)\,dx = \int_0^1 (-f(x))\,dx$$

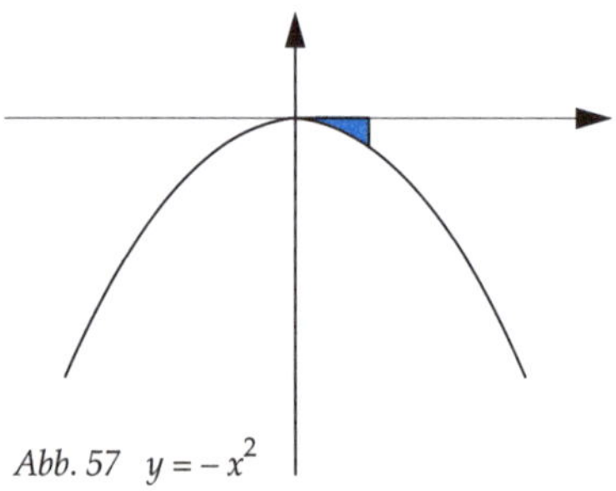

Abb. 57 $y = -x^2$

2. Gegeben sei $f(x) = x - x^3$. Bestimme $\int_{-1}^1 f(x)\,dx$ und die Fläche unter der Kurve in $[-1\,;\,1]$.

Nach dem zweiten Einführungsbeispiel von Seite 85 ist

$\int_0^1 x^3\,dx = 0{,}25$ und $\int_0^1 x\,dx = 0{,}5$.

Laut der Eigenschaft **5** ist daher $\int_0^1 (x - x^3)\,dx = 0{,}5 - 0{,}25 = 0{,}25$.

Dies ist wegen der Positivität innerhalb des Intervalles beider Teilfunktionen auch die Flächenmaßzahl. Da f ursprungssymmetrisch ist, ergibt sich $A_{[-1\,;\,1]}(f) = 2 \cdot A_{[0\,;\,1]}(f) = 0{,}5$.

Wegen der Symmetrie aber ist $f(x) \leq 0$ für $x \in [-1\,;\,0]$.

Deshalb ergibt sich

$$\int_{-1}^{0} f(x)\,dx = -0{,}25$$

und mit der Intervalladditivität

$$\int_{-1}^{1} f(x)\,dx = 0.$$

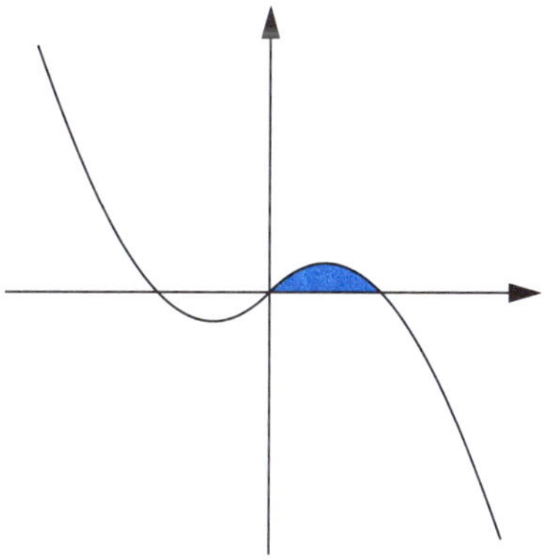

Abb. 58 $y = x - x^3$

Die Fläche dagegen ergäbe sich zu

$$\int_0^1 f(x)\,dx + \int_{-1}^{0} (-f(x))\,dx = 0{,}25 + 0{,}25 = 0{,}5.$$

Immer wenn $f(x) < 0$ ist, muß für die Flächenberechnung $-f$ betrachtet werden, um positive Höhen für die Rechtecksberechnung zu erhalten. Somit gilt offensichtlich:

$$A_{[a\,;\,b]}(f) = \int_a^b |f(x)|\,dx$$

Der Fall der Fläche unter der Kurve, also zwischen dem Graph von f und der x-Achse, läßt sich erweitern auf den Fall der Fläche zwischen zwei Kurven.

Ist dann nämlich $f(x) > g(x)$ auf $[a\,;\,b]$, so ist die Fläche gleich

$\int_a^b (f(x) - g(x))\,dx$ analog zu $f(x) > 0 \Rightarrow A_{[a\,;\,b]}(f) = \int_a^b f(x)\,dx$.

Ist dagegen $f(x) < g(x)$ auf $[a\,;\,b]$, so ist die Fläche gleich

$\int_a^b -(f(x) - g(x))\,dx = \int_a^b (g(x) - f(x))\,dx$; insgesamt also:

$$A_{[a\,;\,b]}(f, g) = \int_a^b |f(x) - g(x)|\,dx$$

In der Praxis bedeutet das:

1. Suche die Nullstellen von f – g in [a ; b]: $x_1, \ldots, x_n$.
2. Zerlege [a ; b] in Teilintervalle $[a ; x_1]$, $[x_1 ; x_2]$, ..., $[x_n ; b]$ und integriere über diese Teilintervalle.
3. Addiere die Beträge dieser bestimmten Integrale.

Beispiel:

Bestimme die Fläche zwischen der Normalparabel $f(x) = x^2$ und der Geraden g mit $g(x) = 4x - 3$ über [0 ; 4].

Es ist $f(x) - g(x) = x^2 - 4x + 3$.

Die Differenzfunktion h = f – g hat die Nullstellen $x_1 = 1$ und $x_2 = 3$; dies sind auch die Schnittpunkte von f und g.

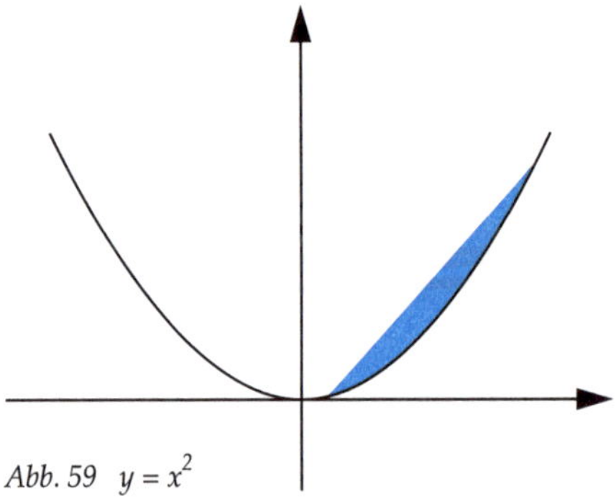

Abb. 59 $y = x^2$

$$\Rightarrow A_{[0;4]}(f, g) = \left|\int_0^1 h(x)\,dx\right| + \left|\int_1^3 h(x)\,dx\right| + \left|\int_3^4 h(x)\,dx\right|$$

$$A_{[0;4]}(f, g) = \left|\int_0^1 x^2\,dx - 4\int_0^1 x\,dx + 3\int_0^1 dx\right| + \left|\int_1^3 x^2\,dx - 4\int_1^3 x\,dx + 3\int_1^3 dx\right|$$
$$+ \left|\int_3^4 x^2\,dx - 4\int_3^4 x\,dx + 3\int_3^4 dx\right|$$

$$A_{[0;4]}(f, g) = \left|\left(\frac{1}{3} - 0\right) - 4\left(\frac{1}{2} - 0\right) + 3\,(1 - 0)\right| + \left|\left(9 - \frac{1}{3}\right) - 4\,(4{,}5 - 0{,}5) + 3\,(3 - 1)\right|$$
$$+ \left|\left(\frac{64}{3} - 9\right) - 4\,(8 - 4{,}5) + 3\,(4 - 3)\right|$$

$$A_{[0;4]}(f, g) = \left|\frac{4}{3}\right| + \left|-\frac{4}{3}\right| + \left|\frac{4}{3}\right| = \frac{12}{3}$$

Die Integralfunktion und der Hauptsatz der Differential- und Integralrechnung

Wie wir bisher gesehen haben, hängt der Wert eines bestimmten Integrals bei gegebenem **Integranden** f (x) (Integrandenfunktion) von der Wahl der Integrationsgrenzen ab; das Ergebnis ist immer eine *reelle* Zahl. Betrachtet man dagegen die obere Grenze als Variable, so wird das Integral zu einer Funktion der oberen Grenze.

Die durch $F_a(x) = \int_a^x f(t)\,dt$ definierte Funktion heißt **Integralfunktion.**

Um Verwechslungen auszuschließen, müssen wir übrigens nun die Integrationsvariablen mit einem anderen Buchstaben bezeichnen. Wegen $F_a(a) = 0$ besitzt jede Integralfunktion eine *Nullstelle*. Außerdem besitzt jede Funktion f mehr als eine (genauer: unendlich viele) Integralfunktionen. So sind

$\int_0^x t^2\,dt = \frac{x^3}{3}$ und $\int_1^x t^2\,dt = \frac{x^3}{3} - \frac{1}{3}$ beides Integralfunktionen von $f(x) = x^2$.

Ist nun die Integrandenfunktion f stetig in $x \in \mathbb{D}$, so ist jede Integralfunktion F_a $(a \in \mathbb{R})$ differenzierbar in x, und es gilt der **Hauptsatz der Differential- und Integralrechnung**

$$\int_a^x f(t)\,dt\,' = F_a(x)' = f(x)$$

Beweis:

$$F_a(x) = \int_a^x f(t)\,dt, \quad F_a(x+h) = \int_a^{x+h} f(t)\,dt$$

$$\Rightarrow F_a(x+h) - F_a(x) = \int_a^{x+h} f(t)\,dt - \int_a^x f(t)\,dt$$

$$\Rightarrow F_a(x+h) - F_a(x) = \left(\int_a^x f(t)\,dt + \int_x^{x+h} f(t)\,dt\right) - \int_a^x f(t)\,dt = \int_x^{x+h} f(t)\,dt$$

Da f in x stetig ist, ist f auf $[x\,;\,x+h]$ beschränkt.
Das heißt, es gibt Zahlen x_M und $x_m \in [x\,;\,x+h]$ mit $f(x_m) \le f(x) \le f(x_M)$ für alle $x \in [x\,;\,x+h]$.

Dann ist

$$h \cdot f(x_m) \leq \int_x^{x+h} f(t)dt = F_a(x+h) - F_a(x) \leq h \cdot f(x_M)$$

$$\Rightarrow f(x_m) \leq \frac{F_a(x+h) - F_a(x)}{h} \leq f(x_M)$$

$$\Rightarrow f(x) = \lim_{h \to 0} f(x_m) \leq \lim_{h \to 0} \frac{F_a(x+h) - F_a(x)}{h} \leq \lim_{h \to 0} f(x_M) = f(x)$$

da f (x) gleichzeitig Maximum und Minimum ist, wenn das Intervall auf den Punkt x zusammenschrumpft. Der Beweis für den linksseitigen Grenzwert verläuft analog.

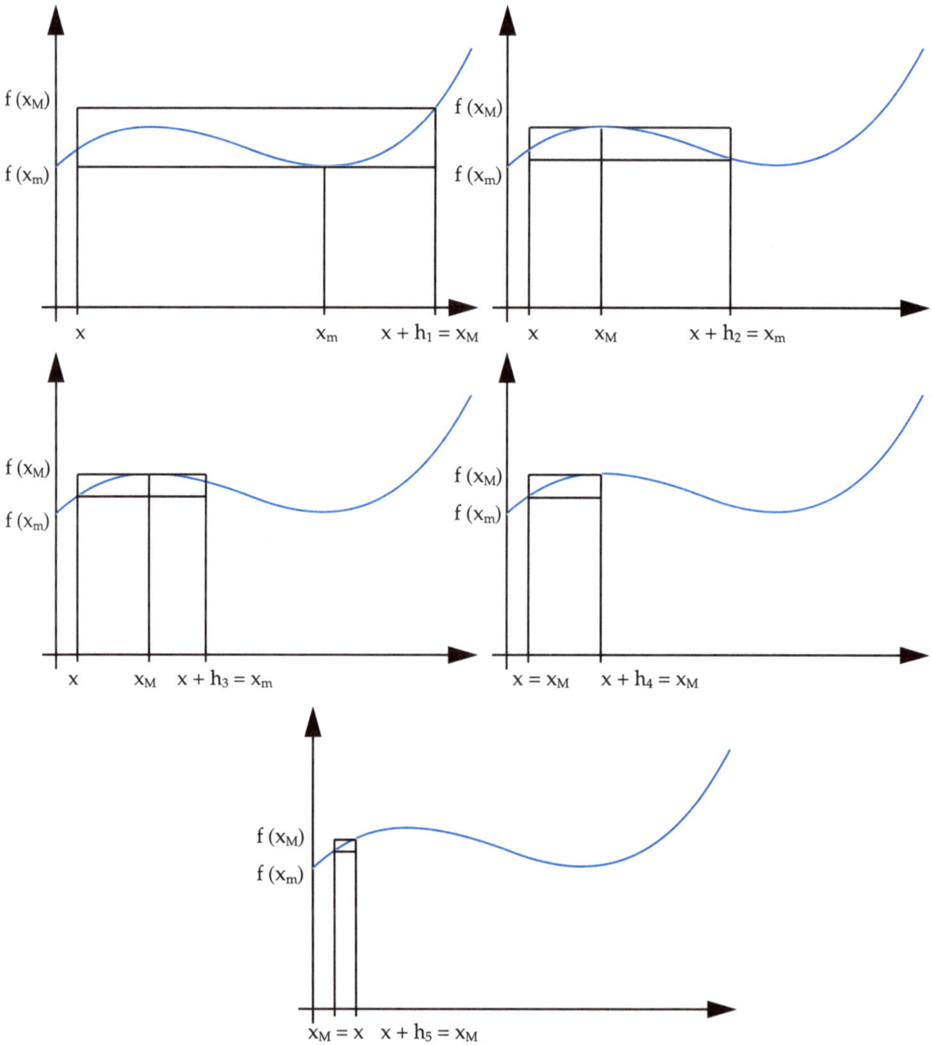

Abb. 60 $f(x_m) \cdot h < F(x+h) - F(x) < f(x_M) \cdot h$

Dieser sogenannte *Hauptsatz der Differential- und Integralrechnung* besagt nichts anderes als:

Die Integration ist die Umkehrung der Differentiation.

Geometrisch bedeutet die Ableitung der Integralfunktion eine Bestimmung der Zunahme (oder Abnahme) der Fläche.

$\left(\int_a^x f(t)\,dt\right)' = f(x)$ heißt also, daß mit x die Fläche $F_a(x)$ um Rechtecke der Höhe f (x) zunimmt (oder abnimmt).

Beispiel:

$$\int_1^x t^2 dt = \frac{x^3}{3} - 1 \Rightarrow \left(\int_1^x t^2 dt\right)' = \left(\frac{x^3}{3} - 1\right)' = x^2$$

Eine Anwendung des Hauptsatzes ist der sogenannte **Mittelwertsatz der Integralrechnung**:

Ist f auf [a ; b] stetig, so existiert ein x_0 mit $f(x_0) \cdot (b - a) = F(b) - F(a)$

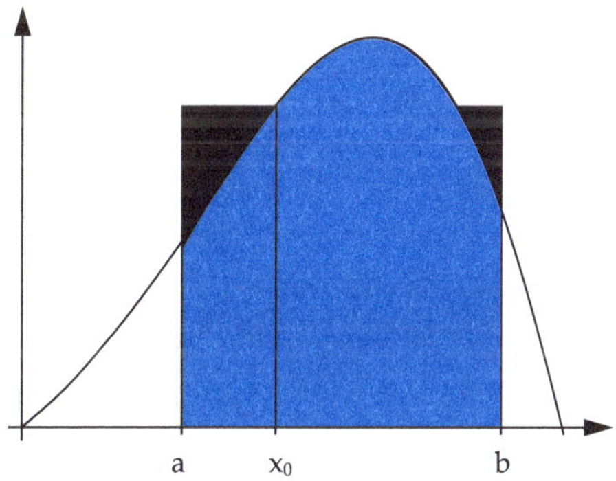

Abb. 61

Übungsaufgaben

1. Begründen Sie, warum es kein $k \in \mathbb{R}$ gibt, so daß $\int_0^k (x^2 + 1)\,dx = -1$ ist.

2. Bestimmen Sie die Konstante k so, daß jeweils gilt:

a) $\int_2^4 kx\,dx = 9$ b) $\int_k^3 \frac{1}{3}x^2\,dx = 6$ c) $\int_0^k \left(x - \frac{1}{k}\right)dx = 6$

3. Zeigen Sie die Allgemeingültigkeit folgender Ungleichungskette

$\int_a^b f(x)\,dx \leq \left|\int_a^b f(x)\,dxm\right| \leq \int_a^b |f(x)|\,dx$

4. Bestimmen Sie die Fläche zwischen den Graphen der Funktionen
$f(x) = x^2 - 2x + 1$ und $g(x) = -3x + 7$.
Benutzen Sie dabei die berechneten Integrale im Text und die Eigenschaften des bestimmten Integrals.

5. Berechnen Sie die Fläche, die von den Kurven der Funktionen f und g mit den Gleichungen $f(x) = 4 - x^2$ und $g(x) = x^2 + 2x$ umschlossen wird.

6. Begründen Sie geometrisch:

a) $\int_{-a}^a f(x)\,dx = 0$, wenn f punktsymmetrisch zum Ursprung ist.

b) $\int_{-a}^a f(x)\,dx = 2 \cdot \int_0^a f(x)\,dx$, wenn f achsensymmetrisch zur y-Achse ist.

7. Unter welchen Bedingungen hat die Integralfunktion $F_a(x) = \int_a^x f(x)\,dx$ mehr als eine Nullstelle?

8. Differenzieren Sie die folgenden Funktionen

a) $F_a(x) = \int_a^x (t^2 - 1)\,dt$ b) $F_b(x) = \int_b^x (t^2 - 1)\,dt$ c) $G_a(x) = \int_a^x (t^2 - 1)\,dt$

9. Geben Sie aufgrund von geometrischen Überlegungen den Wert von

$\int_{-1}^1 \sqrt{1 - x^2}\,dx$ an.

10. Berechnen Sie nach der Streifenmethode $F_0(a) = \int_0^a x^3\,dx$.

Die Integration als Umkehrung der Differentiation

Die Stammfunktion

Bei der Bestimmung des Flächeninhalts hatten wir gesehen, daß sich die (Teil-) Flächen als Differenz von Werten einer Funktion darstellen lassen, die zur *Randfunktion* f in enger Beziehung steht: f war immer die Ableitung dieser Funktion. Dies bestätigte letztlich auch der *Hauptsatz der Differential- und Integralrechnung*. Deshalb suchen wir nun nach Möglichkeiten, das Ableiten rückgängig zu machen. Wir suchen also die sogenannte Stammfunktion zu einer gegebenen Funktion f. Dazu legen wir fest:

Jede Funktion F heißt **Stammfunktion** von f, wenn gilt: $(F(x))' = f(x)$ für alle $x \in \mathbb{D}$.

Daraus ergibt sich, daß *„die"* Stammfunktion nicht existiert. Vielmehr gilt:
Ist F Stammfunktion zu f, so ist auch G mit $G(x) = F(x) + c$ Stammfunktion von f.
Beweis:
$G'(x) = (F(x) + c)' = F'(x) = f(x)$, da die Ableitung einer Konstanten Null ist.
Daraus ergibt sich aber, daß sich zwei beliebige Stammfunktionen nur um eine Konstante unterscheiden. Dies nennt man eine **Funktionenschar**. Statt von der Menge aller Stammfunktionen spricht man auch vom **unbestimmten Integral** $\int f(x)\,dx$. Eine ganz bestimmte Stammfunktion läßt sich also nur mit Hilfe zusätzlicher Bedingungen festlegen. Die linke Intervallgrenze bei der Flächenberechnung war eine solche Bedingung, eine sogenannte *Anfangsbedingung*.

Beispiel:
Suchen Sie die Stammfunktion zu $f(x) = x^4 - 7x^2 + 5$ mit $F(0) = 1$.
$F(x) = \frac{1}{5}x^5 - \frac{7}{3}x^3 + 5x + c;\ F(0) = 1 \Rightarrow c = 1,$ also $F_0(x) = \frac{1}{5}x^5 - \frac{7}{3}x^3 + 5x + 1.$

Die Stammfunktion einer ganzrationalen Funktion

Da eine ganzrationale Funktion eine *Linearkombination aus Potenzen* von x ist, läßt sich die Integration der ganzrationalen Funktion auf die Integration von Potenzen von x zurückführen.

Lesen wir die Tabelle von Seite 53 rückwärts, so erhalten wir:

Die Stammfunktion zu $f(x) = x^n$ ist $F(x) = \frac{x^{n+1}}{n+1} + c$

Mit der Summen- und Faktorregel der Differentialrechnung folgt sofort:

Die Stammfunktion der ganzrationalen Funktion f mit

$f(x) = a_n x^n + a_{n-1} x^{n-1} + \ldots + a_1 x + a_0$ ist $F(x) = \frac{a_n}{n+1} x^{n+1} + \frac{a_{n-1}}{n} x^n + \ldots + \frac{a_1}{2} x^2 + a_0 x + c$

Graphische Integration

Die meisten Integrale lassen sich nicht so einfach berechnen wie bei ganzrationalen Funktionen. Dennoch gibt es Verfahren, die in einer Vielzahl von Fällen zu befriedigenden Lösungen führen. Bevor wir auf rechnerische Verfahren zu sprechen kommen, sei aber eine graphische Variante der Integration vorgestellt, die im Prinzip mit Erfolg angewandt werden kann.
Sie stützt sich auf die Definition des Integrals als Stammfunktion. Ist nämlich $F(x) = y$, so gilt $F'(x) = y' = f(x)$. Die (bekannte) Funktion f wird also als Ableitung aufgefaßt. Damit werden alle Funktionswerte f (x) zu *Steigungszahlen* von F an der Stelle x. Diese Steigungen nun lassen sich durch Geradenstückchen darstellen. Da additive Konstanten beim Differenzieren wegfallen, entstehen immer mehrere Geradenstückchen oder „Linienelemente" gleicher Steigung. Das so entstehende Bild heißt **Richtungsfeld**. Bei genügender Dichte der Linienelemente lassen sich die Graphen der Funktionenschar F mit F ' = f einzeichnen.

Beispiel:

Die Gleichung $y' = f(x)$ ist übrigens der einfachste Fall einer sogenannten Differentialgleichung. Dies sind Gleichungen, in denen eine Beziehung zwischen x, $y = f(x)$ und y ' sowie höheren Ableitungen besteht. Dabei kann die Ableitung statt von x auch nur von y abhängen.

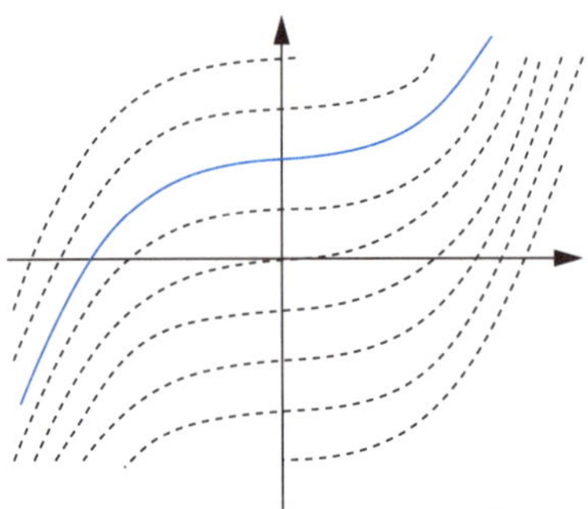

Abb. 62 Richtungsfeld von $y' = 1{,}5\,x^2$ (die Lösung $y \cdot 0{,}5x^3 + 0{,}5$ ist durchgezogen)

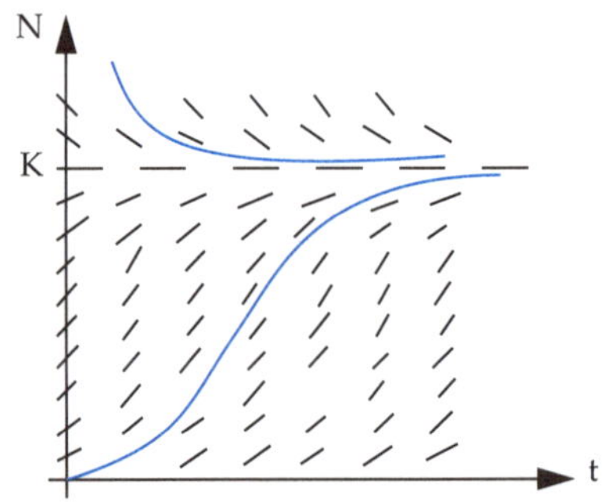

Abb. 63 Richtungsfeld der logistischen Wachstumsgleichung

Die Integration von Hyperbelfunktionen

Probleme bereitet hier eigentlich nur der Fall n = 1.
Die Stammfunktionen von $f(x) = x^{-n}, n \in \mathbb{N}\setminus\{1\}$ dagegen ergeben sich ebenso einfach wie bei den Potenzfunktionen zu F (x).

$$f(x) = x^{-n} \Rightarrow F(x) = \frac{x^{-n+1}}{-n+1} + c = \frac{x^{-(n-1)}}{-(n-1)} + c$$

Beispiele:

1. $f(x) = x^{-3} \Rightarrow F(x) = \left(-\frac{1}{2}\right)x^{-2} + c = -\frac{1}{2x^2} + c$

2. $g(x) = x^{-2} \Rightarrow F(x) = -x^{-1} + c = -\frac{1}{x} + c$

Für die Bestimmung des Integrals von $f(x) = x^{-1}$ zeichnen wir zuerst das Richtungsfeld.

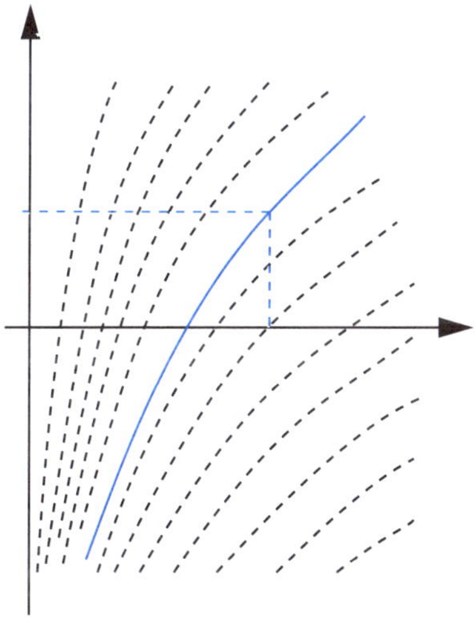

Abb. 64 Richtungsfeld von $y' = \frac{1}{x}$
(die Lösung $y = \ln(x) + 0{,}5$ *ist durchgezogen)*

Offensichtlich ergibt sich F (x) = ln (x) + c in Übereinstimmung mit der Formel von Seite 77.

Die Integrale von Exponentialfunktionen, Logarithmusfunktionen und Winkelfunktionen

Die Suche nach den Stammfunktionen dieser Funktion gestaltet sich unkompliziert. Wegen $(e^x)' = e^x$ und dem *Hauptsatz der Differential- und Integralrechnung* ist nämlich

$$\int e^x dx = e^x + c$$

und wegen $(a^x)' = \ln(a) \cdot a^x$

$$\int a^x dx = \frac{1}{\ln}(a) \cdot a^x + c$$

Ferner ist wegen $(\sin(x))' = \cos(x)$

$$\int \cos(x)\, dx = \sin(x) + c$$

oder wegen $(\cos(x))' = -\sin(x)$

$$\int \sin(x)\, dx = -\cos(x) + c$$

Es ist $([\ln(x) - 1] \cdot x)' = \ln(x)$ und deshalb

$$\int \ln(x)\, dx = [\ln(x) - 1] \cdot x + c$$

Weiterhin ist $(-\ln[\cos(x)])' = \tan(x)$ für $x \in \left[-\frac{\pi}{2}; \frac{\pi}{2}\right]$

Daher ist für $x \in \left[-\frac{\pi}{2}; \frac{\pi}{2}\right]$ dann

$$\int \tan(x)\, dx = -\ln[\cos(x)] + c$$

Für beliebige $x \in \mathbb{R}$ ist $\int \tan(x)\,dx = -\ln|\cos(x)| + c$, da das Argument des Logarithmus positiv sein muß.

Eigentlich aber sind diese beiden letzten Integrale ebenso wie die komplexerer Exponentialfunktionen oder auch von $f(x) = \sin(ax + b)$ nur mit Hilfe zusätzlicher Überlegungen zu bestimmen, auf die wir nicht näher eingehen.

Übungsaufgaben

1. Bestimmen Sie die Stammfunktionen zu folgenden ganzrationalen Funktionen:

a) $f(x) = 5x^4 - 7x^2 + 1$ b) $g(x) = 4x^3 + 6x^2 - 15x$ c) $h(x) = -x^2 + 5x - 7$

2. Bestimmen Sie die Stammfunktionen zu

a) $f(x) = 4x^5 - \frac{1}{x^2}$ b) $g(x) = \frac{3}{x^4} - \frac{4}{x^3}$ c) $h(x) = \frac{x+1}{x^2+x}$

d) $k(x) = \cos(x) - 5$ e) $m(x) = 4 \cdot \sin(x) - \tan(x)$ f) $n(x) = \cos(x) + \sin(x)$

g) $p(x) = 2x + e^x$ h) $q(x) = e^{-x} + e^x$ i) $r(x) = \ln(x) + e^x$

3. Bestimmen Sie die folgenden Integrale

a) $\int_1^2 (3x^2 - 4x + 1)\,dx$ b) $\int_1^2 \left(\frac{1}{x^2} - \frac{2}{x^5}\right)dx$ c) $\int_{-\pi}^{\pi} (\sin(x) - \cos(x))\,dx$

4. Zeigen Sie: $\int \sqrt[q]{x^p}\,dx = \frac{q}{p+q} \cdot x^{\left(\frac{p}{q}\right)+1}$ ($p, q \in \mathbb{R}$ teilerfremd)

5. Berechnen Sie die vom Graphen der Funktion f mit $f(x) = 0{,}25\,x^3 + 2x^2 + 4\,x$ und der x-Achse zwischen zwei aufeinanderfolgenden Nullstellen begrenzte Fläche.

6. Berechnen Sie die Fläche, die vom Graph der Funktion f mit $f(x) = x^2 - 3x^2 + 4$ und der Tangente in ihrem Hochpunkt umschlossen wird.

7. Gegeben sei $f_k(x) = x^3 + kx^2 - 11\,x - \frac{120}{k}$

a) Es ist $\int_{-6}^{6} f_k(x)\,dx = 216$. Weisen Sie dann nach, daß $k = 4$ oder $k = -2{,}5$ ist.

b) Bestimmen Sie für $k = 4$ die Fläche unter der Kurve von $f_4(x)$.

c) Bestimmen Sie die Fläche zwischen den beiden Kurven von $f_4(x)$ und $f_{-2,5}(x)$ über dem Intervall [0 ; 1].

8. Bestimmen Sie die Fläche zwischen der Funktion f und der Geraden durch die beiden Extremalpunkte von $f(x) = x^3 - 3x^2 - 9x + 15$.

9. Gegeben sei die Funktion $f(x) = (ax + b) \cdot e^x$. Sie hat bei $x = -1$ eine Wendestelle; die Wendetangente hat die Steigung $m = e^{-1}$.

a) Zeigen Sie durch Lösen eines Gleichungssystems, daß $a = 1$ und $b = -1$ ist.

b) Geben Sie eine lineare Funktion $g(x)$ an, so daß $F(x) = g(x) \cdot e^x$ eine Stammfunktion von f ist.

c) Bestimmen Sie die Fläche zwischen den beiden Koordinatenachsen und f.

Weitere Integrationsmethoden

Die folgenden Verfahren basieren auf der Idee, gemäß der Aussage des *Hauptsatzes*, die bekannten Ableitungsregeln als Integrationsregeln zu interpretieren und entsprechend in Integralform hinzuschreiben. Wir hatten festgestellt, daß sich zwei Stammfunktionen nur um eine Konstante unterscheiden und das unbestimmte Integral deshalb nur bis auf diese Konstante eindeutig bestimmt werden kann. Es ist in der Praxis jedoch oft einfacher, sich zunächst auf unbestimmte Integrale zurückzuziehen, wenn ein bestimmtes Integral gefragt und die Aufgabe durch die Angabe von Grenzen eindeutig lösbar ist. Bei der abschließenden Berechnung müssen diese Grenzen dann selbstverständlich eingesetzt werden.

Die partielle Integration

Dieses Verfahren liefert eine (Teil-)Antwort auf die Frage nach dem Integral eines Produkts. Nach der *Produktregel der Differentiation* ist

$$(f(x) \cdot g(x))' = f'(x) \cdot g(x) + f(x) \cdot g'(x).$$

Aufgrund des Hauptsatzes folgt:

$$\int (f(x) \cdot g(x))' dx = \int (f'(x) \cdot g(x) + f(x) \cdot g'(x))\, dx$$

$$f(x) \cdot g(x) = \int f'(x) \cdot g(x)\, dx + \int f(x) \cdot g'(x)\, dx$$

Also gilt, wenn f und g zwei stetig differenzierbare Funktionen sind:

$$\int f(x) \cdot g'(x)\, dx = f(x) \cdot g(x) - \int f'(x) \cdot g(x)\, dx \quad \text{oder}$$

$$\int f'(x) \cdot g(x)\, dx = f(x) \cdot g(x) - \int f(x) \cdot g'(x)\, dx$$

Die Antwort auf die Eingangsfrage lautet wegen
$f(x)\, g(x) = f(x)\, G'(x) = (f(x)\, G(x)) - f'(x)\, G(x)$:

$$\int f(x) \cdot g(x)\, dx = f(x) \cdot G(x) - \int f(x) \cdot G(x)\, dx.$$

Dieses Verfahren heißt **partielle Integration** oder Teilintegration, weil es eigentlich nicht direkt auf eine Stammfunktion führt, sondern nur ein komplexes Integral durch ein anderes Integral ersetzt. Gelegentlich findet man auch die Bezeichnung **Produktintegration** in Anspielung an die Produktregel der Differentiation.
Es sind vornehmlich drei Aufgabentypen, bei denen sich das Verfahren der partiellen Integration bewährt:

1. Bei Aufgaben, bei denen das Reduzieren eines Faktors möglich ist.

$$\int_1^2 x^2e^x\,dx = \left[x^2e^x\right]_1^2 - \int_1^2 2xe^x\,dx$$

$$= \left[x^2e^x\right]_1^2 - \left(\left[2xe^x\right]_1^2 - 2\int_1^2 e^x\,dx\right)$$

$$= \left[x^2e^x\right]_1^2 - \left[2xe^x\right]_1^2 + \left[2e^x\right]_1^2$$

$$= 4e^2 - e - 4e^2 + 2e + 2e^2 - 2e = 2e^2 - e = 12{,}0598$$

Dies klappt also immer, wenn der eine Faktor ein Polynom ist und der andere Faktor beim Integrieren nicht zu kompliziert wird.

2. Bei Aufgaben, bei denen das Produkt durch Ergänzen eines Faktors 1 erweitert wird.

$$\int_1^2 \ln(x)\,dx = \int_1^2 1\cdot \ln(x)\,dx = \left[x\cdot\ln(x)\right]_1^2 - \int_1^2 x\cdot\frac{1}{x}\,dx$$

$$= \left[x\cdot\ln(x)\right]_1^2 - \left[x\right]_1^2 = 0{,}3863$$

Dies hilft also immer dann, wenn eine Funktion integriert werden soll, deren Stammfunktion man nicht kennt, von der man jedoch weiß, daß sie eine einfache Ableitung hat.

3. Bei Aufgaben, die sich reproduzierende Produkte aufweisen.

Kehren im Verlauf des Ableitens oder Integrierens beide Faktoren periodisch wieder, dann lohnt es sich, so lange partiell zu integrieren, bis das ursprüngliche Integral wieder entstanden ist.

$$\int_1^2 e^x\cos 3x\,dx = \left[e^x\cos 3x\right]_1^2 - \int_1^2 e^x\cdot(-3)\sin 3x\,dx$$

$$= \left[e^x\cos 3x\right]_1^2 + 3\int_1^2 e^x\sin 3x\,dx$$

$$= \left[e^x\cos 3x\right]_1^2 + \left[3e^x\sin 3x\right]_1^2 - 3\int_1^2 e^x\cos 3x\,dx$$

Das ursprüngliche Integral ist hier bis auf einen Faktor wieder entstanden.

$$\Rightarrow \int_1^2 e^x\cos 3x\,dx = \left[e^x(\cos 3x + 3\sin 3x)\right]_1^2$$

$$= e^2(\cos 6 + 3\sin 6) - e(\cos 3 + 3\sin 3)$$

$$= 2{,}4412$$

$$\Rightarrow \int_1^2 e^x\cos 3x\,dx = 2{,}4412 : 4 = 0{,}6103$$

Wichtig oder zumindest ratsam ist es, immer denselben Faktor zu differenzieren oder zu integrieren. Macht man das nicht, wird das Ergebnis zwar nicht falsch, aber oft unbefriedigend, wie folgendes wenig nachahmenswerte **Gegenbeispiel** zeigt.

$$\int_1^2 x^2e^x\,dx = \left[x^2e^x\right]_1^2 - \int_1^2 2xe^x\,dx = \left[e^xx^2\right]_1^2 - \left(\left[x^2e^x\right]_1^2 - \int_1^2 e^xx^2\,dx\right)$$

$$\Rightarrow \int_1^2 x^2e^x\,dx = \left[e^xx^2\right]_1^2 - \left[e^xx^2\right]_1^2 + \int_1^2 x^2e^x\,dx$$

$$\Leftrightarrow \int_1^2 x^2e^x dx = \int_1^2 x^2e^x dx$$

In anderen Fällen, wie etwa bei $f(x) = e^{\sin(x)} \cdot \cos(x)$ oder $h(x) = 3x^2 \cdot \cos(1 + x^3)$, versagt das Verfahren, da entweder die Teilfunktionen nicht einfach integrierbar sind oder die nach dem Ableiten entstehenden Produkte zu kompliziert werden.

Die Integration durch Substitution

Ein zweites Verfahren kehrt die Kettenregel um. Ist nämlich
$F(g(x)) = F(z)$ mit $f(z) = F'(z) = F'(g(x)) \cdot g'(x) = f(g(x)) \cdot g'(x)$,
so erhält man:
$\int f(z)\,dz = \int f(g(x)) \cdot g'(x)\,dx$ mit $z = g(x)$
und durch Vertauschung der Variablennamen
$\int f(x)\,dx = \int f(g(z)) \cdot g'(z)\,dz$ mit $x = g(z)$.
Die beiden Varianten der Formel sind Ausdruck zweier Strategien.

1. Man faßt Teile der vorliegenden Funktion zu einer neuen Variablen zusammen, wobei die *„Restfunktion"* in dieser neuen Variablen einfacher integrierbar ist.
Beispiel:
$\int e^{\sin(x)}\cos(x)\,dx = ?$

Setze $z = \sin(x) \Rightarrow \dfrac{dz}{dx} = \cos(x)$ oder $dz = \cos(x)\,dx$

$\Rightarrow \int e^{\sin(x)}\cos(x)\,dx \;=\; \int e^z dz \;=\; e^z \;=\; e^{\sin(x)} + c$ durch Rücksubstitution.

2. Man erklärt die bisherige unabhängige Variable x als Funktionswert einer neuen Funktion g, somit ist $x = g(z)$. Der Gesamtterm wird durch das Dazutreten der Ableitung $g'(z)$ scheinbar komplizierter, kann aber dennoch einfacher integriert werden.
Beispiel:
$\int \ln(x)\,dx = ?$

Setze $x = e^z \Rightarrow \dfrac{dx}{dz} = e^z$ oder $dx = e^z\,dz$

$\Rightarrow \int \ln(x)\,dx = \int \ln(e^z) \cdot e^z\,dz = \int z \cdot e^z\,dz = z \cdot e^z - \int e^z\,dz = (z-1) \cdot e^z$

$= (\ln(x) - 1) \cdot x$ mit Fall (1) der partiellen Integration.

Die Suche nach bestimmten Integralen gestaltet sich etwas aufweniger, wenn die Grenzen mitzusubstituieren sind.

Ist g in [a ; b] stetig differenzierbar und f stetig auf [g (a); g (b)], so gilt

$$\int_a^b f(g(x)) \cdot g'(x)\,dx = \Big[F(g(x))\Big]_a^b = F(g(b)) - F(g(a)) = \int_{g(a)}^{g(b)} f(z)\,dz \quad \text{mit } z = g(x)$$

Ist f in [a ; b] stetig, g in $[g^{-1}(a) ; g^{-1}(b)]$ stetig differenzierbar und umkehrbar, so gilt

$$\int_a^b f(x)\,dx = F(b) - F(a) = \int_{g^{-1}(a)}^{g^{-1}(b)} f(g(z)) \cdot g'(z)\,dz \text{ mit } g(z) = x$$

Beispiel:

$f(x) = \frac{x}{\sqrt{4x+8}}$, [a ; b] = [–1 ; 2]

Setze $z = 4x + 8 \Rightarrow x = \frac{z}{4} - 2 = g(z)$, $dx = \frac{1}{4}\,dz$

$$\Rightarrow \int_{-1}^{2} \frac{x\,dx}{\sqrt{4x+8}} = \int_{z_1}^{z_2} \frac{\frac{z}{4} - 2}{\sqrt{z}} \cdot \frac{1}{4}\,dz \quad \text{mit} \quad g(z_2) = 2 \Rightarrow g^{-1}(2) = z_2 = 16$$

$$g(z_1) = -1 \Rightarrow g^{-1}(-1) = z_1 = 4$$

$$= \int_4^{16} \frac{1}{16}\left(\sqrt{z} - \frac{8}{\sqrt{z}}\right) dz$$

$$= \frac{1}{16}\left[\frac{2}{3} z^{\frac{3}{2}} - 16 z^{\frac{1}{2}}\right]_4^{16}$$

$$= \frac{1}{3}$$

Dabei ist die Substitution nicht eindeutig. Es bietet sich folgende Alternative:

Beispiel:

$f(x) = \frac{x}{\sqrt{4x+8}}$, [a ; b] = [–1 ; 2]

Setze $z = \sqrt{4x+8} \Rightarrow x = \frac{1}{4} z^2 - 2 = g(z)$, $dx = \frac{1}{2} z\,dz$

$$\Rightarrow \int_{-1}^{2} \frac{x\,dx}{\sqrt{4x+8}} = \int_{z_1}^{z_2} \frac{\frac{1}{4} z^2 - 2}{z} \cdot \frac{1}{2} z\,dz = \int_2^4 \left(\frac{1}{8} z^2 - 1\right) dz$$

$$= \left[\frac{1}{24} z^3 - z\right]_2^4 = \frac{1}{3}$$

Leider gibt es keine allgemeine Regel, wie man substituieren soll. Manchmal jedoch ergibt sich aus dem Differential ein Hinweis. So kann $x^2\,dx$ auf eine kubische, $x\,dx$ auf eine quadratische, dx auf eine lineare Substitution hindeuten, während $\frac{dx}{x}$ eventuell eine logarithmische Substitution ratsam erscheinen läßt. Es gilt nämlich:
Ist f eine über [a ; b] differenzierbare Funktion, und ist $f(x) \neq 0$ für alle $x \in [a\,;b]$, so gilt

$$\int_a^b \frac{f'(x)}{f(x)}\,dx = \Big[\ln|f(x)|\Big]_a^b = \ln|f(b)| - \ln|f(a)|$$

Beispiel:

$$\int_0^1 \tan(x)\,dx = \int_0^1 \frac{\sin(x)}{\cos(x)}\,dx = -\int_0^1 \frac{(-\sin(x))}{\cos(x)}\,dx = -\Big[\ln|\cos(x)|\Big]_0^1 = 0{,}6156$$

mit der Substitution $z = \cos(x) \Rightarrow dz = -\sin(x)\,dx$.
Trigonometrische Substitutionen bieten sich ferner bei Funktionen an, die den Term $r^2 - x^2$ enthalten.

Beispiel:

Die Berechnung des (Halb-) Kreisintegrals im Einheitskreis erfolgt mit $x = \cos(z)$ und $dx = -\sin(z)\,dz$; $z_1 = \arccos(-1) = \pi$; $z_2 = \arccos(1) = 0$.
Man erhält:

$$\int_{-1}^1 \sqrt{1-x^2}\,dx = \int_\pi^0 \sqrt{1-\cos^2(z)}\;(-\sin(z))\,dz = -\int_\pi^0 \sin^2(z)\,dz = \int_0^\pi \sin^2(z)$$

$$= \Big[-\sin z \cos z\Big]_0^\pi + \int_0^\pi \cos^2 z\,dz = \Big[-\sin z \cos z\Big]_0^\pi + \int_0^\pi (1-\sin^2 z)\,dz$$

$$= \Big[-\sin z \cos z\Big]_0^\pi + \int_0^\pi dz - \int_0^\pi \sin^2 z\,dz$$

Wegen $\quad 2 \cdot \int_0^\pi \sin^2 z\,dz = \Big[-\sin z \cos z\Big]_0^\pi + \Big[z\Big]_0^\pi = \pi$

folgt somit $\quad \int_0^\pi \sin^2 z\,dz = \frac{\pi}{2}$

Die Integration durch Partialbruchzerlegung

Eine Umkehrung der Quotientenregel im eigentlichen Sinne gibt es nicht. Jedoch gelingt es vielfach, Integrale von Funktionen der Form $h(x) = \frac{f(x)}{g(x)} = f(x) \cdot \frac{1}{g(x)}$ etwa durch partielle Integration oder Substitution zu berechnen, wenn sich $\frac{1}{g(x)}$ integrieren läßt. Besonders erfolgreich ist man, wenn sich der Nenner in Linearfaktoren zerlegen läßt.

Einführungsbeispiel:

Gegeben sei $f(x) = \frac{6x^2 - x + 1}{x^3 - x}$ wegen $x^3 - x = (x-1)(x+1)x$ bildet man

$$f(x) = \frac{A}{x} + \frac{B}{x+1} + \frac{C}{x-1}$$

$$f(x) = \frac{A(x^2-1) + B(x+1)x + C(x-1)x}{x^3 - x}$$

$$f(x) = \frac{x^2(A+B+C) + x(B-C) - A}{x^3 - x}$$

Durch Koeffizientenvergleich findet man: $A = -1$; $B = 3$; $C = 4$; also:

$$f(x) = -\frac{1}{x} + \frac{3}{x+1} + \frac{4}{x-1}$$

und daher

$$\int f(x)\,dx = \ln(x) + 3\ln(x+1) + 4\ln(x-1) + C$$

Ist der Grad des Zählerpolynoms höher als der des Nennerpolynoms, empfiehlt sich zunächst eine *Restglieddarstellung* mittels Polynomdivision. Anschließend kann dann elementar oder mittels Partialbruchzerlegung integriert werden.

Beispiele:

1. $f(x) = \frac{x^3 + 2x}{x^2} = x + \frac{2}{x} \Rightarrow F(x) = \int f(x)\,dx = x^2 + 2 \cdot \ln(x) + c$

2. $f(x) = \frac{x^4 + 5x^2 + 1}{x^2 + x - 2} = x^2 - x + 8 - \frac{10x - 17}{x^2 + x - 2}$; $\frac{10x - 17}{x^2 + x - 2} = \frac{A}{x+2} + \frac{B}{x-1} \Rightarrow A = \frac{37}{3}$; $B = -\frac{7}{3}$

$$\Rightarrow \int f(x)\,dx = \frac{x^3}{3} - \frac{x^2}{2} + 8x - \left(\frac{37}{3} \cdot \ln(x+2) - \frac{7}{3} \cdot \ln(x-1)\right)$$

Uneigentliche Integrale

Die Verwendung des Begriffs „*uneigentlich*“ wurde bisher für „unendlich“ gebraucht (siehe Grenzwerte bei Folgen; senkrechte Asymptoten). Und so ist es auch diesmal.
Wir unterscheiden daher zwei Fälle:

1. *Der Integrand wird unendlich.* Das Problem besteht in diesem Fall darin, daß ein Flächenstück unendlich hoch wird. Dies kann jedoch gelöst werden, indem dieses Problem zunächst beiseite gelassen und dann durch die Grenzwertbildung mit erfaßt wird.
2. *Mindestens eine Integrationsgrenze ist* (betragsmäßig) *unendlich.* Hier kommen unendlich viele Flächen verschwindender Höhe hinzu. Analog besteht der Trick dann darin, diese ebenfalls zu ignorieren.

Beispiele:

1. $$\int_0^1 \frac{1}{\sqrt[3]{x}}\,dx = \lim_{h\to 0}\int_h^1 \frac{1}{\sqrt[3]{x}}\,dx = \lim_{h\to 0}\left[\frac{2}{3}\cdot\sqrt[3]{x^2}\right]_h^1 = \frac{2}{3} - \lim_{h\to 0}\frac{2}{3}\cdot\sqrt[3]{h^2} = \frac{2}{3}$$

$$\int_1^\infty \frac{1}{\sqrt[3]{x}}\,dx = \lim_{z\to\infty}\int_1^z \frac{1}{\sqrt[3]{x}}\,dx = \lim_{z\to\infty}\left[\frac{2}{3}\cdot\sqrt[3]{x^2}\right]_1^z = \frac{2}{3}\cdot\lim_{z\to\infty}\cdot\sqrt[3]{z^2} - \frac{2}{3} = \infty$$

2. $$\int_0^1 \frac{1}{x^2}\,dx = \lim_{h\to 0}\int_h^1 \frac{1}{x^2}\,dx = \lim_{h\to 0}\left[-\frac{1}{x}\right]_h^1 = -1 + \lim_{h\to 0}\frac{1}{h} = \infty$$

$$\int_1^\infty \frac{1}{x^2}\,dx = \lim_{z\to\infty}\int_1^z \frac{1}{x^2}\,dx = \lim_{z\to\infty}\left[-\frac{1}{x}\right]_1^z = -\lim_{z\to\infty}\frac{1}{z} + 1 = 1$$

3. $$\int_0^1 \frac{1}{x}\,dx = \lim_{h\to 0}\int_h^1 \frac{1}{x}\,dx = \lim_{h\to 0}\Big[\ln(x)\Big]_h^1 = 0 - \lim_{h\to 0}\Big[\ln(h)\Big] = \infty$$

$$\int_1^\infty \frac{1}{x}\,dx = \lim_{z\to\infty}\int_1^z \frac{1}{x}\,dx = \lim_{z\to\infty}\Big[\ln(x)\Big]_1^z = \lim_{z\to\infty}\ln(z) - 0 = \infty$$

Allgemein gilt also im Fall **1**, bei dem auch die beiden Teilfälle gemeinsam auftreten können:

f integrierbar über]a ; b], $\left|\lim_{h\to 0} f(a+h)\right| = \infty \Rightarrow \int_a^b f(x)\,dx = \lim_{h\to 0}\int_{a+h}^b f(x)\,dx$

oder/und

f integrierbar über [a ; b[, $\left|\lim_{h\to 0} f(b-h)\right| = \infty \Rightarrow \int_a^b f(x)\,dx = \lim_{h\to 0}\int_a^{b-h} f(x)\,dx$

Im Fall **2** gilt:

$$\int_a^{\infty} f(x)\,dx = \lim_{z\to\infty} \int_a^{z} f(x)\,dx; \quad \int_{-\infty}^{b} f(x)\,dx = \lim_{z\to-\infty} \int_z^{b} f(x)\,dx$$

aber auch:

$$\int_{-\infty}^{\infty} f(x)\,dx = \lim_{\substack{z_2\to\infty \\ z_1\to-\infty}} \int_{z_1}^{z_2} f(x)\,dx\,,$$

falls beide Grenzwerte existieren, wobei z_1 und z_2 getrennt gegen ∞ und $-\infty$ streben.

Existiert wenigstens $\lim\limits_{z\to\infty} \int_{-z}^{z} f(x)\,dx$,

so heißt dieser Grenzwert **Hauptwert** des uneigentlichen Integrals.

Beispiel:

$f(x) = \frac{1}{1+x^2} \Rightarrow F(x) = \arctan(x)$ mit Hauptwerten in $]-0{,}5\cdot\pi\,;\ 0{,}5\cdot\pi[$ (siehe Band II).

Also $\int_{-\infty}^{\infty} f(x)\,dx = \lim\limits_{x\to\infty} [\arctan(x) - \arctan(-x)] = \pi$

Die Beispiele 1–3 stehen für folgenden bedeutenden Spezialfall ($k > 0$):

$$\int_0^1 \frac{dx}{x^k} = \frac{1}{1-k} - \lim_{h\to 0} \frac{h^{1-k}}{1-k} = \begin{cases} \frac{1}{1-k} & \text{für } k < 1 \\ \infty & \text{für } k \geq 1 \end{cases}$$

$$\int_1^{\infty} \frac{dx}{x^k} = \lim_{z\to\infty} \left(\frac{1}{1-k} \cdot \frac{1}{z^{k-1}} \right) - \frac{1}{1-k} = \begin{cases} \frac{1}{1-k} & \text{für } k > 1 \\ \infty & \text{für } k \leq 1 \end{cases}$$

Vor einer schematischen Anwendung des Hauptsatzes der Differential- und Integralrechnung muß *gewarnt* werden, wenn eine Funktion zwar an den Rändern des Integrationsbereiches problemlos integrierbar ist, im Innern jedoch *Polstellen* besitzt!

Beispiel:

$$f(x) = \frac{2x}{x^2+1} \Rightarrow \int_{-2}^{2} f(x)\,dx = \lim_{h_1 \to 0} \int_{-2}^{-1-h_1} f(x)\,dx + \lim_{h_2,h_3 \to 0} \int_{-1+h_2}^{1-h_3} f(x)\,dx + \lim_{h_4 \to 0} \int_{1-h_4}^{2} f(x)\,dx$$

$$= \lim_{h_1 \to 0} \left[\ln|x^2+1|\right]_{-2}^{-1-h_1} + \lim_{\substack{h_2 \to 0 \\ h_3 \to 0}} \left[\ln|x^2+1|\right]_{-1+h_2}^{1-h_3} + \lim_{h_4 \to 0} \left[\ln|x^2+1|\right]_{1+h_4}^{2}$$

wobei keiner der Grenzwerte existiert.
Es gilt nicht:

$$\int_{-2}^{2} \frac{2x\,dx}{x^2+1} = \left[\ln\left|x^2+1\right|\right]_{-2}^{2} = \ln 5 - \ln 5 = 0$$

Wann geht aber ein Integrand gegen 0 oder ∞?
Bei der Beantwortung dieser Frage, die mit der Frage nach Asymptoten eng verwandt ist, helfen die **Regeln von de l'Hospital**.

Läßt sich eine Funktion als Quotient $\frac{f}{g}$ darstellen, und sind sowohl f als auch g im betrachteten Bereich differenzierbar, so gilt:

1. Ist $f(a) = g(a) = 0$, aber existiert $\lim\limits_{x \to a} \frac{f'(x)}{g'(x)}$ so ist $\lim\limits_{x \to a} \frac{f(x)}{g(x)} = \lim\limits_{x \to a} \frac{f'(x)}{g'(x)}$

2. Ist $\lim\limits_{x \to \infty} f(x) = \lim\limits_{x \to \infty} g(x) = 0$, aber existiert $\lim\limits_{x \to \infty} \frac{f'(x)}{g'(x)}$ so ist $\lim\limits_{x \to \infty} \frac{f(x)}{g(x)} = \lim\limits_{x \to \infty} \frac{f'(x)}{g'(x)}$

Selbstverständlich lassen sich diese Regeln auch mehrfach hintereinander anwenden.

Beispiel:

$\lim\limits_{x \to \infty} \frac{x^n}{e^x} = \lim\limits_{x \to \infty} \frac{e^{-x}}{x^{-n}} = \lim\limits_{x \to \infty} \frac{(-1)^n \cdot e^{-x}}{n!} = 0$ nach n-maliger Anwendung der 2. Aussage.

Volumenbestimmung durch Integration

Grundsätzlich lassen sich mit Hilfe des Integrals auch Volumina bestimmen. Jedoch haben Körper eine Ausdehnung in drei Raumrichtungen („Länge, Breite, Höhe"). Das Aussehen des Körpers an einem bestimmten Punkt der Oberfläche hängt daher nicht unbedingt nur von einer Variablen (x) ab. Gelingt es jedoch, die funktionalen Abhängigkeiten zwischen den einzelnen Variablen („Richtungen") in Formeln zu fassen, ist das Volumen durch *Mehrfachintegration* bestimmbar.

Glücklicherweise besitzen jedoch etliche wichtige Probleme Symmetrieeigenschaften. Man denke in der Praxis an Gefäße oder technische Geräte wie Motoren. Dann werden auch Randfunktionen einfacher und lassen sich mit den bekannten Methoden integrieren.

1. **Rotationssymmetrie zur x-Achse**
   Wir greifen die Idee der Streifen des *Riemann–Integrals* wieder auf. Wegen der Rotationssymmetrie lassen wir diese Streifen um die x-Achse rotieren. Dabei entstehen Scheibchen mit den Volumina $\pi \cdot f^2(x_i) \cdot \Delta x_i$ als Zylinder geringer Höhe $V_i = \pi \cdot r_i^2 \cdot h_i$ mit $r_i = f(x_i)$ und $h_i = \Delta x_i$.
   Der Grenzwert der Summe dieser Scheibchenvolumina ist das gesuchte *Körpervolumen:*

$$V = \pi \cdot \int_a^b f^2(x)\,dx$$

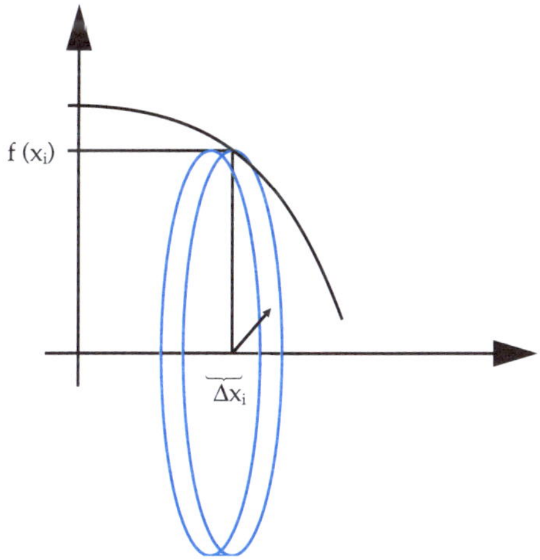

Abb. 65 Rotationssymmetrie

Das Kugelvolumen beispielsweise läßt sich mit folgenden Überlegungen bestimmen:
Die Randfunktion ist ein Kreis mit $r^2 = x^2 + y^2 \Rightarrow y^2 = f^2(x) = r^2 - x^2$

$$V = \pi \cdot \int_{-r}^{r} \left(r^2 - x^2\right) dx = \pi \left[r^2 x - \frac{x^3}{3} \right]_{-r}^{r} = \frac{4}{3}\pi r^3$$

2. **Stetige Änderung der Querschnittsfläche**
   Der Fall der x-Achsen- Symmetrie läßt sich ausweiten auf die Situation, bei der ein Körper durch zwei Ebenen senkrecht zur x-Achse begrenzt wird. Durch jeden Schnitt parallel zu diesen Ebenen erhält man eine Querschnittsfläche des Körpers. Diese sei $Q(x_i)$, wobei x_i den Ort des Schnitts bezeichnet. Ist die so definierte Querschnittsflächenfunktion Q stetig, so erhält man:

$$v = \int_a^b Q(x)\,dx$$

Beispiel:

Eine quadratische Pyramide hat die Höhe h und eine Grundfläche der Seitenlänge x. Nach dem *Strahlensatz* (siehe Band II, S. 85) gilt $\frac{z(x)}{x} = \frac{a}{2h}$. Dann wird ihre Seitenlinie durch $z(x) = \frac{a}{2h} \cdot x$ beschrieben.

Also ist $Q(x) = 4z^2 = \left(\frac{a}{h}\right)^2 \cdot x^2$

$$\Rightarrow V = \int_0^h \left(\frac{a}{h}\right)^2 \cdot x^2 dx = \left(\frac{a}{h}\right)^2 \cdot \frac{h^3}{3} = \frac{1}{3} \cdot a^2 h$$

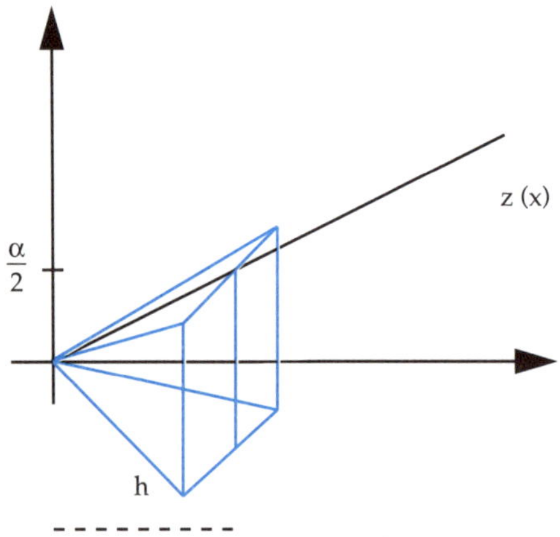

Abb. 66 Änderung der Querschnittsfläche

3. Rotationssymmetrie zur y-Achse

Sind die betrachteten Funktionen *umkehrbar*, so läßt sich dieses Problem auf Fall **1** zurückführen. Unabhängig davon aber kann man die Riemannsche Streifenmethode erneut aufgreifen. Läßt man die Streifen $\Delta x_i \cdot f(x_i)$ nun um die y-Achse rotieren, so entstehen (ähnlich wie bei einer Zwiebel) zylindrische Schalen mit dem Volumen $2\pi \cdot x_i \cdot f(x_i) \cdot \Delta x_i$. Wiederum ergibt sich das Gesamtvolumen als Grenzwert der Summe der Volumina dieser Schalen:

$$V = 2\pi \cdot \int_a^b x \cdot f(x)\, dx$$

Beispiel:

Ein Sektglas sei (ohne Stiel) 12 cm hoch und habe am Rand einen Durchmesser von 4 cm. Im einfachsten Fall eines parabelförmigen Querschnitts führt das auf den Kopf gestellte Glas auf die Funktion $f(x) = 12 - 3x^2$. Dann faßt das Glas, wenn man es (gegen die Etikette) bis zum Rand füllt,

$$V = 2\pi \int_0^2 x(12 - 3x^2)\, dx = 2\pi \int_0^2 (12x - 3x^3)\, dx$$

$$= 2\pi \left[6x^2 - \frac{3}{4}x^4\right]_0^2 = 2\pi(24 - 12)$$

$$\approx 75{,}398 \text{ cm}^3$$

Es handelt sich somit offenbar um ein Degustationsglas.

Übungsaufgaben

1. Integrieren Sie partiell

a) $\int \frac{x-1}{e^x}\,dx$ b) $\int (\ln(x))^2\,dx$ c) $\int \sin(2x)\cdot\cos(0{,}5x)\,dx$

d) $\int_1^e x\cdot\ln(x)\,dx$ e) $\int_0^\pi \cos^2(x)\,dx$ d) $\int_0^1 e^{2x}\cdot\sin(x)\,dx$

2. Integrieren Sie mittels Substitution

a) $\int_{0,5}^{0,5\cdot\sqrt{2}} \frac{1}{x^2\sqrt{1-x^2}}\,dx$ b) $\int \frac{e^{2x}}{\sqrt{e^x+1}}\,dx$ c) $\int_0^1 \frac{2x}{x^2+1}\,dx$

3. Bestimmen Sie folgende uneigentlichen Integrale

a) $\int_0^1 \frac{1}{\sqrt[3]{x}}\,dx$ b) $\int_0^\infty \frac{1}{(1+x)^2}\,dx$ c) $\int_0^\infty x^x\cdot e\,dx$

4. Integrieren Sie mittels Partialbruchzerlegung

a) $\int \frac{x+1}{x^2-4}\,dx$ b) $\int \frac{2x+1}{x^2-x-6}\,dx$ c) $\int \frac{x+2}{x\cdot(x+4)}\,dx$

5. Gegeben sei die Funktion f mit $f(x) = -x^3 + 3x^2$.
Berechnen Sie das Volumen, das entsteht, wenn man die Flächen zwischen dem Graph von f, der x-Achse und den Geraden $x = 0$ und $x = 3$

a) um die x-Achse dreht,

b) um die y-Achse dreht.

6. a) Bestimmen Sie das Volumen des Rotationskegels, der bei Drehung des Graphen von $f(x) = 0{,}5x - 1$ um die x-Achse in den Grenzen $x = 2$ und $x = 6$ entsteht.

b) Bestimmen Sie dasselbe Volumen zur Kontrolle elementar aus der Volumenformel für den senkrechten Kreiskegel.

c) Wie groß ist das Volumen des Kegelstumpfs bei Rotation in den Grenzen $x = 4$ und $x = 6$?

d) Wie groß ist das Volumen des asymmetrischen Doppelkegels bei Rotation in den Grenzen $x = 0$ und $x = 6$?

7. Gegeben sind die Funktionen f_k mit $f_k(x) = 0{,}25\cdot(kx-5)^2$.
Bestimmen Sie den Flächeninhalt über [0 ; 5] in Abhängigkeit von k.
Für welche Werte von k wird diese Fläche maximal oder minimal?
Welches Volumen hat die bei Rotation des Graphen um die x-Achse entstehende Figur?

8. Berechnen Sie die Fläche zwischen der Funktion f mit $f(x) = \frac{x^3+4}{2x^2}$ und g mit $g(x) = 0{,}5\cdot x$ im Intervall [1 ; z]. Existiert auch der Grenzwert für $z \to \infty$?

9. Gegeben ist die Funktion f mit $f(x) = \frac{x^3 - 3x + 2}{(x+1)^2}$ in $\mathbb{R}\setminus\{-1\}$

a) Berechnen Sie die Fläche, die der Graph von f im 1. Quadranten mit den Koordinatenachsen einschließt.

b) Wie groß wäre die prozentuale Abweichung, wenn man f durch eine Parabel 3. Ordnung ersetzen würde, die dieselben Schnittpunkte mit den Koordinatenachsen hat wie f und im Schnittpunkt mit der y-Achse auch dieselbe Steigung aufweist?

c) Die y-Achse, der Graph von f, die Gerade $g(x) = x - 2$ und die Parallele zur y-Achse im Abstand n schließen eine Fläche ein. Berechnen Sie diese. Existiert auch der Grenzwert der Fläche für $n \to \infty$?

10. Berechnen Sie das Kugelvolumen unter der Voraussetzung, daß die Kreisfunktion $x^2 + y^2 = r^2$ y-Achsen-symmetrisch ist. Verwenden Sie die Substitution $x = r \cdot \sin(z)$.

11. Hängt eine Leitung frei zwischen zwei Masten, so wird ihr Verlauf gut durch die Gleichung $f(x) = 0{,}5 \cdot (e^x + e^{-x})$ wiedergegeben.

a) Welche Fläche schließt f über $[-1\,;\,2]$ mit der x-Achse ein (sozusagen der „Freiraum" unter der Leitung)?

b) Berechnen Sie das Volumen des Körpers, der entsteht, wenn man die Fläche aus (a) um die x-Achse rotieren läßt.

12. Gegeben sei die Funktion f mit $f(x) = (2x + 1)^{-2}$.

a) Bestimmen Sie $\int f(x)\,dx$ durch lineare Substitution.

b) Bestimmen Sie die Fläche über $[0\,;\,\infty[$.

c) Bestimmen Sie das Volumen des Körpers, der bei Rotation von f um die x-Achse über $[0\,;\,a]$ entsteht.

d) Existiert auch der Grenzwert dieses Volumens für $a \to \infty$?

Analytische Geometrie und lineare Algebra

Der Leser, der sich mit der *Analytischen Geometrie* (analytisch (gr.) = zergliedernd, auflösend) auseinandersetzen will (oder muß), hat sicher schon einige Grundkenntnisse aus der elementaren Geometrie, genauer gesagt, aus der *synthetischen Geometrie*, so wie sie in der Mittelstufe bis Klasse 10 im allgemeinen gelehrt wird.

Bei der Analytischen Geometrie tritt die rein mathematische Behandlung eines Problems mehr in den Vordergrund; hierbei ist die sogenannte **Vektorrechnung** das Hauptinstrument, mit der die Zusammenhänge und die Strukturen in der Analytischen Geometrie besonders einfach überschaubar gemacht werden können. Die Vektorrechnung ist in ihren Grundzügen in Band II, S. 164 ff. dargestellt.

In der Analytischen Geometrie werden *geometrische Objekte (Punkt, Ebene, ...)* oder *Beziehungen [2 Geraden stehen senkrecht zueinander, eine Gerade inzidiert (inzidieren (lat.) = sich schneiden) mit einer Ebene, ...]* durch die Zuordnung *mathematischer Objekte (Koordinaten)* oder *Beziehungen (Gleichungen)* strukturiert und *arithmetisch* faßbar gemacht.

Einführungsbeispiele:

1. Die Kennzeichnung einer Gerade in einem *kartesischen Koordinatensystem* (siehe Band II, S. 17 ff. und Band I, S. 129 ff.) gelingt mit einer *linearen Gleichung* der Art

$$Ax + By = C \Leftrightarrow y = -\frac{A}{B}x + \frac{C}{B},$$

wobei $\frac{C}{B}$ den *y-Achsenabschnitt* und $-\frac{A}{B}$ die *Geradensteigung* mit $(B \neq 0)$ darstellt.

Sollen zwei verschiedene Geraden parallel zueinander verlaufen, so kann dies über eine übereinstimmende Steigung festgelegt werden ($B_1 \neq 0$ und $B_2 \neq 0$):

Die beiden Geraden

$$A_1x + B_1y = C_1 \Leftrightarrow y = -\frac{A_1}{B_1}x + \frac{C_1}{B_1}$$

und

$$A_2x + B_2y = C_2 \Leftrightarrow y = -\frac{A_2}{B_2}x + \frac{C_2}{B_2}$$

verlaufen genau dann zueinander parallel, wenn also ihre Steigungswerte gleich sind: $-\frac{A_1}{B_1} = -\frac{A_2}{B_2}$.

2. Zwei Geraden g_1 und g_2 stehen *senkrecht* zueinander, wenn das Produkt ihrer *Steigungswerte* –1 ergibt. Folglich stehen die zuvor genannten Geraden zueinander senkrecht, wenn gilt:

$$\left(-\frac{A_1}{B_1}\right) \cdot \left(-\frac{A_2}{B_2}\right) = -1 \Leftrightarrow A_1 \cdot A_2 = -B_1 \cdot B_2 \Leftrightarrow \frac{A_1}{B_1} = -\frac{B_2}{A_2}$$

Die eine Steigung ist somit der negative Kehrwert der anderen Steigung, falls $g_1 \perp g_2$.

In den beiden Beispielen erfährt man, wie geometrische Probleme *mathematisiert* werden können. In ähnlicher Weise wollen wir jetzt mit vielen anderen geometrischen Problemen verfahren und Techniken kennenlernen, mit deren Hilfe gegebene synthetische Geometrieprobleme rechnerisch behandelt und damit überhaupt gelöst werden können.

Vektoralgebra, Vektorraum

In Band II, S. 164–184, sind die wesentlichen Begriffe der *Vektoralgebra* erläutert. Der **Vektor** ist als eine Menge *kongruenter, paralleler* und *gleichgerichteter* Pfeile (Pfeilklasse) definiert. Diese Definition ist vor allem wegen der physikalischen Vorstellung eines Vektors sehr einprägsam. In der Physik werden zum Beispiel *Geschwindigkeiten, Impulse* oder *Kräfte* durch *Vektoren*, also durch eine sogenannte *Äquivalenzklasse* (Äquivalenz (lat.) = Gleichwertigkeit) gleichlanger, paralleler und gleichorientierter Pfeile gekennzeichnet.

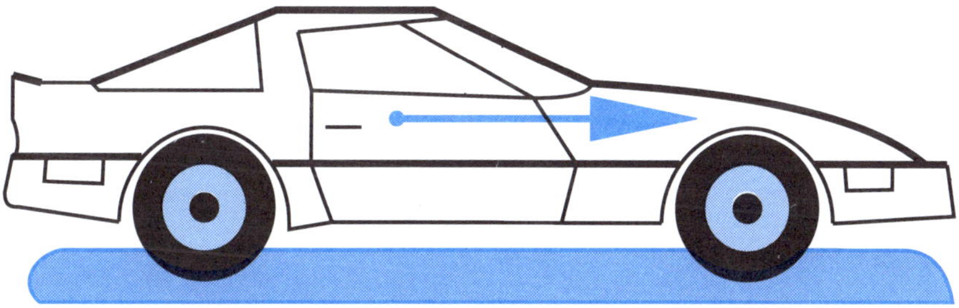

Abb. 68 Geschwindigkeitsvektor

Vektoren werden aber auch in ganz anderem Zusammenhang verwendet. Die angesprochene *Pfeilklasse* stellt zwar einen *Vektor* dar, ein Vektor muß aber noch lange keine Pfeilklasse sein.

> Ein **Vektor** ist nichts anderes als ein Element einer besonders strukturierten Menge, die die Eigenschaften eines (linearen) **Vektorraumes** besitzt (siehe Band II, S. 174).

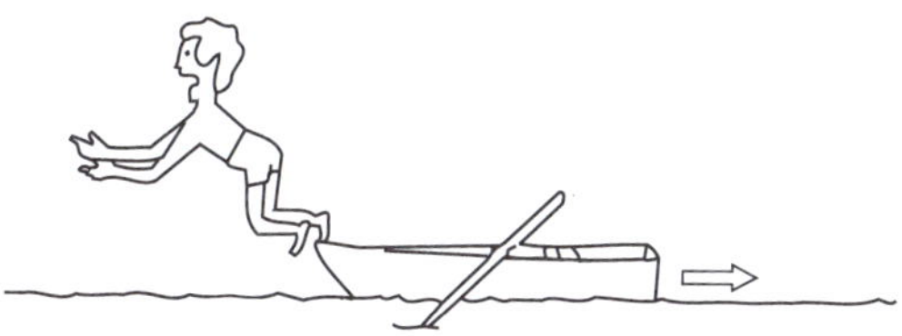

Abb. 69 und Abb. 70
Die Wirkung der Kraft wird in der Physik durch Vektoren dargestellt

Dabei können die Elemente dieses Vektorraumes sehr viel anders aussehen, als man dies bei der Vorstellung von *gerichteten Pfeilen* (als typisches Vektorbeispiel) gewohnt ist.

Einführungsbeispiele:

1. Eine Getränkefirma vertreibt die 10 Biersorten A (Alt), B (Bock), C, ..., K. Bei der täglichen Bilanz der Bierkästen wird der Lagerbestand durch Kennzeichnung der Kastenanzahlen in sogenannten *10er-Tupeln* festgehalten:

$$\begin{pmatrix}A\\B\\C\\D\\E\\F\\G\\H\\I\\K\end{pmatrix} \qquad \overset{31.12.89}{\begin{pmatrix}50\\75\\93\\82\\70\\60\\50\\10\\0\\15\end{pmatrix}} \qquad \overset{1.1.90}{\begin{pmatrix}40\\65\\93\\80\\70\\58\\11\\0\\50\\5\end{pmatrix}} \qquad \overset{2.1.90}{\begin{pmatrix}35\\55\\90\\77\\70\\20\\0\\100\\10\\2\end{pmatrix}}$$

Auch jedes solcher Tupel genügt den *Vektorraumkriterien*; es handelt sich folglich auch um *Vektoren*. Beispielsweise könnte man durch Subtraktion zweier aufeinanderfolgender Vektoren den Verkauf der verschiedenen Biersorten für einen bestimmten Tag ausweisen.

2. Die Menge aller in einem *Intervall* (siehe Band I, S. 67) *stetigen Funktionen* $\mathbb{F}$ (Polynome) mit *dem Grade* $\leq n$ ist ebenfalls ein Modell für einen *linearen Vektorraum vom Grade n*. Die Vektorraumeigenschaften lassen sich folglich für die Elemente dieser Menge nachweisen:

Abgeschlossenheit	$g(x) + f(x) = h(x) \in \mathbb{F}$
Nullvektor	$f(x) + 0 = f(x)$
Kommutativgesetz	$f(x) + g(x) = g(x) + f(x)$
Skalarmultiplikation	$s \cdot f(x) \in \mathbb{F}$

In Vektorräumen existieren also zwei *innere Verknüpfungen*. Innere Verknüpfung bedeutet hier, daß die Anwendung der Verknüpfung nicht *aus* der Menge hinausführt. Neben der **Vektoraddition** und der **skalaren Multiplikation** (s-Multiplikation) müssen wir zwei Mengen unterscheiden, die hier eine Rolle spielen: die **Menge der Vektoren** und die **Menge der reellen Zahlen** $\mathbb{R}$ (siehe Band I, S. 64 ff.), die als *Skalare* zur Verfügung stehen. Man spricht deshalb auch häufig von einem Vektorraum $\mathbb{V}$ über dem Körper der reellen Zahlen.

Den Vektorraum aller reellen n-Tupel wollen wir mit $\mathbb{R}^n$ bezeichnen; dementsprechend bezeichnen wir mit $\mathbb{R}^2$ den reellen Vektorraum aller geordneter *Paare*, also den *zweidimensionalen Vektorraum* über $\mathbb{R}$ und analog mit $\mathbb{R}^3$ den *dreidimensionalen Vektorraum* oder Vektorraum aller geordneter Tripel.

Zweidimensionale Vektoren werden häufig in der Schreibweise $\mathfrak{a} = \begin{pmatrix} a_1 \\ a_2 \end{pmatrix}$ dargestellt; man spricht hier von einem geordneten Zahlenpaar $(a_1 \mid a_2)$. Für dreidimensionale Vektoren ist die Schreibweise $\mathfrak{a} = \begin{pmatrix} a_1 \\ a_2 \\ a_3 \end{pmatrix}$ üblich und man spricht hier von einem Zahlentripel.

Bei *vierdimensionalen Vektoren* erhält man jeweils ein *Quadrupel* und analog erhält man bei *n-dimensionalen Vektoren* sogenannte n-Tupel $\mathfrak{a} = \begin{pmatrix} a_1 \\ a_2 \\ \vdots \\ a_n \end{pmatrix}$.

Übungsaufgaben:

1. Welche der folgenden physikalischen Größen sind Vektoren, welche sind skalare Größen (siehe Band II, S. 171)
   a) Volumen b) Gewicht c) Kraft d) Leistung e) Weg f) Wärmemenge
   g) elektrische Feldstärke h) Masse?
2. Weshalb stellt die Menge aller Polynome vom Grad n = 3 (siehe Band I, S. 122) keinen Vektorraum bezüglich der Rechenoperationen „+“ und „·“ dar?
3. Gegeben seien nun folgende Mengen:

   a) $M_1 = \left\{ \begin{pmatrix} a_1 \\ a_2 \\ a_3 \end{pmatrix} \middle| \, a_1 = 3\,a_2 \wedge a_1; a_2; a_3 \in \mathbb{R} \right\}$

   b) $M_2 = \left\{ \begin{pmatrix} a_1 \\ a_2 \\ a_3 \\ a_4 \end{pmatrix} \middle| \, a_2 = a_3^2 \wedge a_1; a_2; a_3; a_4 \in \mathbb{R} \right\}$

   c) $M_3 = \left\{ \begin{pmatrix} a_1 \\ a_2 \\ a_3 \\ a_4 \\ a_5 \end{pmatrix} \middle| \, a_1 \leq a_2 \leq a_3 \leq a_4 \leq a_5 \wedge a_i \in \mathbb{R} \right\}$

   Prüfen Sie, ob die vorgegebenen Mengen Vektorräume über $\mathbb{R}$ bezüglich der Vektoraddition und s-Multiplikation darstellen.

4. Man stelle sich ein dreidimensionales Koordinatensystem mit den Koordinatenachsen x, y und z und dem Koordinatenursprung O vor. Wir nennen $\overrightarrow{OP}$ den Ortsvektor des Punktes P. Durch das gegebene Koordinatensystem wird der Raum $\mathbb{R}^3$ in 8 sogenannte Oktanten zerlegt. In welchen Oktanten liegen folgende Punkte und die Endpunkte folgender Ortsvektoren?

a) $P\,(x < 0 \mid y \mid z)$
b) $P\,(x \mid y = 0 \mid z < 0)$
c) $\mathfrak{x} = 2\mathfrak{i} + 3\mathfrak{j} - 4\mathfrak{k}$
d) $x = -\mathfrak{i} + 4\mathfrak{k}$

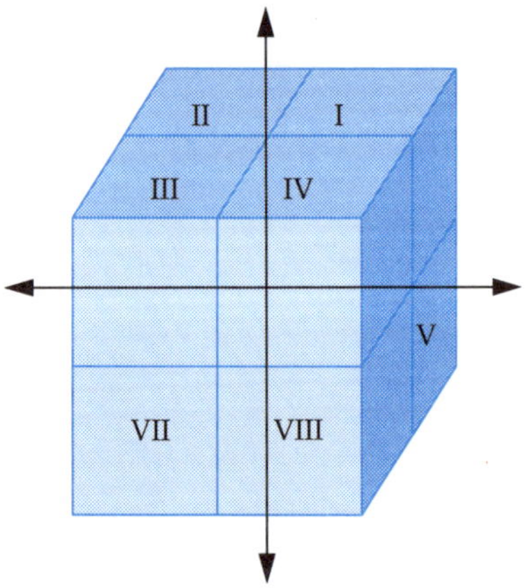

Abb. 71 Die 8 Oktanten im $\mathbb{R}^3$

5. Gegeben ist ein Viereck ABCD, wobei $\overrightarrow{AB} = \mathfrak{a}$, $\overrightarrow{BC} = \mathfrak{b}$ und $\overrightarrow{CD} = \mathfrak{c}$ sein soll. Man drücke $\overrightarrow{AC}$, $\overrightarrow{AD}$ und $\overrightarrow{BD}$ durch die gegebenen Vektoren $\mathfrak{a}$, $\mathfrak{b}$ und $\mathfrak{c}$ aus und bestimme die zugehörigen Gegenvektoren.

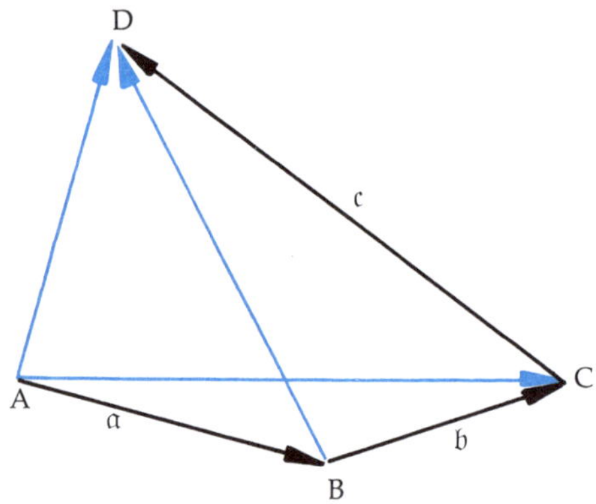

Abb. 72 Vektoren des Vierecks ABCD

6. Die drei Vektoren $\mathfrak{a}$, $\mathfrak{b}$ und $\mathfrak{c}$ spannen ein sogenanntes **Parallelflach** (auch **Spat** oder **Parallelepiped** genannt) auf. Dadurch werden 8 Eckpunkte A, B, C, D, E, F, G und H des Parallelflaches definiert. Man bestimme folgende Vektoren mit Hilfe der Grundvektoren $\mathfrak{a}$, $\mathfrak{b}$ und $\mathfrak{c}$:

$\overrightarrow{AG}$; $\overrightarrow{HA}$; $\overrightarrow{BC}$; $\overrightarrow{FD}$; $\overrightarrow{FC}$; $\overrightarrow{HF}$!

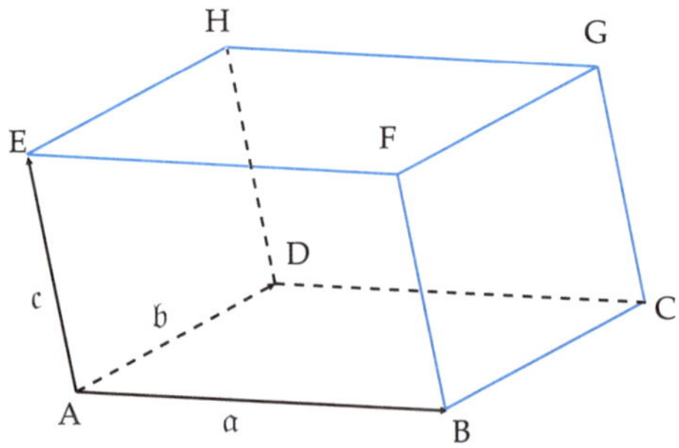

Abb. 73 Parallelflach

Lineare Abhängigkeit

Aus dem Band II, S. 172 ff. kennen wir bereits die Begriffe *Linearkombination* und linear abhängig. Im folgenden sollen diese Begriffe etwas ausführlicher behandelt und Zusammenhänge dargestellt werden.

Die n Vektoren $\mathfrak{a}_1, \mathfrak{a}_2, \mathfrak{a}_3 \ldots \mathfrak{a}_n$ nennt man **linear abhängig**, wenn mindestens einer dieser Vektoren als **Linearkombination** der anderen dargestellt werden kann; eine Linearkombination ist die Summe der Vielfachen von Vektoren:

$$\mathfrak{a}_n = \lambda_1\mathfrak{a}_1 + \lambda_2\mathfrak{a}_2 + \lambda_3\mathfrak{a}_3 + \ldots + \lambda_{n-1}\mathfrak{a}_{n-1} = \sum_{i=1}^{n-1} \lambda_i\mathfrak{a}_i$$

Hierbei sind die Skalare $\lambda_1, \lambda_2, \ldots \lambda_{n-1}$ reelle Zahlen.

Gibt es keine Darstellung dieser Art, so nennt man die Vektoren $\mathfrak{a}_1, \mathfrak{a}_2, \ldots \mathfrak{a}_n$ linear unabhängig.

Einführungsbeispiel:

Der Vektor $\mathfrak{a} = \begin{pmatrix} 3 \\ -1 \\ 2 \end{pmatrix}$ läßt sich als Linearkombination der sogenannten Basisvektoren $\mathfrak{i} = \begin{pmatrix} 1 \\ 0 \\ 0 \end{pmatrix}$, $\mathfrak{j} = \begin{pmatrix} 0 \\ 1 \\ 0 \end{pmatrix}$ und $\mathfrak{k} = \begin{pmatrix} 0 \\ 0 \\ 1 \end{pmatrix}$ in folgender Weise darstellen:

$$\mathfrak{a} = 3 \cdot \mathfrak{i} - \mathfrak{j} + 2 \cdot \mathfrak{k} = 3 \cdot \begin{pmatrix} 1 \\ 0 \\ 0 \end{pmatrix} - \begin{pmatrix} 0 \\ 1 \\ 0 \end{pmatrix} + 2 \cdot \begin{pmatrix} 0 \\ 0 \\ 1 \end{pmatrix} = \begin{pmatrix} 3 \\ -2 \\ 1 \end{pmatrix}$$

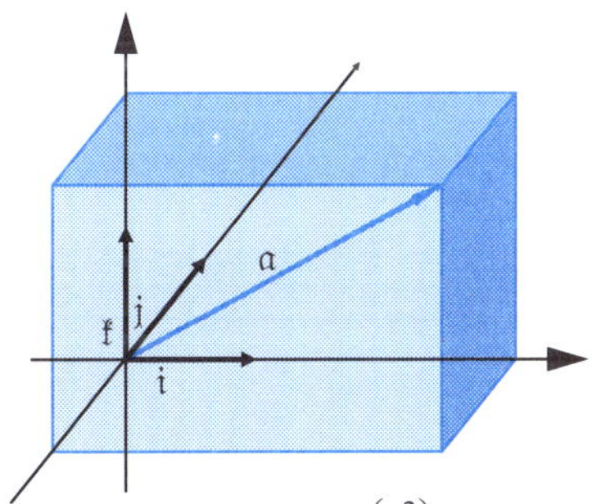

Abb. 74 Der Vektor $\mathfrak{a} = \begin{pmatrix} 3 \\ -1 \\ 2 \end{pmatrix}$ *als Linearkombination der Basisvektoren* $\mathfrak{i}, \mathfrak{j}$ *und* $\mathfrak{k}$

Die Vektoren $\mathfrak{i}$, $\mathfrak{j}$ und $\mathfrak{k}$ sind linear unabhängig, weil sich keiner dieser drei Vektoren als Linearkombination der anderen darstellen läßt. Allerdings sind die Vektoren $\mathfrak{i}$, $\mathfrak{j}$, $\mathfrak{k}$ und $\mathfrak{a}$ linear abhängig wegen obiger Darstellung der Linearkombination.

In einer Menge linear abhängiger Vektoren läßt sich also stets mindestens ein Vektor mit Hilfe der anderen *linear kombinieren*. Aus der zugehörigen Vektorgleichung kann deshalb stets der **Nullvektor** $\mathfrak{o}$ durch Vektoraddition oder Vektorsubtraktion erzeugt werden:

$$\mathfrak{a}_n = \lambda_1\mathfrak{a}_1 + \lambda_2\mathfrak{a}_2 + \lambda_3\mathfrak{a}_3 + \ldots + \lambda_{n-1}\mathfrak{a}_{n-1}$$

$$\Leftrightarrow \mathfrak{o} = \lambda_1\mathfrak{a}_1 + \lambda_2\mathfrak{a}_2 + \lambda_3\mathfrak{a}_3 + \ldots + \lambda_{n-1}\mathfrak{a}_{n-1} - \mathfrak{a}_n$$

Von den vorstehenden Skalaren λ_i ist mindestens einer von Null verschieden, sonst wäre nämlich auch notwendigerweise $\mathfrak{a}_n = \mathfrak{o}$. Man spricht deshalb bei der letzten Summe von der *nichttrivialen Nullsumme*.

Damit ist der Nullvektor $\mathfrak{o}$ als Linearkombination einer Menge linear abhängiger Vektoren $\mathfrak{a}_1, \mathfrak{a}_2, \mathfrak{a}_3, \ldots \mathfrak{a}_n$ dargestellt worden. Andererseits muß eine Vektormenge, die den Nullvektor $\mathfrak{o}$ enthält, in jedem Fall linear abhängig sein, weil ja hier dann die Bildung der nichttrivialen Nullsumme (ein $\lambda_i \neq 0$) bestimmt möglich ist.

Eine Menge von Vektoren heißt genau dann **linear abhängig**, wenn mit diesen Vektoren eine **nichttriviale Nullsumme** erzeugbar ist; andernfalls heißt die Menge dieser Vektoren **linear unabhängig**.

Geometrisch bedeutet der letzte Satz, daß sich linear abhängige Vektoren stets durch Vervielfachung oder Verkürzung und Addition oder Subtraktion (Hintereinanderkettung) zu dem Nullvektor – also zu einem *geschlossenen Polygonzug* – schließen lassen. Hierdurch gewinnt auch die Bezeichnung *Nullsumme* einen geometrischen Sinn.

Dementsprechend können linear unabhängige Vektoren nur durch „Multiplikation jedes Vektors mit Null" linear zum Nullvektor kombiniert werden.

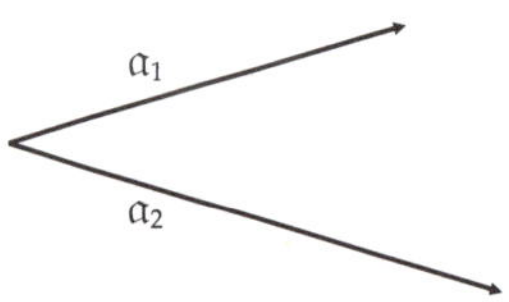

Abb. 75
$\mathfrak{o} = 0 \cdot \mathfrak{a}_1 + 0 \cdot \mathfrak{a}_2$
Die triviale Nullsumme, gebildet aus linear unabhängigen Vektoren

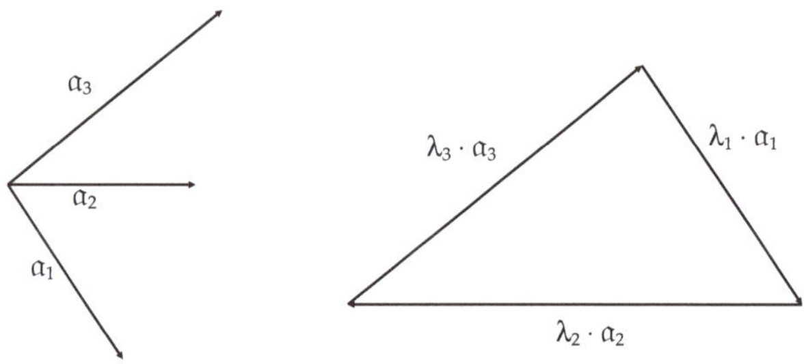

Abb. 76
$\mathfrak{o} = \lambda_1 \cdot \mathfrak{a}_1 + \lambda_2 \cdot \mathfrak{a}_2 + \lambda_3 \cdot \mathfrak{a}_3$
Die nichttriviale Nullsumme, gebildet aus linear abhängigen Vektoren

Damit muß einleuchten, daß eine linear unabhängige Vektorenmenge durch Wegnahme eines Vektors niemals linear abhängig werden kann. Umgekehrt kann eine linear abhängige Vektorenmenge durch Hinzufügung eines Vektors nie linear unabhängig werden.

Jede Obermenge einer linear abhängigen Menge von Vektoren ist stets linear abhängig. Ebenso ist jede Teilmenge einer linear unabhängigen Menge von Vektoren stets linear unabhängig.

Man überlegt sich leicht, daß in der Ebene $\mathbb{R}^2$ höchstens zwei Vektoren linear unabhängig sein können; für je drei Vektoren existiert stets eine nichttriviale Nullsumme.
Im Raum $\mathbb{R}^3$ können höchstens je drei Vektoren linear unabhängig sein, im $\mathbb{R}^n$ sind es natürlich höchstens n Vektoren. Ist in einer Menge die maximal mögliche Anzahl linear unabhängiger Vektoren zusammengefaßt, so läßt sich dann aber auch jeder andere Vektor dieses damit *aufgespannten Vektorraumes* aus den gegebenen linear kombinieren.
Es handelt sich somit um ein System von Vektoren, die den gesamten Raum *erzeugen* oder wie zuvor formuliert *aufspannen*.

Eine Menge von linear unabängigen Vektoren eines Vektorraumes heißt **Basis** dieses Vektorraumes, wenn sich mit diesen Vektoren jeder andere Vektor aus dem Vektorraum linear kombinieren läßt. Die Anzahl der in der Basis vorkommenden Vektoren (*Basisvektoren*) nennt man **Dimension** des zugehörigen Vektorraumes.

Hieraus folgt natürlich, daß jede Menge n linear unabhängiger Vektoren stets auch eine Basis im n-dimensionalen Vektorraum darstellt, und daß sich jede Menge k (k < n) linear unabhängiger Vektoren zu einer Basis ergänzen läßt.

Beispiel:

Die Vektoren $e_1 = \begin{pmatrix} 1 \\ 0 \\ 0 \end{pmatrix}$; $e_2 = \begin{pmatrix} 0 \\ 1 \\ 0 \end{pmatrix}$ und $e_3 = \begin{pmatrix} 0 \\ 0 \\ 1 \end{pmatrix}$ stellen eine Basis im $\mathbb{R}^3$ dar. Ebenso sind die

Vektoren $a_1 = \begin{pmatrix} 1 \\ 1 \\ 1 \end{pmatrix}$, $a_2 = \begin{pmatrix} 1 \\ 1 \\ 0 \end{pmatrix}$ und $a_3 = \begin{pmatrix} 1 \\ 0 \\ 1 \end{pmatrix}$ Basisvektoren

des *Vektorraumes der reellen Zahlentripel*, da sie sicher linear unabhängig sind.

Wie heißt die Linearkombination für $\mathfrak{x} = \begin{pmatrix} 1 \\ -5 \\ 2 \end{pmatrix}$ unter Verwendung der Basisvektoren?

a) $\mathfrak{x} = 1\mathfrak{e}_1 - 5\mathfrak{e}_2 + 2\mathfrak{e}_3 = 1 \cdot \begin{pmatrix} 1 \\ 0 \\ 0 \end{pmatrix} - 5 \cdot \begin{pmatrix} 0 \\ 1 \\ 0 \end{pmatrix} + 2 \cdot \begin{pmatrix} 0 \\ 0 \\ 1 \end{pmatrix} = \begin{pmatrix} 1 \\ -5 \\ 2 \end{pmatrix}$

b) $\mathfrak{x} = \lambda_1 \mathfrak{a}_1 + \lambda_2 \mathfrak{a}_2 + \lambda_3 \mathfrak{a}_3 = \lambda_1 \cdot \begin{pmatrix} 1 \\ 1 \\ 1 \end{pmatrix} + \lambda_2 \begin{pmatrix} 1 \\ 1 \\ 0 \end{pmatrix} + \lambda_3 \begin{pmatrix} 1 \\ 0 \\ 1 \end{pmatrix} = \begin{pmatrix} 1 \\ -5 \\ 2 \end{pmatrix}$

Die Vektorgleichung $\begin{pmatrix} 1 \\ -5 \\ 2 \end{pmatrix} = \lambda_1 \begin{pmatrix} 1 \\ 1 \\ 1 \end{pmatrix} + \lambda_2 \begin{pmatrix} 1 \\ 1 \\ 0 \end{pmatrix} + \lambda_3 \begin{pmatrix} 1 \\ 0 \\ 1 \end{pmatrix}$

kann als *lineares Gleichungssystem* (siehe Band I, S. 143) mit den drei Unbekannten

λ_1, λ_2 und λ_3 gedeutet werden: $\left| \begin{array}{rcl} 1 &=& \lambda_1 + \lambda_2 + \lambda_3 \\ -5 &=& \lambda_1 + \lambda_2 \\ 2 &=& \lambda_1 \qquad + \lambda_3 \end{array} \right|$

Im Band I werden auf den Seiten 139 ff. Lösungsverfahren für lineare Gleichungssysteme behandelt. Dabei spielt die **Cramerregel** (siehe Band I, S. 143) eine besondere Rolle. Nach der Cramerregel existiert genau dann eine eindeutige Lösung für das gegebene Gleichungssystem, wenn die **Determinante D** von 0 verschieden ist:

$$D = \begin{vmatrix} 1 & 1 & 1 \\ 1 & 1 & 0 \\ 1 & 0 & 1 \end{vmatrix} = 1 \begin{vmatrix} 1 & 0 \\ 0 & 1 \end{vmatrix} - 1 \begin{vmatrix} 1 & 0 \\ 1 & 1 \end{vmatrix} + 1 \begin{vmatrix} 1 & 1 \\ 1 & 0 \end{vmatrix} = 1 - 1 - 1 = -1$$

$$D_1 = \begin{vmatrix} 1 & 1 & 1 \\ -5 & 1 & 0 \\ 2 & 0 & 1 \end{vmatrix} = 1 \begin{vmatrix} 1 & 0 \\ 0 & 1 \end{vmatrix} - 1 \begin{vmatrix} -5 & 0 \\ 2 & 1 \end{vmatrix} + 1 \begin{vmatrix} -5 & 1 \\ 2 & 0 \end{vmatrix} = 1 + 5 - 2 = 4$$

$$D_2 = \begin{vmatrix} 1 & 1 & 1 \\ 1 & -5 & 0 \\ 1 & 2 & 1 \end{vmatrix} = 1 \begin{vmatrix} -5 & 0 \\ 2 & 1 \end{vmatrix} - 1 \begin{vmatrix} 1 & 0 \\ 1 & 1 \end{vmatrix} + 1 \begin{vmatrix} 1 & -5 \\ 1 & 2 \end{vmatrix} = -5 - 1 + 7 = 1$$

$$D_3 = \begin{vmatrix} 1 & 1 & 1 \\ 1 & 1 & -5 \\ 1 & 0 & 2 \end{vmatrix} = 1 \begin{vmatrix} 1 & -5 \\ 0 & 2 \end{vmatrix} - 1 \begin{vmatrix} 1 & -5 \\ 1 & 2 \end{vmatrix} + 1 \begin{vmatrix} 1 & 1 \\ 1 & 0 \end{vmatrix} = 2 - 7 - 1 = -6$$

$$\Rightarrow \lambda_1 = \frac{D_1}{D} = \frac{4}{-1} = -4\,;\ \lambda_2 = \frac{D_2}{D} = \frac{1}{-1} = -1\,;\ \lambda_3 = \frac{D_3}{D} = -\frac{6}{-1} = 6$$

Also heißt die gesuchte Linearkombination

$$\begin{pmatrix} 1 \\ -5 \\ 2 \end{pmatrix} = -4 \cdot \begin{pmatrix} 1 \\ 1 \\ 1 \end{pmatrix} - 1 \cdot \begin{pmatrix} 1 \\ 1 \\ 0 \end{pmatrix} + 6 \begin{pmatrix} 1 \\ 0 \\ 1 \end{pmatrix} = \begin{pmatrix} -4 & -1 & +6 \\ -4 & -1 & +0 \\ -4 & +0 & +6 \end{pmatrix} = \begin{pmatrix} 1 \\ -5 \\ 2 \end{pmatrix}$$

Das Beispiel lehrt uns, daß eine eindeutige Lösung für ein lineares Gleichungssystem und damit eine Lösung für eine Linearkombination dann *und nur dann* existiert, wenn die aus den Vektoren gebildete Determinante von Null verschieden ist.

Eine Menge von n Vektoren ist genau dann linear abhängig, wenn die aus den Vektoren gebildete Determinante den Wert 0 hat.
Die Vektoren sind linear unabhängig, wenn die zugehörige Determinante nicht den Wert Null hat.

Beispiele:

Man überprüfe die Vektormengen auf lineare Abhängigkeit oder lineare Unabhängigkeit!

1. $V_1 = \left\{ \begin{pmatrix} 1 \\ 4 \end{pmatrix}; \begin{pmatrix} 5 \\ 3 \end{pmatrix} \right\}$

Die Determinante von V_1 lautet $D = \begin{vmatrix} 1 & 5 \\ 4 & 3 \end{vmatrix} = 1 \cdot 3 - 4 \cdot 5 = 3 - 20 = -17 \neq 0$

V_1 besteht folglich aus linear unabhängigen Vektoren.

2. $V_2 = \left\{ \begin{pmatrix} -3 \\ 4 \end{pmatrix}; \begin{pmatrix} 4{,}5 \\ -6 \end{pmatrix} \right\}$

Die Determinante von V_2 lautet $D = \begin{vmatrix} -3 & 4{,}5 \\ 4 & -6 \end{vmatrix} = (-3)\,(-6) - 4 \cdot 4{,}5 = 18 - 18 = 0$

V_2 besteht aus linear abhängigen Vektoren.

3. $V_3 = \left\{ \begin{pmatrix} 2 \\ 3 \\ 5 \end{pmatrix}; \begin{pmatrix} 1 \\ 5 \\ 2 \end{pmatrix}; \begin{pmatrix} -1 \\ 3 \\ 0 \end{pmatrix} \right\}$

Die Determinante von V_3 lautet

$$D = \begin{vmatrix} 2 & 1 & -1 \\ 3 & 5 & 3 \\ 5 & 2 & 0 \end{vmatrix} = 2 \cdot \begin{vmatrix} 5 & 3 \\ 3 & 0 \end{vmatrix} - 1 \cdot \begin{vmatrix} 3 & 3 \\ 5 & 0 \end{vmatrix} - 1 \cdot \begin{vmatrix} 3 & 5 \\ 5 & 2 \end{vmatrix} = -12 + 15 + 19 = 22$$

V_3 besteht aus linear unabhängigen Vektoren.

Die drei Vektoren $\begin{pmatrix} 2 \\ 3 \\ 5 \end{pmatrix}, \begin{pmatrix} 1 \\ 5 \\ 2 \end{pmatrix}$ und $\begin{pmatrix} -1 \\ 3 \\ 0 \end{pmatrix}$ spannen also den Raum auf.

Übungsaufgaben:

1. Welche Aussage läßt sich über die lineare Abhängigkeit von 3 zweidimensionalen oder 4 dreidimensionalen Vektoren machen?
2. Ein Rechteck ABCD mit dem Mittelpunkt M sei durch die Basisvektoren $\overrightarrow{AB} = \mathfrak{a}$ und $\overrightarrow{AD} = \mathfrak{b}$ aufgespannt (Abb. 77).
   a) Bestimmen Sie folgende Vektoren als Linearkombination von $\mathfrak{a}$ und $\mathfrak{b}$: $\overrightarrow{AE}$; $\overrightarrow{AC}$; $\overrightarrow{EB}$; und $\overrightarrow{DE}$
   b) Geben Sie Beispiele für nichttriviale Nullsummen an!

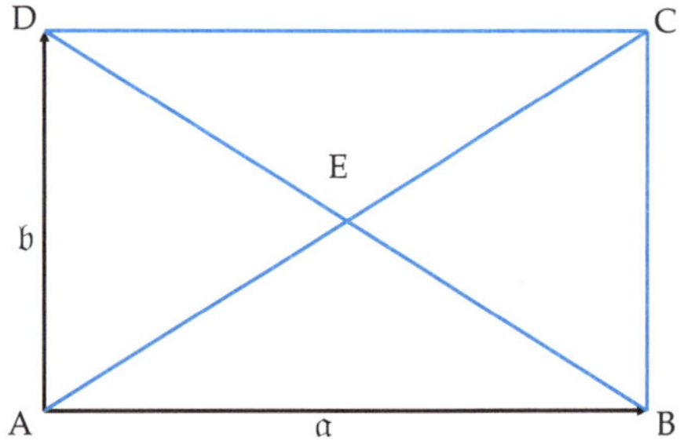

Abb. 77

3. Durch die beiden Basisvektoren $\mathfrak{a}$ und $\mathfrak{b}$ ist das Parallelogramm ABCD aufgespannt. M_1 und M_2 seien die Mittelpunkte der Seiten $\overrightarrow{BC}$ und $\overrightarrow{CD}$. Bestimmen Sie die Vektoren $\overrightarrow{AM_1}$, $\overrightarrow{AM_2}$ und $\overrightarrow{M_2M_1}$ als Linearkombination von $\mathfrak{a}$ und $\mathfrak{b}$, und kennzeichnen Sie die nichttriviale Nullsumme im Dreieck AM_1M_2 (Abb. 78).

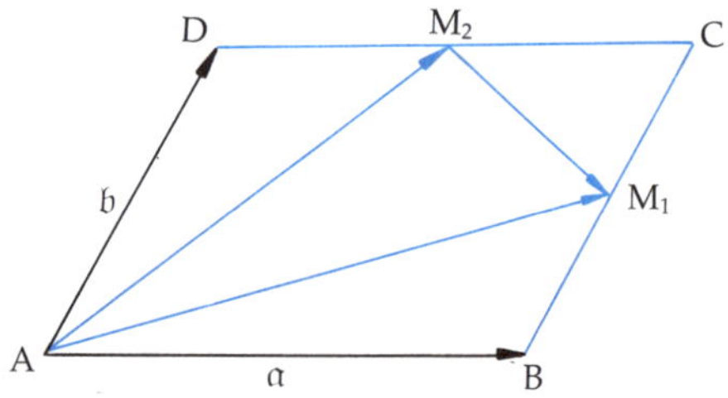

Abb. 78

4. Gilt in einer Vektormenge $\{\mathfrak{a}_1, \mathfrak{a}_2, \dots \mathfrak{a}_n\}$ für 2 beliebige Vektoren aus dieser Menge $\mathfrak{a}_i = \lambda\mathfrak{a}_k$, so ist die gesamte Vektormenge linear abhängig. Stimmt diese Aussage?
5. Gegeben ist ein Parallelflach ABCDEFGH mit den ausgewählten Seitenmittelpunkten M_1, M_2, M_3, M_4, M_5 und M_6.
   Zeigen Sie, daß die Seitenmittelpunkte ein ebenes Sechseck bilden (Abb. 79).

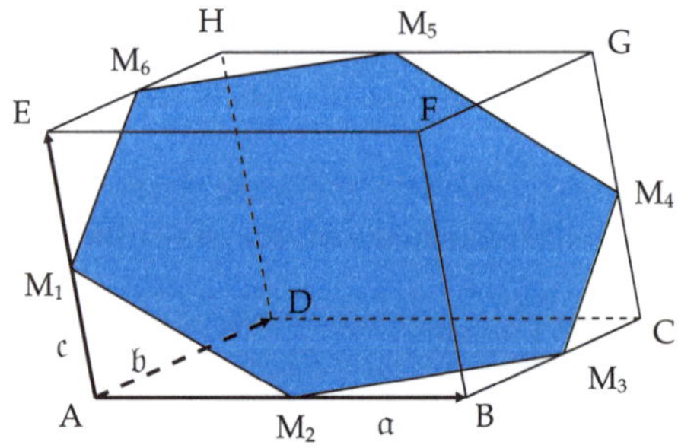

Abb. 79

6. Gegeben ist das Gleichungssystem

$$\left| \begin{array}{rcl} 3x - 2y + 6z &=& 24 \\ 2x + 10y - 20z &=& -46 \\ -5x + 2y &=& -4 \end{array} \right|$$

   Bestimmen Sie die Lösungsmenge $(x \mid y \mid z) \in \mathbb{R} \times \mathbb{R} \times \mathbb{R}$.
   Wie könnte man die Bestimmung der Lösungsmenge geometrisch mit Hilfe von Vektoren erklären?

7. Gegeben sind die Vektoren $\mathfrak{a} = \begin{pmatrix} 5 \\ 6 \\ -3 \end{pmatrix}$ und $\mathfrak{b} = \begin{pmatrix} 0 \\ 2 \\ 4 \end{pmatrix}$,

die offenbar linear unabhängig sind (warum?).

Konstruieren Sie einen weiteren Vektor $\mathfrak{c} = \begin{pmatrix} c_1 \\ c_2 \\ c_3 \end{pmatrix}$,

so daß $\mathfrak{a}$, $\mathfrak{b}$ und $\mathfrak{c}$ eine Basis des $\mathbb{R}^3$ bilden.

8. Untersuchen Sie rechnerisch und zeichnerisch, ob die Vektoren kollinear sind, das heißt: liegen sie auf einer Geraden?

a) $\mathfrak{a} = \begin{pmatrix} 4 \\ 3 \end{pmatrix}$ $\mathfrak{b} = \begin{pmatrix} -3 \\ 4 \end{pmatrix}$ b) $\mathfrak{a} = \begin{pmatrix} 6 \\ 16 \end{pmatrix}$ $\mathfrak{b} = \begin{pmatrix} 9 \\ 24 \end{pmatrix}$

nur rechnerisch:

c) $\mathfrak{a} = \begin{pmatrix} 4 \\ 2 \\ 1 \\ 6 \end{pmatrix}$ $\mathfrak{b} = \begin{pmatrix} 2 \\ 1 \\ 2 \\ 3 \end{pmatrix}$

9. Sind folgende Vektoren komplanar, das heißt: liegen sie in einer Ebene?

$\mathfrak{a} = \begin{pmatrix} 3 \\ 2 \\ 4 \end{pmatrix}$ $\mathfrak{b} = \begin{pmatrix} 5 \\ 1 \\ 7 \end{pmatrix}$ $\mathfrak{c} = \begin{pmatrix} 6 \\ 4 \\ 8 \end{pmatrix}$ und $\mathfrak{d} = \begin{pmatrix} -15 \\ -3 \\ -21 \end{pmatrix}$

Determinanten

Sehr viele Aufgabenstellungen und Probleme der Analytischen Geometrie führen auf die Lösung *linearer Gleichungssysteme* (siehe Band I, S. 139 ff.). Hierfür gibt es verschiedene Lösungsverfahren, von denen sich die sogenannte *Cramerregel* (siehe Band I, S. 143) besonders gut für vektorielle Probleme eignet. Bei Gleichungssystemen mit nur zwei oder drei Unbekannten könnte man sich manchmal auch ohne die Cramerregel mit anderen Methoden (zum Beispiel dem Eliminationsverfahren) weiterhelfen. Die Cramerregel ist aber auch ohne großes Umdenken auf Gleichungssysteme mit mehr als drei Unbekannten übertragbar. Dies hat den Vorteil, daß Vektorprobleme ohne Rücksicht auf die Anzahl ihrer Komponenten n jeweils in gleicher Weise angefaßt werden. Folgendes Gleichungssystem wird nach der *Cramerregel* aufgestellt:

Ein Gleichungssystem n-ter Ordnung

$$\begin{aligned} a_{11}x_1 + a_{12}x_2 + a_{13}x_3 + \dots a_{1n}x_n &= b_1 \\ a_{21}x_1 + a_{22}x_2 + a_{23}x_3 + \dots a_{2n}x_n &= b_2 \\ a_{31}x_1 + a_{32}x_2 + a_{33}x_3 + \dots a_{3n}x_n &= b_3 \\ &\vdots \\ a_{n1}x_1 + a_{n2}x_2 + a_{n3}x_3 + \dots a_{nn}x_n &= b_n \end{aligned}$$

besitzt genau dann eine eindeutige Lösung (n-Tupel)

$$\mathbb{L} = (x_1\ x_2, x_3, \dots, x_n) \text{ mit } x_m = \frac{D_m}{D} \ (m = 1\,, 2\,, 3\,, \dots\,, n),$$

wenn die aus den zugehörigen Koeffizienten a_{ik} (i; k = 1 , 2 , 3 , ... , n) gebildete Determinante D von Null verschieden ist.

D_m ist diejenige Determinante, deren Matrix dadurch entsteht, daß man die m-te Spalte durch den Spaltenvektor

$$\mathfrak{b} = \begin{pmatrix} b_1 \\ b_2 \\ b_3 \\ \vdots \\ b_n \end{pmatrix} \text{ ersetzt.}$$

Im Band I wurden die Koeffizienten mit A, B und C, die Unbekannten mit x, y und z bezeichnet. Für n-dimensionale Räume bietet sich eine systematische Bezeichnung der Koeffizienten an, bei der man sofort die Position der Koeffizienten innerhalb der Matrix erkennt:

Beispielsweise steht das Glied a_{57} in der 5. Zeile und der 7. Spalte; bei den Koeffizienten a_{ik} gibt also der erste Index i die Zeile, der 2. Index k die Spalte des entsprechenden Koeffizienten innerhalb der Matrix an.

Einführungsbeispiele:

1. $x \cdot \begin{pmatrix} 2 \\ 1 \end{pmatrix} + y \cdot \begin{pmatrix} 3 \\ 4 \end{pmatrix} - \begin{pmatrix} 8 \\ 9 \end{pmatrix}$

Wir untersuchen die vorgegebene Linearkombination der Vektoren $\begin{pmatrix} 2 \\ 1 \end{pmatrix}, \begin{pmatrix} 3 \\ 4 \end{pmatrix}$ und $\begin{pmatrix} 8 \\ 9 \end{pmatrix}$.

Äquivalent hierzu ist folgendes Gleichungssystem: $\left| \begin{array}{r} 2x + 3y = 8 \\ x + 4y = 9 \end{array} \right|$

Nach der Cramerregel folgt hieraus $D = \begin{vmatrix} 2 & 3 \\ 1 & 4 \end{vmatrix} = 2 \cdot 4 - 1 \cdot 3 = 5$

$$D_x = \begin{vmatrix} 8 & 3 \\ 9 & 4 \end{vmatrix} = 8 \cdot 4 - 9 \cdot 3 = 5$$

$$D_y = \begin{vmatrix} 2 & 8 \\ 1 & 9 \end{vmatrix} = 2 \cdot 9 - 1 \cdot 8 = 10$$

also ist $x = \frac{D_x}{D} = \frac{5}{5} = 1$ und

$$y = \frac{D_y}{D} = \frac{10}{5} = 2 \Rightarrow \mathbb{L} = \{(1 \mid 2)\}.$$

2. $x \cdot \begin{pmatrix} 2 \\ 1 \end{pmatrix} + y \cdot \begin{pmatrix} -4 \\ -2 \end{pmatrix} = \begin{pmatrix} 8 \\ 9 \end{pmatrix} \Rightarrow \left| \begin{array}{r} 2x - 4y = 8 \\ x - 2y = 9 \end{array} \right|$

$$D = \begin{vmatrix} 2 & -4 \\ 1 & -2 \end{vmatrix} = 2 \cdot (-2) - 1 \cdot (-4) = 0$$

$$D_x = \begin{vmatrix} 8 & -4 \\ 9 & -2 \end{vmatrix} = 8 \cdot (-2) - 9 \cdot (-4) = 20$$

$$D_y = \begin{vmatrix} 2 & 8 \\ 1 & 9 \end{vmatrix} = 2 \cdot 9 - 1 \cdot 8 = 10$$

wegen $x = \frac{D_x}{D} = \frac{20}{0}$ und $y = \frac{D_y}{D} = \frac{10}{0} \Rightarrow \mathbb{L} = \{\}$ (leere Menge) existiert hier keine Lösung, da durch Null bekanntlich nicht dividiert werden darf.

Die Einführungsbeispiele lehren, daß die **Lösbarkeit** eines Gleichungssystems mit der Frage der *linearen Abhängigkeit/Unabhängigkeit* der Spalten- oder Zeilenvektoren zusammenhängt. Im ersten Beispiel gibt es genau eine Möglichkeit, wie sich der Vektor $\begin{pmatrix} 8 \\ 9 \end{pmatrix}$ aus den beiden linear unabhängigen Vektoren $\begin{pmatrix} 2 \\ 1 \end{pmatrix}$ und $\begin{pmatrix} 3 \\ 4 \end{pmatrix}$ linear darstellen läßt.

Im zweiten Beispiel existiert für eine Linearkombination des Vektors $\begin{pmatrix} 8 \\ 9 \end{pmatrix}$ keine Möglichkeit, da die „Pseudobasisvektoren" in Wirklichkeit linear abhängig sind, der Vektor $\begin{pmatrix} 8 \\ 9 \end{pmatrix}$ aber linear unabhängig ist von $\begin{pmatrix} 2 \\ 1 \end{pmatrix}$ und $\begin{pmatrix} -4 \\ -2 \end{pmatrix}$. Folglich können die beiden Vektoren $\begin{pmatrix} 2 \\ 1 \end{pmatrix}$ und $\begin{pmatrix} -4 \\ -2 \end{pmatrix}$ unmöglich die Ebene aufspannen, in der sich der Vektor $\begin{pmatrix} 8 \\ 9 \end{pmatrix}$ befindet.

Die Wichtigkeit und Ökonomie bei der Anwendung von Determinanten für viele vektorielle Probleme dürfte ohne Zweifel feststehen. Deshalb sollen nun Möglichkeiten aufgezeigt werden, wie *Matrizen* (Singular: *Matrix*) und Determinanten umgeformt und damit möglicherweise vereinfacht werden können. Betrachten wir zunächst die **Regel von Sarrus** (franz. Mathematiker um 1800) (siehe Band I, S. 143):

Schreibt man die ersten beiden Spalten einer dreireihigen Determinante rechts neben die Determinante in dieser Reihenfolge, so ergibt sich der Wert der Determinante aus der Differenz der Produktsumme der Hauptdiagonalen und der Nebendiagonalen:

$$D = \begin{vmatrix} a_{11} & a_{12} & a_{13} \\ a_{21} & a_{22} & a_{23} \\ a_{31} & a_{32} & a_{33} \end{vmatrix} = \begin{vmatrix} a_{11} & a_{12} & a_{13} & a_{11} & a_{12} \\ a_{21} & a_{22} & a_{23} & a_{21} & a_{22} \\ a_{31} & a_{32} & a_{33} & a_{31} & a_{32} \end{vmatrix}$$
$$\quad - \; - \; - \quad + \; + \; +$$

$$D = a_{11}a_{22}a_{33} + a_{12}a_{23}a_{31} + a_{13}a_{21}a_{32} - a_{13}a_{22}a_{31} - a_{11}a_{23}a_{32} - a_{12}a_{21}a_{33}$$

Beispiel:

$$D = \begin{vmatrix} 1 & 4 & 7 \\ 2 & 5 & 8 \\ 3 & 6 & 9 \end{vmatrix} = \begin{vmatrix} 1 & 4 & 7 & 1 & 4 \\ 2 & 5 & 8 & 2 & 5 \\ 3 & 6 & 9 & 3 & 6 \end{vmatrix} = 1 \cdot 5 \cdot 9 + 4 \cdot 8 \cdot 3 + 7 \cdot 2 \cdot 6 - 7 \cdot 5 \cdot 3 - 1 \cdot 8 \cdot 6 - 4 \cdot 2 \cdot 9$$

$$D = 45 + 96 + 84 - 105 - 48 - 72 = 0$$

Für den nachfolgenden *Entwicklungssatz* ist der Begriff der **Unterdeterminanten** von Bedeutung:
Werden in einer Determinante (Matrix) die Zeile und die Spalte zu einem bestimmten Element gestrichen, so erhält man die zu diesem Element gehörige Unterdeterminante. Besteht die ursprüngliche Determinante aus $n \times n$ Elementen, so besitzt jede Unterdeterminante $(n-1) \times (n-1)$ Elemente.

Beispiel:

In der Determinante $D = \begin{vmatrix} 1 & 4 & 7 \\ 2 & 5 & 8 \\ 3 & 6 & 9 \end{vmatrix}$ gehört zum Element $a_{12} = 2$ wegen $\begin{vmatrix} 1 & 4 & 7 \\ 2 & 5 & 8 \\ 3 & 6 & 9 \end{vmatrix}$

die Unterdeterminante $\begin{vmatrix} 4 & 7 \\ 6 & 9 \end{vmatrix}$

zu dem Element $a_{33} = 9$ gehört wegen $\begin{vmatrix} 1 & 4 & 7 \\ 2 & 5 & 8 \\ 3 & 6 & 9 \end{vmatrix}$

die Unterdeterminante $\begin{vmatrix} 1 & 4 \\ 2 & 5 \end{vmatrix}$.

Entwicklungssatz für n-reihige Determinanten
Man erhält den Wert einer Determinante durch Addition der Produkte aus den Elementen einer beliebigen Zeile oder einer Spalte mit den entsprechenden Unterdeterminanten. Das Vorzeichen der jeweiligen Unterdeterminante richtet sich nach folgendem Schema:

$+ - + - + - + \dots$
$- + - + - + -$
$+ - + - + - +$
$\vdots$

Das Vorzeichen der zum Element a_{ik} gehörigen Unterdeterminante kann auch auf folgende Weise ermittelt werden: Ist i+k gerade, so ist das Vorzeichen positiv (+), ist i + k ungerade, so ist das Vorzeichen der zugehörigen Unterdeterminante negativ (–).

Dabei ist bedeutungslos, *nach welcher Zeile* oder *Spalte die Determinante entwickelt* wird; in jedem Fall sollte man sich die einfachste Zeile oder Spalte der Matrix aussuchen.

Beispiel:

$D = \begin{vmatrix} 1 & 4 & 7 \\ 2 & 5 & 8 \\ 3 & 6 & 9 \end{vmatrix}$ Wir entwickeln nach der 1. Spalte:

$$D = 1 \cdot \begin{vmatrix} 5 & 8 \\ 6 & 9 \end{vmatrix} - 2 \begin{vmatrix} 4 & 7 \\ 6 & 9 \end{vmatrix} + 3 \begin{vmatrix} 4 & 7 \\ 5 & 8 \end{vmatrix} = 5 \cdot 9 - 6 \cdot 8 - 2 \cdot (4 \cdot 9 - 6 \cdot 7) + 3\,(4 \cdot 8 - 5 \cdot 7) = 0$$

Und jetzt nach der 2. Zeile:

$$D = -2 \cdot \begin{vmatrix} 4 & 7 \\ 6 & 9 \end{vmatrix} + 5 \begin{vmatrix} 1 & 7 \\ 3 & 9 \end{vmatrix} - 8 \begin{vmatrix} 1 & 4 \\ 3 & 6 \end{vmatrix} = -2\,(4 \cdot 9 - 6 \cdot 7) + 5\,(1 \cdot 9 - 3 \cdot 7) - 8\,(1 \cdot 6 - 3 \cdot 4) = 0$$

Mit Hilfe des *Entwicklungssatzes* ist es also möglich, n-reihige Determinanten durch (n–1)reihige Determinanten auszurechnen. Durch sukzessive Anwendung des Satzes kann also jede (auch noch so umfangreiche) Determinante berechnet werden.
Allerdings sollte man für große n (n > 3) einen programmierbaren Rechner einsetzen.
Manchmal ist es für die Bestimmung der Determinante sinnvoll, die Zeilen oder Spalten der zugehörigen Matrix durch zulässige Umformungen zu vereinfachen:

Eine Determinante ändert ihren Wert nicht, wenn man die Werte an der Hauptdiagonalen spiegelt. Man spricht in diesem Fall von einer **gestürzten Matrix**:

$$D = \begin{vmatrix} a_{11} & a_{12} & a_{13} \\ a_{21} & a_{22} & a_{23} \\ a_{31} & a_{32} & a_{33} \end{vmatrix} = \begin{vmatrix} a_{11} & a_{21} & a_{31} \\ a_{12} & a_{22} & a_{32} \\ a_{13} & a_{23} & a_{33} \end{vmatrix}$$

Beispiel:

$$D = \begin{vmatrix} 1 & 4 & 7 \\ 2 & 5 & 8 \\ 3 & 6 & 9 \end{vmatrix} = \begin{vmatrix} 1 & 2 & 3 \\ 4 & 5 & 6 \\ 7 & 8 & 9 \end{vmatrix} = 0$$

Der Nachweis für diese Möglichkeit leuchtet unmittelbar ein, wenn man bedenkt, daß nach dem *Entwicklungssatz* nach der 1. Zeile oder aber auch nach der 1. Spalte entwickelt werden darf.

Vertauscht man in einer Determinante zwei Zeilen oder zwei Spalten, so ändert sich das Vorzeichen der Determinante. Mehrere Vertauschungen bewirken entsprechend mehrfache Vorzeichenveränderungen.

Beispiel:

$$D = \begin{vmatrix} 2 & -2 & 0 \\ 3 & 8 & 1 \\ 7 & 5 & 4 \end{vmatrix} = -\begin{vmatrix} -2 & 2 & 0 \\ 8 & 3 & 1 \\ 5 & 7 & 4 \end{vmatrix} = \begin{vmatrix} 0 & 2 & -2 \\ 1 & 3 & 8 \\ 4 & 7 & 5 \end{vmatrix} = 64$$

Diese Regel wird auch durch den Entwicklungssatz verständlich:
Jede Unterdeterminante erfährt durch Vertauschen benachbarter Zeilen oder Spalten einen *Vorzeichenwechsel.*

Wenn zwei Zeilen oder zwei Spalten einer Determinante zueinander proportional sind (die eine ist Vielfaches der anderen), so ist ihr Wert Null.

Beispiel:

$$D = \begin{vmatrix} 1 & 2 & 5 \\ 2 & 4 & -1 \\ 3 & 6 & 3 \end{vmatrix} = 1 \cdot \begin{vmatrix} 4 & -1 \\ 6 & 3 \end{vmatrix} - 2 \begin{vmatrix} 2 & -1 \\ 3 & 3 \end{vmatrix} + 5 \begin{vmatrix} 2 & 4 \\ 3 & 6 \end{vmatrix} = 12 + 6 - 2\,(6 + 3) + 5\,(12 - 12) = 0$$

Wenn zwei Spalten oder zwei Zeilen zueinander proportional sind, so sind die entsprechenden Zeilen- oder Spaltenvektoren linear abhängig.

Man multipliziert eine Determinante mit einer Zahl, indem man die Elemente einer Zeile oder einer Spalte mit dieser Zahl multipliziert. Man dividiert eine Determinante durch eine Zahl, indem man die Elemente einer Zeile oder einer Spalte durch diese Zahl dividiert.

Beispiele:

1. $D = 5 \cdot \begin{vmatrix} 2 & -1 & 0 \\ 3 & 2 & 1 \\ 5 & -2 & 4 \end{vmatrix} = \begin{vmatrix} 10 & -5 & 0 \\ 3 & 2 & 1 \\ 5 & -2 & 4 \end{vmatrix} = -135$

2. $D = \begin{vmatrix} 2 & -3 & 0 \\ 16 & 20 & 24 \\ 9 & 5 & 3 \end{vmatrix} = 4 \begin{vmatrix} 2 & -3 & 0 \\ 4 & 5 & 6 \\ 9 & 5 & 3 \end{vmatrix} = 12 \begin{vmatrix} 2 & -3 & 0 \\ 4 & 5 & 2 \\ 9 & 5 & 1 \end{vmatrix} = -624$

Ersetzt man einen Vektor $\mathfrak{a}$ durch ein Vielfaches $\lambda\mathfrak{a}$, so ändert sich in einem System von Vektoren natürlich *nicht* die *lineare Abhängigkeit* oder *Unabhängigkeit*.

Addiert (oder subtrahiert) man zu den Elementen einer Zeile oder einer Spalte ein beliebiges Vielfaches einer anderen Zeile oder einer Spalte, so ändert sich der Wert der Determinante nicht.

Beispiel:

$$D = \begin{vmatrix} 1 & 2 & 3 \\ 4 & 5 & 6 \\ 7 & 6 & 9 \end{vmatrix} = \begin{vmatrix} 1 & (2+3) & 3 \\ 4 & (5+6) & 6 \\ 7 & (6+9) & 9 \end{vmatrix} = \begin{vmatrix} 1 & 5 & 3 \\ 4 & 11 & 6 \\ 7 & 15 & 9 \end{vmatrix} = -12$$

Wenn ein Vektor $\mathfrak{a}$ durch den Vektor $\mathfrak{a} + \lambda\mathfrak{b}$ innerhalb eines Systems $\{\mathfrak{a}, \mathfrak{b}, \ldots\}$ ersetzt wird, so ändert sich dadurch natürlich die *lineare Abhängigkeit* oder *Unabhängigkeit* nicht.
Die Beispiele lassen deutlich erkennen, wie wirkungsvoll diese Regeln für die praktische Arbeit mit Determinanten eingesetzt werden können.

Übungsaufgaben

1. Berechnen Sie folgende Determinanten:
   a) $\begin{vmatrix} 1 & 2 & 3 \\ 1 & 2 & 3 \\ 1 & 2 & 3 \end{vmatrix}$ b) $\begin{vmatrix} 2 & -3 & 4 \\ 7 & 2 & 1 \\ 4 & -6 & 8 \end{vmatrix}$ c) $\begin{vmatrix} 5 & 10 & 20 \\ 0 & 1 & 3 \\ 4 & 2 & 1 \end{vmatrix}$

2. a) $\begin{vmatrix} 1 & 3 & 7 \\ 6 & 7 & 3 \\ 5 & 6 & 2 \end{vmatrix}$ b) $\begin{vmatrix} 1 & -1 & 1 \\ -1 & 1 & -1 \\ 1 & -1 & 1 \end{vmatrix}$ c) $\begin{vmatrix} 0 & 1 & 2 \\ 1 & 0 & 1 \\ 2 & 1 & 0 \end{vmatrix}$

3. $\begin{vmatrix} \sin x & -\cos x \\ \cos x & \sin x \end{vmatrix}$

Systeme linearer Gleichungen

In Band I, S. 139 ff, und auf den zurückliegenden Seiten wurde bereits einiges über *lineare Gleichungssysteme* ausgesagt. Wir wollen uns nun noch etwas intensiver mit diesem Thema auseinandersetzen und dabei die vektorielle Bedeutung herausstellen.

Das Gleichungssystem

$$\begin{aligned} a_{11}x_1 + a_{12}x_2 + a_{13}x_3 + \ldots + a_{1n}x_n &= b_1 \\ a_{21}x_1 + a_{22}x_2 + a_{23}x_3 + \ldots + a_{2n}x_n &= b_2 \\ &\vdots \\ a_{n1}x_1 + a_{n2}x_2 + a_{n3}x_3 + \ldots + a_{nn}x_n &= b_n \end{aligned}$$

läßt sich vektoriell darstellen als:

$$\mathfrak{a}_1\,x_1 + \mathfrak{a}_2\,x_2 + \mathfrak{a}_3\,x_3 + \ldots + \mathfrak{a}_n x_n = \mathfrak{b}$$

Dabei besitzen die Spaltenvektoren $\mathfrak{a}_1, \mathfrak{a}_2, \mathfrak{a}_3, \ldots \mathfrak{a}_n$ und $\mathfrak{b}$ jeweils n Komponenten (n-Tupel). Die Gleichungsvariablen (Unbekannten) $x_1, x_2, x_3, \ldots x_n$ sind reelle Zahlen.

Das Gleichungssystem nennt man **homogen**, wenn alle $b_i = 0$ ($i = 1, 2, 3, \ldots n$), also wenn $\mathfrak{b}$ dem Nullvektor entspricht. Andernfalls wird das Gleichungssystem **inhomogen** genannt.

Bei der Lösung eines linearen Gleichungssystems wird also die Menge $\mathbb{L}$ (*Lösungsmenge*) aller geordneter n-Tupel von reellen Zahlen gesucht, die alle n Gleichungen des linearen Gleichungssystems zu wahren Aussagen machen, wenn diese n-Tupel für $x_1, x_2, x_3, \ldots x_n$ eingesetzt werden. Dabei kann es vorkommen, daß keine, genau eine oder unendlich viele Lösungen existieren.

Einführungsbeispiele:

1. Das System $x_1 \cdot \begin{pmatrix} 2 \\ 1 \end{pmatrix} + x_2 \cdot \begin{pmatrix} 3 \\ 4 \end{pmatrix} = \begin{pmatrix} 8 \\ 9 \end{pmatrix}$ besitzt genau eine Lösung, nämlich $\mathbb{L} = \{(1 \mid 2)\}$
2. Das System $x_1 \cdot \begin{pmatrix} 2 \\ 1 \end{pmatrix} + x_2 \cdot \begin{pmatrix} -4 \\ -2 \end{pmatrix} = \begin{pmatrix} 8 \\ 9 \end{pmatrix}$ besitzt keine Lösung: $\mathbb{L} = \{\ \}$
3. Das System $x_1 \cdot \begin{pmatrix} 2 \\ 1 \end{pmatrix} + x_2 \cdot \begin{pmatrix} -4 \\ -2 \end{pmatrix} = \begin{pmatrix} 8 \\ 4 \end{pmatrix}$ besitzt unendlich viele Lösungen, nämlich $\mathbb{L} = \{(x_1 \mid x_2) \mid x_1 - 2\,x_2 = 4\}_{\mathbb{R} \times \mathbb{R}}$

Die Beispiele zeigen, daß *genau eine* Lösung existiert, wenn die vorkommenden Spaltenvektoren $\mathfrak{a}_1$ und $\mathfrak{a}_2$ des homogenen Systems linear unabhängig sind. Dagegen existiert keine Lösung, wenn die Spaltenvektoren $\mathfrak{a}_1$ und $\mathfrak{u}_2$ des homogenen Systems linear abhängig, die Vektoren $\mathfrak{a}_1$ und $\mathfrak{b}$ (und damit auch $\mathfrak{a}_2$ und $\mathfrak{b}$) jedoch linear unabhängig sind. Man spricht hier von *unerfüllbaren* oder *kontradiktorischen Aussageformen.*

Unendlich viele Lösungen existieren, wenn alle Vektoren $\mathfrak{a}_1$, $\mathfrak{a}_2$ und $\mathfrak{b}$ linear abhängig sind (vergleiche hierzu die *Cramerregel*). Im letzten Fall kann eine Komponente des *geordneten Lösungspaares* $(x_1 | x_2)$ frei gewählt werden, während sich die andere dann notgedrungen hieraus errechnet. Deshalb wollen wir in einem solchen Fall von (∞^1) Lösungen (*1 Freiheitsgrad*) reden. Es gibt dann natürlich auch noch den trivialen Fall, daß alle Spaltenvektoren gleich dem *Nullvektor* $\mathfrak{o}$ sind. Dann kann für jede Komponente des geordneten Lösungspaares $(x_1 | x_2)$ jede beliebige Zahl frei und unabhängig von der Wahl der anderen festgelegt werden.

Man spricht in einem solchen Fall von (∞^2) Lösungen (*2 Freiheitsgrade*) und nennt das zugehörige Gleichungssystem allgemeingültig mit *tautologischen Aussageformen*.

Unser Gleichungssystem $\mathfrak{a}_1 x_1 + \mathfrak{a}_2 x_2 + \mathfrak{a}_3 x_3 + \ldots + \mathfrak{a}_n x_n = \mathfrak{b}$ besitzt die Koeffizientenmatrix

$$M = (\mathfrak{a}_1, \mathfrak{a}_2, \mathfrak{a}_3, \ldots, \mathfrak{a}_n) = \begin{pmatrix} a_{11} & a_{12} & a_{13} & \cdots & a_{1n} \\ a_{21} & a_{22} & a_{23} & \cdots & a_{2n} \\ \vdots & & & & \\ a_{n1} & a_{n2} & a_{n3} & \cdots & a_{nn} \end{pmatrix}$$

und die erweiterte Koeffizientenmatrix

$$\overline{M} = (\mathfrak{a}_1, \mathfrak{a}_2, \mathfrak{a}_3, \ldots, \mathfrak{a}_n, \mathfrak{b}) = \left(\begin{array}{ccccc|c} a_{11} & a_{12} & a_{13} & \cdots & a_{1n} & b_1 \\ a_{21} & a_{22} & a_{23} & \cdots & a_{2n} & b_2 \\ \vdots & & & & & \\ a_{n1} & a_{n2} & a_{n3} & \cdots & a_{nn} & b_n \end{array}\right)$$

Die Koeffizientenmatrix M ist also eine sogenannte (n x n)-Matrix, während die erweiterte Koeffizientenmatrix $\overline{M}$ eine $(n \cdot (n+1))$-Matrix darstellt. Eine *Matrix* ist folglich im Gegensatz zu einer *Determinante* weder eine Zahl noch ein Term, sie ist lediglich eine Zusammenstellung von Zahlen oder Variablen zu einem Zahlenschema. Jede reelle Zahl kann damit als (1×1)-Matrix gedeutet werden.

Der **Rang einer Matrix** (Rg M) gibt die Maximalzahl der linear unabhängigen Spaltenvektoren an:
Rg M = n $\Leftrightarrow$ Spaltenvektoren stellen Basis dar
Rg M = o $\Leftrightarrow$ alle Spaltenvektoren sind gleich dem Nullvektor

Man überlegt sich leicht, daß der *Spaltenrang* immer gleich dem *Zeilenrang* ist.
Einleuchtend ist auch, daß sich ein durch drei Vektoren (Basisvektoren) aufgespannter dreidimensionaler Vektorraum nicht verändern kann, wenn man
- die Reihenfolge der Basisvektoren vertauscht,
- einen Basisvektor durch ein skalares Vielfaches dieses Basisvektors ersetzt oder
- einen Basisvektor zu einem anderen Basisvektor addiert und den Summenvektor als neuen Basisvektor verwendet.

Dementsprechend ändert sich auch der Rang einer Matrix durch folgende **Matrixumformungen**:
- Vertauschen zweier Zeilen oder Spalten,
- Multiplikation einer Zeile oder Spalte mit einer reellen Zahl $k \neq 0$,
- Addition einer mit einer reellen Zahl ($k \in \mathbb{R}/\{0\}$) multiplizierten Zeile (oder Spalte) zu einer anderen Zeile (oder Spalte).

Die *Matrixumformungen* erlauben es, eine Matrix beliebig zu verändern. Unter den veränderten Darstellungen wird dann eine dabei sein, die ein möglichst einfaches und für weitere Überlegungen nützliches Aussehen besitzt.

Jede Matrix kann durch Matrixumformungen in die sogenannte *Dreiecksform* überführt werden:

$$\begin{pmatrix} a_{11} & a_{12} & a_{13} \cdots a_{1n} \\ a_{21} & a_{22} & a_{23} \cdots a_{2n} \\ \vdots & & \\ a_{n1} & a_{n2} & a_{n3} \cdots a_{nn} \end{pmatrix} \Rightarrow \begin{pmatrix} d_{11} & 0 & 0 & \ldots 0 & 0 & 0 \\ d_{21} & d_{22} & 0 & & & \\ d_{31} & d_{32} & d_{33} & 0 & 0 & \ldots 0 \\ & & \ddots & d_{rr} & 0 & \ldots 0 \\ \vdots & \vdots & \vdots & \vdots & \vdots & \vdots \\ d_{n1} & d_{n2} & d_{n3} & d_{nr} & 0 & \ldots 0 \end{pmatrix} \quad \text{mit } d_{ii} \neq 0 \; (i = 1, 2, \ldots, r),\; r \leq n$$

Die Dreiecksmatrix besitzt den Rang r.

Die Umformungen in die *Dreiecksmatrix* sind bei quadratischen Matrizen immer möglich. Es sollte verständlich sein, daß der Rang dieser Dreiecksmatrix am bestehenden Schema abgelesen werden kann, weil die ersten r Spaltenvektoren von links nach rechts linear unabhängig sein müssen wegen ihrer abnehmenden Komponentenzahl.
Hier wird auch erkennbar, daß ein *inhomogenes Gleichungssystem mit n Unbekannten* nur dann *genau eine* Lösung besitzen kann, wenn der Rang der Koeffizientenmatrix M gleich dem Rang der erweiterten Matrix $\overline{M}$ ist und beide Matrizen den Rang n besitzen. Ist der Rang der erweiterten Matrix $\overline{M}$ größer als derjenige der Matrix M, so können natürlich keine Lösungen für das Gleichungssystem existieren, weil sich der Vektor $\mathfrak{b}$ des Gleichungssystems $\mathfrak{a}_1 x_1 + \mathfrak{a}_2 x_2 + \mathfrak{a}_3 x_3 + \ldots + \mathfrak{a}_n x_n = \mathfrak{b}$ in einem „höherdimensionierten" Vektorraum befindet als die Vektoren $\mathfrak{a}_1, \mathfrak{a}_2, \mathfrak{a}_3, \ldots, \mathfrak{a}_n$. Sind die Ränge der Matrizen M und $\overline{M}$ gleich, aber kleiner als n, so gibt es unendlich viele Lösungen, und die *Freiheitsgrade* wachsen mit kleiner werdendem Rang.
Der Rang der erweiterten Matrix $\overline{M}$ kann natürlich nie kleiner sein als der Rang der Matrix M, da sich die Dimension eines aufgespannten Vektorraumes durch die Hinzunahme eines Vektors nicht verkleinern kann. In den nachfolgenden Tabellen sind die Anzahlen der Lösungen für zweidimensionale und dreidimensionale Gleichungssysteme dargestellt:

n = 2	$\mathbb{L} = \{x_1 \mid x_2\}$	
Rg M	Rg $\overline{M}$	Anzahl der Lösungen
2	2	1
1	2	0
1	1	∞^1
0	1	0
0	0	∞^2

n = 3	$\mathbb{L} = \{x_1 \mid x_2 \mid x_3\}$	
Rg M	Rg $\overline{M}$	Anzahl der Lösungen
3	3	1
2	3	0
2	2	∞^1
1	2	0
1	1	∞^2
0	1	0
0	0	∞^3

Einführungsbeispiele:

1. $x_1\begin{pmatrix}2\\1\end{pmatrix}+x_2\begin{pmatrix}3\\4\end{pmatrix}=\begin{pmatrix}8\\9\end{pmatrix}$

$\Rightarrow M=\begin{pmatrix}2&3\\1&4\end{pmatrix}$ (1. Spalte · (–1,5) , dann zur 2. Spalte addieren)

$M=\begin{pmatrix}2&0\\1&2{,}5\end{pmatrix}\Rightarrow \text{Rg } M=2$

$\overline{M}=\left(\begin{array}{cc|c}2&3&8\\1&4&9\end{array}\right)$ (1. Spalte · (–4), 2. Spalte · (–2), dann zur 3. Spalte addieren)

$\overline{M}=\left(\begin{array}{cc|c}2&0&0\\1&2{,}5&0\end{array}\right)\Rightarrow \text{Rg } \overline{M}=2$

Es muß folglich genau eine Lösung existieren $\Rightarrow \mathbb{L}=\{(1\mid 2)\}$

2. $x_1\begin{pmatrix}2\\1\end{pmatrix}+x_2\begin{pmatrix}-4\\-2\end{pmatrix}=\begin{pmatrix}8\\9\end{pmatrix}$

$\Rightarrow M=\begin{pmatrix}2&-4\\1&-2\end{pmatrix}$ (1. Spalte · (2), dann zur 2. Spalte addieren)

$M=\begin{pmatrix}2&0\\1&0\end{pmatrix}\Rightarrow M=\begin{pmatrix}0&0\\1&0\end{pmatrix}$

$\overline{M}=\left(\begin{array}{cc|c}2&-4&8\\1&-2&9\end{array}\right)$ (1. Spalte · (2), dann zur 2. Spalte addieren)

$\overline{M}=\left(\begin{array}{cc|c}2&0&8\\1&0&9\end{array}\right)=\left(\begin{array}{cc|c}2&0&0\\1&0&1\end{array}\right)=\left(\begin{array}{cc|c}2&0&0\\1&1&0\end{array}\right)$

Es ist Rg M = 1 und Rg $\overline{M}$ = 2, also gibt es keine Lösung $\Rightarrow \mathbb{L}=\{\ \}$

3. $x_1 \begin{pmatrix} 2 \\ 1 \end{pmatrix} + x_2 \begin{pmatrix} -4 \\ -2 \end{pmatrix} = \begin{pmatrix} 8 \\ 4 \end{pmatrix}$

$$\Rightarrow M = \begin{pmatrix} 2 & -4 \\ 1 & -2 \end{pmatrix} = \begin{pmatrix} 2 & 0 \\ 1 & 0 \end{pmatrix} = \begin{pmatrix} 0 & 0 \\ 1 & 0 \end{pmatrix} \qquad \Rightarrow \text{Rg}\, M = 1$$

$$\overline{M} = \left(\begin{array}{cc|c} 2 & -4 & 8 \\ 1 & -2 & 4 \end{array}\right) = \left(\begin{array}{cc|c} 2 & 0 & 8 \\ 1 & 0 & 4 \end{array}\right) = \left(\begin{array}{cc|c} 2 & 0 & 0 \\ 1 & 0 & 0 \end{array}\right) = \left(\begin{array}{cc|c} 0 & 0 & 0 \\ 1 & 0 & 0 \end{array}\right) \Rightarrow \text{Rg}\, \overline{M} = 1$$

Es gibt folglich unendlich viele Lösungen mit einem Freiheitsgrad (∞^1):
$\mathbb{L} = \{(x_1 \mid x_2) \mid x_1 - 2\,x_2 = 4\}_{\mathbb{R} \times \mathbb{R}}$

4. Gegeben ist das Gleichungssystem $\mathfrak{a}_1 \cdot x_1 + \mathfrak{a}_2 \cdot x_2 + \mathfrak{a}_3 \cdot x_3 = \mathfrak{b}$, wobei $\mathfrak{a}_1 = \mathfrak{a}_2 = \mathfrak{a}_3 = \mathfrak{b} = 0$.
Es leuchtet ein, daß $\text{Rg}\, M = \text{Rg}\, \overline{M} = 0$ ist und somit unendlich viele Lösungen mit drei Freiheitsgraden (∞^3) existieren: $\mathbb{L} = \{(x_1 \mid x_2 \mid x_3)\}_{\mathbb{R} \times \mathbb{R} \times \mathbb{R}}$

Die oftmals aufwendigen Matrixumformungen lohnen sich natürlich erst dann, wenn man neben dem Rang auch noch die Lösungen des zugehörigen Gleichungssystems ablesen kann. Da jede Matrixzeile für eine bestimmte Gleichung des zu lösenden Gleichungssystems steht, dürfen für die Lösungsermittlung natürlich auch nur Matrixumformungen benutzt werden, die die Lösungsmenge des Gleichungssystems nicht verändern.
Man spricht bei solchen Umformungen von **Äquivalenzumformungen für Gleichungssysteme** (siehe Band I, S. 109 ff). Die Umformungen lassen folgendes zu:

- Gleichungen (Zeilen) dürfen vertauscht werden.
- Jede Gleichung (Zeile) kann mit einer von Null verschiedenen Zahl multipliziert (oder dividiert) werden.
- Eine Gleichung (Zeile) kann durch die Summe aus dieser und einer anderen Gleichung (Zeile) ersetzt werden.

Diese Äquivalenzumformungen sind damit auch für Matrizenzeilen verwendbar und sehr arbeitserleichternd. Bei Matrixumformungen arbeitet man allerdings in der Regel mit der erweiterten Matrix $\overline{M}$, weil die Matrix M ja ganz in $\overline{M}$ enthalten ist.
Ziel einer solchen Matrixumformung sollte die **erweiterte Dreiecksform** sein, bei der die Lösungskomponenten direkt ablesbar sind.

Beispiele:

1. Das Gleichungssystem $\left|\begin{aligned} 4x_1 + 3x_2 &= 17 \\ -6x_1 + 8x_2 &= 12 \end{aligned}\right|$ besitzt die Lösung $\mathbb{L} = \{(2 \mid 3)\}$.

Wir bestimmen die Lösung durch Umformung der Matrix in die erweiterte Dreiecksform:

$$\overline{M} = \left(\begin{array}{cc|c} 4 & 3 & 17 \\ -6 & 8 & 12 \end{array}\right) \Rightarrow \left(\begin{array}{cc|c} 4 & 3 & 17 \\ -6 & 8 & 12 \end{array}\right)\begin{matrix}\cdot 3 \\ \cdot 2\end{matrix} \Rightarrow \left(\begin{array}{cc|c} 12 & 9 & 51 \\ -12 & 16 & 24 \end{array}\right)\downarrow + \Rightarrow \left(\begin{array}{cc|c} 4 & 3 & 17 \\ 0 & 25 & 75 \end{array}\right) : 25 \Rightarrow \left(\begin{array}{cc|c} 4 & 3 & 17 \\ 0 & 1 & 3 \end{array}\right) \cdot (-3)$$

$$\Rightarrow \left(\begin{array}{cc|c} 4 & 3 & 17 \\ 0 & -3 & -9 \end{array}\right)\uparrow + \Rightarrow \left(\begin{array}{cc|c} 4 & 0 & 8 \\ 0 & 1 & 3 \end{array}\right) : 4 \Rightarrow \left(\begin{array}{cc|c} 1 & 0 & 2 \\ 0 & 1 & 3 \end{array}\right)$$

Dieser Matrix ist die Lösung $x_1 = 2$ und $x_2 = 3$ unmittelbar zu entnehmen.

2. Das Gleichungssystem $\left|\begin{aligned} 2x_1 + 3x_2 - 4x_3 &= 17 \\ 6x_2 + 18x_3 &= 0 \\ -x_1 - 4x_2 \quad &= -14 \end{aligned}\right|$ besitzt die Matrix $\overline{M}$:

$$\Rightarrow \left(\begin{array}{ccc|c} 2 & 3 & -4 & 17 \\ 0 & 6 & 18 & 0 \\ -1 & -4 & 0 & -14 \end{array}\right)\begin{matrix} \\ \cdot \frac{4}{6} \downarrow + \; : (-2) \\ \\ \end{matrix} \Rightarrow \left(\begin{array}{ccc|c} 2 & 0 & -13 & 17 \\ 0 & 1 & 3 & 0 \\ -1 & 0 & 12 & -14 \end{array}\right)\begin{matrix} \\ \\ \cdot 2 \uparrow + \end{matrix} \Rightarrow \left(\begin{array}{ccc|c} 0 & 0 & 11 & -11 \\ 0 & 1 & 3 & 0 \\ -1 & 0 & 12 & -14 \end{array}\right)\begin{matrix} \cdot\left(-\frac{14}{11}\right) \downarrow + \\ \\ \\ \end{matrix}$$

$$\Rightarrow \left(\begin{array}{ccc|c} 0 & 0 & 1 & -1 \\ 0 & 1 & 3 & 0 \\ -1 & 0 & -2 & 0 \end{array}\right)\begin{matrix} \cdot (-3) \downarrow + \\ \\ \\ \end{matrix} \Rightarrow \left(\begin{array}{ccc|c} 0 & 0 & 1 & -1 \\ 0 & 1 & 0 & 3 \\ -1 & 0 & -2 & 0 \end{array}\right)\begin{matrix} \cdot 2 \downarrow + \\ \\ \\ \end{matrix} \Rightarrow \left(\begin{array}{ccc|c} 0 & 0 & 1 & -1 \\ 0 & 1 & 0 & 3 \\ -1 & 0 & 0 & -2 \end{array}\right)\begin{matrix} \\ \\ \cdot (-1) \end{matrix}$$

$$\Rightarrow \left(\begin{array}{ccc|c} 1 & 0 & 0 & 2 \\ 0 & 1 & 0 & 3 \\ 0 & 0 & 1 & -1 \end{array}\right)$$

Die Lösung lautet somit $x_1 = 2$; $x_2 = 3$; $x_3 = -1$.

3. Das Gleichungssystem $\left|\begin{aligned} 4x_1 \quad + 3x_3 \quad &= -13 \\ x_1 - x_2 \quad &= 1 \\ -2x_1 + x_2 \quad + x_4 &= -4 \\ x_1 + x_2 + x_3 - x_4 &= -2 \end{aligned}\right|$ besitzt die Matrix $\overline{M}$:

$$\Rightarrow \left(\begin{array}{cccc|c} 4 & 0 & 3 & 0 & -13 \\ 1 & -1 & 0 & 0 & 1 \\ -2 & 1 & 0 & 1 & -4 \\ 1 & 1 & 1 & -1 & -2 \end{array}\right)\begin{matrix} \\ \downarrow + \downarrow + \\ \\ \\ \end{matrix} \Rightarrow \left(\begin{array}{cccc|c} 4 & 0 & 3 & 0 & -13 \\ 1 & -1 & 0 & 0 & 1 \\ -1 & 0 & 0 & 1 & -3 \\ 2 & 0 & 1 & -1 & -1 \end{array}\right)\begin{matrix} \\ \\ \cdot 2 \downarrow + \\ \\ \end{matrix} \Rightarrow \left(\begin{array}{cccc|c} 4 & 0 & 3 & 0 & -13 \\ 1 & -1 & 0 & 0 & 1 \\ -1 & 0 & 0 & 1 & -3 \\ 0 & 0 & 1 & 1 & -7 \end{array}\right)\begin{matrix} \\ \\ \\ \cdot (-3) \uparrow + \end{matrix}$$

$$\Rightarrow \left(\begin{array}{cccc|c} 4 & 0 & 0 & -3 & 8 \\ 1 & -1 & 0 & 0 & 1 \\ -1 & 0 & 0 & 1 & -3 \\ 0 & 0 & 1 & 1 & -7 \end{array}\right)\begin{matrix} \\ \\ \cdot 3 \uparrow + \\ \\ \end{matrix} \Rightarrow \left(\begin{array}{cccc|c} 1 & 0 & 0 & 0 & -1 \\ 1 & -1 & 0 & 0 & 1 \\ -1 & 0 & 0 & 1 & -3 \\ 0 & 0 & 1 & 1 & -7 \end{array}\right)\begin{matrix} \downarrow + \; - \quad \downarrow + \\ \\ \\ \\ \end{matrix} \Rightarrow \left(\begin{array}{cccc|c} 1 & 0 & 0 & 0 & -1 \\ 0 & 1 & 0 & 0 & -2 \\ 0 & 0 & 0 & 1 & -4 \\ 0 & 0 & 1 & 1 & -7 \end{array}\right)\begin{matrix} \\ \\ - \\ \downarrow + \end{matrix}$$

$$\Rightarrow \left(\begin{array}{cccc|c} 1 & 0 & 0 & 0 & -1 \\ 0 & 1 & 0 & 0 & -2 \\ 0 & 0 & 0 & 1 & -4 \\ 0 & 0 & 1 & 0 & -3 \end{array}\right) \Rightarrow \left(\begin{array}{cccc|c} 1 & 0 & 0 & 0 & -1 \\ 0 & 1 & 0 & 0 & -2 \\ 0 & 0 & 1 & 0 & -3 \\ 0 & 0 & 0 & 1 & -4 \end{array}\right)$$

Die Lösung ist jetzt ablesbar: $\mathbb{L} = \{(-1 \mid -2 \mid -3 \mid -4)\}$

Übungsaufgaben

1. Bestimmen Sie die Ränge der zugehörigen Matrizen M und $\overline{M}$, und ermitteln Sie die Lösungen mit Hilfe der erweiterten Dreiecksform:

a)
$$\begin{aligned} 2x_1 + 3x_2 - 4x_3 &= 17 \\ 6x_2 + 18x_3 &= 0 \\ -x_1 - 4x_2 &= -14 \end{aligned}$$

b)
$$\begin{aligned} 4x_1 - 10x_2 &= -4 \\ -x_1 + 4x_3 &= -4 \\ x_2 - x_3 &= 2 \end{aligned}$$

c)
$$\begin{aligned} -3x_1 + 2x_2 - x_3 &= 8 \\ 4x_2 - 6x_3 &= 16 \\ -x_1 + x_2 - x_3 &= 5 \end{aligned}$$

2. a)
$$\begin{aligned} 2x_1 - 4x_2 - x_3 + x_4 &= 3 \\ -x_1 + 5x_2 - x_4 &= -7 \\ 2x_2 - 2x_3 &= -10 \\ x_3 - 2x_4 &= 11 \end{aligned}$$

b)
$$\begin{aligned} 2x_1 + 3x_2 - x_4 &= 9 \\ x_1 - x_3 &= 0 \\ x_2 - 4x_3 - x_4 &= -4 \\ 5x_1 + x_4 &= 4 \end{aligned}$$

3. Ein Rechenkünstler soll drei Zahlen ermitteln. Er erhält als Hinweise die drei Summen aus jeweils zwei dieser drei Zahlen. Die Summen lauten 9, 20 und 21. Wie heißen die drei gesuchten Zahlen?

Teilverhältnisse

Die *lineare Abhängigkeit* ist in einem eigenen Abschnitt sehr ausführlich behandelt. Wir wollen nun diese Kenntnisse nutzen, um Teilverhältnisse in *ebenen* und *räumlichen* Figuren zu ergründen.

Einführungsbeispiel:

Gegeben sei ein Parallelogramm ABCD (Abb. 80).

Gefordert wird der Beweis, daß sich die Diagonalen $\overline{AC}$ und $\overline{BD}$ gegenseitig halbieren:

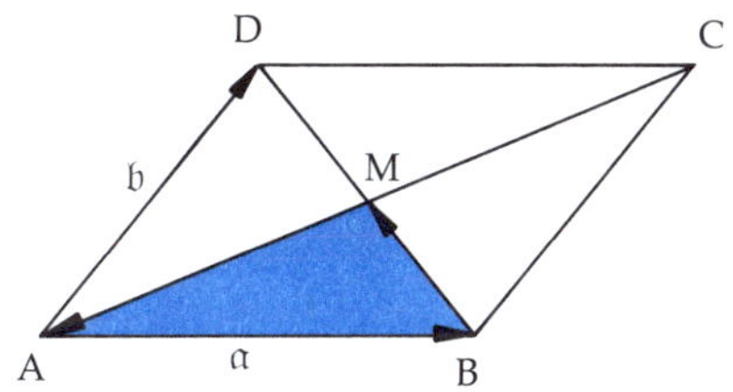

Abb. 80

Die Parallelogrammebene wird durch die linear unabhängigen Vektoren $\overrightarrow{AB} = \mathfrak{a}$ und $\overrightarrow{AD} = \mathfrak{b}$ aufgespannt; $\mathfrak{a}$ und $\mathfrak{b}$ sind somit Basisvektoren. Folglich läßt sich jeder andere Vektor dieser Parallelogrammebene durch $\mathfrak{a}$ und $\mathfrak{b}$ linear kombinieren. Die Vektoren $\overrightarrow{AB}$, $\overrightarrow{BM}$ und $\overrightarrow{MA}$ bilden einen geschlossenen Polygonzug, ihre Summe ist deshalb der Nullvektor:

$\overrightarrow{AB} + \overrightarrow{BM} + \overrightarrow{MA} = \mathfrak{o}$

Da sich jeder dieser Vektoren durch die Basisvektoren darstellen läßt, erhält man hieraus eine Vektorgleichung, die nur aus den linear unabhängigen Vektoren $\mathfrak{a}$ und $\mathfrak{b}$ besteht.

Wegen $\overrightarrow{AB} = \mathfrak{a}, \overrightarrow{BM} = n \cdot \overrightarrow{BD} = n \cdot (\mathfrak{b} - \mathfrak{a})$ und $\overrightarrow{MA} = m \cdot \overrightarrow{CA} = m \cdot (-\mathfrak{a} - \mathfrak{b})$ ergibt sich somit mit Hilfe obiger Gleichung:

$\mathfrak{a} + n \cdot (\mathfrak{b} - \mathfrak{a}) + m \cdot (-\mathfrak{a} - \mathfrak{b}) = \mathfrak{o}$

Hierbei sind n und m reelle Zahlen ($n, m \in \mathbb{R}$ also Skalare, die das gesuchte Teilverhältnis zum Ausdruck bringen.

$\Rightarrow \mathfrak{a} + n\mathfrak{b} - n\mathfrak{a} - m\mathfrak{a} - m\mathfrak{b} = \mathfrak{o}$

$\Rightarrow \mathfrak{a}\,(1 - n - m) + \mathfrak{b}\,(n - m) = \mathfrak{o}$

Zwei linear unabhängige Vektoren können als Summenvektor dann und nur dann den Nullvektor $\mathfrak{o}$ ergeben, wenn sie zuvor jeweils mit dem Skalar 0 multipliziert wurden. Folglich muß sowohl $(1 - n - m)$ als auch $(n - m)$ gleich Null sein:

$$\begin{aligned} & 1 - n - m = 0 \wedge n - m = 0 && \Rightarrow n = m \\ \Rightarrow\ & 1 - n - n = 0 && \Rightarrow 1 = 2n \Rightarrow b = \frac{1}{2};\ m = \frac{1}{2} \end{aligned}$$

Also $\overrightarrow{BM} = \frac{1}{2} \cdot \overrightarrow{BD}$ oder $\overrightarrow{MA} = \frac{1}{2} \cdot \overrightarrow{CA}$, was zu beweisen war. Die Diagonalen halbieren sich demnach.

Das Einführungsbeispiel zeigt, wie man mit Hilfe der *linearen Abhängigkeit* der Vektoren eines geeigneten Polygonzuges eine Darstellung mit linear unabhängigen Basisvektoren und letztlich ein Gleichungssystem für fehlende Koeffizienten erhält. In dem verwendeten Polygonzug muß natürlich der für die Aufgabenstellung bedeutsame Teilungspunkt vorkommen.

Beispiel:

Die Schwerlinien eines Tetraeders (Abb. 81) treffen sich alle in einem Punkt S im Teilverhältnis 3 : 1

$\overrightarrow{AG} + \overrightarrow{GS} + \overrightarrow{SF} + \overrightarrow{FA} = \mathfrak{o}$

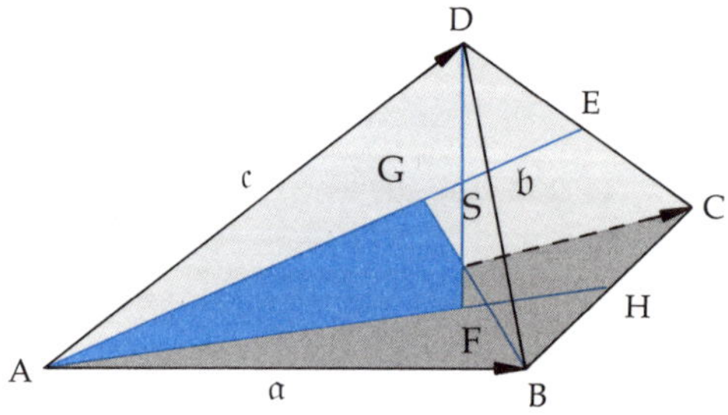

Abb. 81

Mit

$$\overrightarrow{AG} = \frac{2}{3} \cdot \overrightarrow{AE} = \frac{2}{3} \cdot (\mathfrak{b} + \overrightarrow{CE}) = \frac{2}{3} \cdot \left(\mathfrak{b} + \frac{1}{2}(\mathfrak{c} - \mathfrak{b})\right) = \frac{2}{3}\mathfrak{b} + \frac{1}{3}\mathfrak{c} - \frac{1}{3}\mathfrak{b} = \frac{1}{3}\mathfrak{b} + \frac{1}{3}\mathfrak{c}$$

$$\overrightarrow{GS} = n \cdot \overrightarrow{GB} = n(-AG + \mathfrak{a}) = n\left(-\frac{1}{3} \cdot \mathfrak{b} - \frac{1}{3} \cdot \mathfrak{c} + \mathfrak{a}\right) = n\mathfrak{a} - \frac{1}{3}n\mathfrak{b} - \frac{1}{3}n\mathfrak{c}$$

$$\overrightarrow{SF} = m \cdot \overrightarrow{DF} = m(-\mathfrak{c} + \overrightarrow{AF}) = m\left(-\mathfrak{c} + \frac{2}{3}\overrightarrow{AH}\right) = m\left(-\mathfrak{c} + \frac{2}{3}\left(\mathfrak{a} + \frac{1}{2}(\mathfrak{b} - \mathfrak{a})\right)\right) = -m\mathfrak{c} + \frac{1}{3}m\mathfrak{a} + \frac{1}{3}m\mathfrak{b}$$

$$\overrightarrow{FA} = \frac{2}{3}\overrightarrow{HA} = \frac{2}{3}\left(-\frac{1}{2}(\mathfrak{b} - \mathfrak{a}) - \mathfrak{a}\right) = -\frac{1}{3}\mathfrak{b} + \frac{1}{3}\mathfrak{a} - \frac{2}{3}\mathfrak{a} = -\frac{1}{3}\mathfrak{b} - \frac{1}{3}\mathfrak{a}$$

erhält man weiter durch Einsetzen:

$$\frac{1}{3}\mathfrak{b} + \frac{1}{3}\mathfrak{c} + n\mathfrak{a} - \frac{1}{3}n\mathfrak{b} - \frac{1}{3}n\mathfrak{c} - m\mathfrak{c} + \frac{1}{3}m\mathfrak{a} + \frac{1}{3}m\mathfrak{b} - \frac{1}{3}\mathfrak{b} - \frac{1}{3}\mathfrak{a} = \mathfrak{o}$$

$$\Rightarrow \mathfrak{a}\left(n + \frac{1}{3}m - \frac{1}{3}\right) + \mathfrak{b}\left(\frac{1}{3} - \frac{1}{3}n + \frac{1}{3}m - \frac{1}{3}\right) + \mathfrak{c}\left(\frac{1}{3} - \frac{1}{3}n - m\right) = \mathfrak{o}$$

$$\Rightarrow \left\{\begin{array}{ll} \text{I.} & n + \frac{1}{3}m = \frac{1}{3} \\ \text{II.} & -\frac{1}{3}n + \frac{1}{3}m = 0 \\ \text{III.} & \frac{1}{3}n + m = \frac{1}{3} \end{array}\right\} \Rightarrow \frac{4}{3}m = \frac{1}{3} \Rightarrow m = n = \frac{1}{4} = 0{,}25$$

Das Teilverhältnis muß demnach 3 : 1 betragen.

Übungsaufgaben

1. Zeigen Sie: Die Seitenhalbierenden im Dreieck (Abb. 82) schneiden sich im Verhältnis 2 : 1.
2. In einem Rechteck ABCD (Abb. 83) wird die Strecke $\overrightarrow{AB}$ durch den Punkt E im Verhältnis 3 : 1 und die Strecke $\overrightarrow{AD}$ durch den Punkt F im Verhältnis 2 : 1 geteilt. Wie teilen sich die Transversalen (Verbindungsstrecken innerhalb der Figur) $\overrightarrow{DE}$ und $\overrightarrow{BF}$?
3. In einem Dreieck schneiden sich zwei Transversalen zu den jeweils gegenüberliegenden Seiten im Verhältnis 3 : 1 (jeweils). In welchem Verhältnis werden die Seiten von den Endpunkten der Transversalen geteilt?
4. In einem Würfel ABCDEFGH (Abb. 84) teilt der Punkt J die Strecke $\overrightarrow{EH}$ im Verhältnis 1 : 2. In welchem Verhältnis teilen sich die Raumdiagonale $\overrightarrow{BH}$ und die Transversale $\overrightarrow{CJ}$?

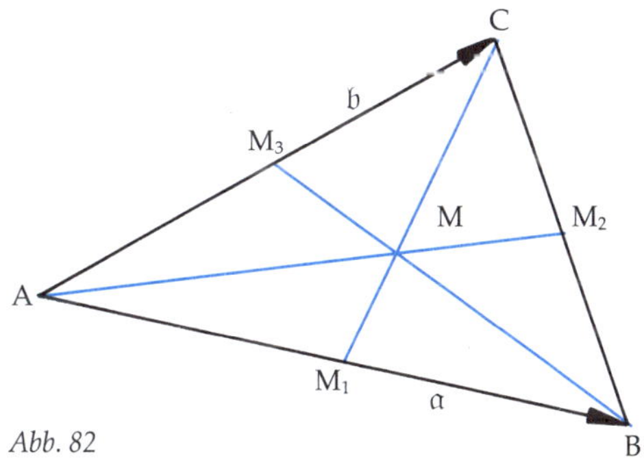

Abb. 82

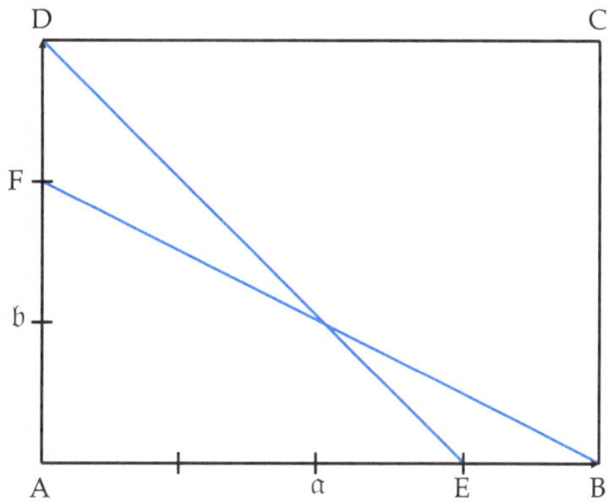

Abb. 83

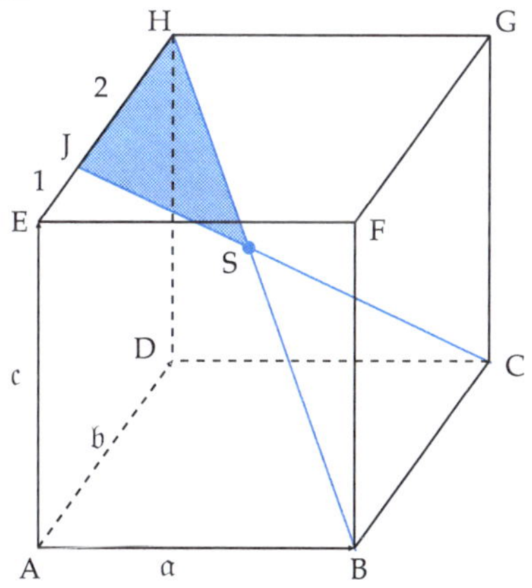

Abb. 84

Geradengleichungen

Wir haben Geraden und ihre mathematische Beschreibung mit Hilfe von Gleichungen bereits in der Mittelstufe kennengelernt (siehe Band I, S. 129 ff.). Allerdings hat die Beschreibung von Geraden durch die *Zweipunkteform*, *Punktsteigungsform* oder etwa durch die *Achsenabschnittsform* einen entscheidenden Nachteil: Die genannten Beziehungen gelten nur für Geraden im $\mathbb{R}^2$, also im zweidimensionalen Raum (Ebene). Wollen wir jedoch auch Geraden im n-dimensionalen Raum $\mathbb{R}^n$ kennzeichnen, so bedienen wir uns sinnvollerweise der Vektorrechnung. Dies hat zum einen den Vorteil, daß nicht nur *Geraden*, sondern auch *Ebenen als Punktmengen* erfaßt und sehr übersichtlich und prägnant dargestellt werden können. Zum anderen sind die gefundenen Gleichungen auch ohne weiteres auf höher dimensionierte Räume übertragbar, ohne die Gleichung wesentlich ändern zu müssen. Es sind dann lediglich die Koordinaten der vorkommenden Vektoren entsprechend zu ergänzen.
Der Begriff des **Ortsvektors** taucht wieder auf. Jeder Punkt X im Koordinatensystem läßt sich durch seinen zugehörigen Ortsvektor $\mathfrak{x}$ beschreiben und definieren:

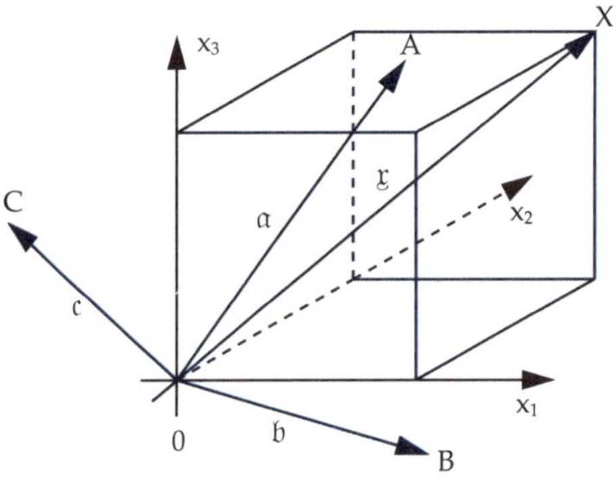

Abb. 85 Der Ortsvektor zum Punkt X

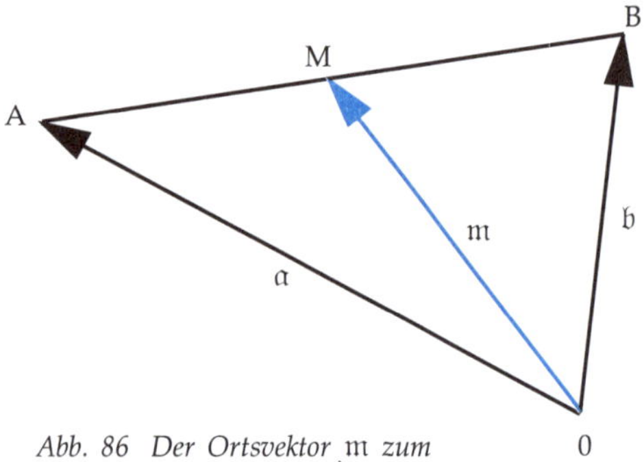

Abb. 86 Der Ortsvektor $\mathfrak{m}$ zum Mittelpunkt der Strecke $\overrightarrow{AB}$

So wie der Mittelpunkt M einer Strecke $\overrightarrow{AB}$ durch den Ortsvektor $\mathfrak{m} = \frac{1}{2}(\mathfrak{a} + \mathfrak{b})$ beschrieben werden kann, läßt sich jeder beliebige **innere** oder **äußere Teilungspunkt** T der Strecke $\overrightarrow{AB}$ vektoriell bestimmen: Aus $\overrightarrow{AT} = \lambda \cdot \overrightarrow{TB}$ folgt wegen der Kollinearität von $\overrightarrow{AT}$ und $\overrightarrow{TB}$

$$\begin{aligned}
\overrightarrow{AT} &= \lambda \cdot \overrightarrow{TB} \\
\mathfrak{t} - \mathfrak{a} &= \lambda \cdot (\mathfrak{b} - \mathfrak{t}) \\
\mathfrak{t} - \mathfrak{a} &= \lambda\mathfrak{b} - \lambda\mathfrak{t} \\
\mathfrak{t} + \lambda\mathfrak{t} &= \mathfrak{a} + \lambda\mathfrak{b} \\
\mathfrak{t}(1 + \lambda) &= \mathfrak{a} + \lambda\mathfrak{b} \\
\mathfrak{t} &= \frac{\mathfrak{a} + \lambda\mathfrak{b}}{1 + \lambda}
\end{aligned}$$

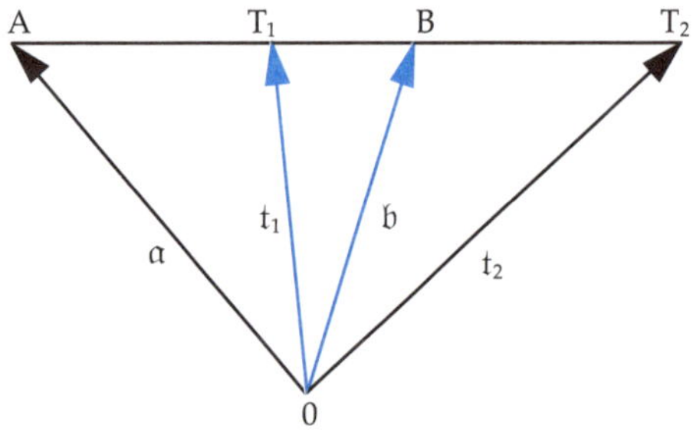

Abb. 87 Der Ortsvektor $\mathfrak{t}$ zum Teilpunkt der Strecke $\overrightarrow{AB}$

Man überzeugt sich leicht mit Hilfe der Umformung $\lambda = \frac{|\overrightarrow{AT}|}{|\overrightarrow{TB}|}$ (λ ist das Teilverhältnis der beiden Strecken $|\overrightarrow{AT}|$ und $|\overrightarrow{TB}|$), so daß genau dann $\mathfrak{t} = \mathfrak{m}$ ist, wenn $\lambda = 1$, weiterhin ist $\mathfrak{t} = \mathfrak{a}$ für $\lambda = 0$, und $\mathfrak{t} = \mathfrak{b}$ ist, falls $\lambda = \pm\infty$.
Durchläuft nun T die gesamte durch A und B bestimmte Gerade g, so verändert sich natürlich auch das Teilverhältnis λ entsprechend. Wir sind damit in der Lage, jeden Teilungspunkt innerhalb oder außerhalb der Strecke $\overrightarrow{AB}$ mathematisch mit Hilfe des zugehörigen Ortsvektors zu beschreiben.
Jeder Punkt der durch $\overrightarrow{AB}$ verlaufenden Geraden läßt sich allerdings auch als Linearkombination des durch A und B definierten Vektors $\mathfrak{v} = \overrightarrow{AB}$ festlegen. Die Gerade ist ja bekanntlich durch die Angabe eines auf ihr liegenden Punktes (zum Beispiel A) und durch die Angabe ihrer Richtung (Steigung) eindeutig bestimmt. Den Punkt A kennzeichnen wir wie immer durch seinen zugehörigen Ortsvektor $\mathfrak{a}$, die Geradensteigung oder die Geradenrichtung wollen wir hier durch den Vektor $\mathfrak{v} = \overrightarrow{AB}$ angeben. Mit diesen Angaben kann nun jeder Punkt X, der mit der Gerade g *inzidiert* (auf ihr liegt), vektoriell durch den zugehörigen Ortsvektor beschrieben werden: Der Richtungsvektor $\mathfrak{v}$ wird dabei zur Erreichung des Punktes X lediglich mit dem **Parameterwert** λ (veränderliche Hilfsgröße) gestaucht (wenn $0 < |\lambda| < 1$) und gestreckt ($|\lambda| > 1$) oder richtungsmäßig umgekehrt ($\lambda < 0$).

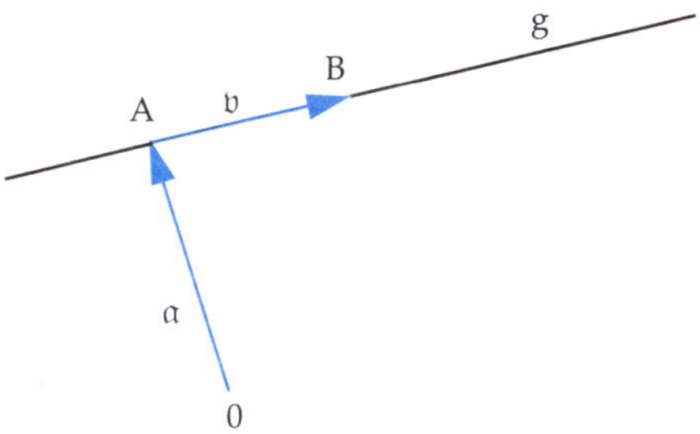

Abb. 88 Richtungsvektor

Einführungsbeispiel:

Gegeben sind die beiden Punkte A (1 | 2) und B (–1 | 1) im kartesischen Koordinatensystem. Man konstruiere die durch A und B verlaufende Gerade g und bestimme die zugehörige Vektorgleichung. Das Ergebnis ist anhand einer Skizze zu kontrollieren (Abb. 89):

Die Vielfachen des Richtungsvektors

$$\mathfrak{v} = \overrightarrow{AB} = (\mathfrak{b} - \mathfrak{a}) = \begin{pmatrix} -1 \\ 1 \end{pmatrix} - \begin{pmatrix} 1 \\ 2 \end{pmatrix} = \begin{pmatrix} -2 \\ -1 \end{pmatrix}$$

erzeugen die gesamte Gerade g durch die beiden Punkte A und B.

g: $\mathfrak{x} = \mathfrak{a} + \lambda\mathfrak{v}$ oder $\mathfrak{x} = \mathfrak{b} + \lambda\mathfrak{v}$ mit einer reellen Zahl λ.

Dabei kann der Richtungsvektor $\mathfrak{v}$ vom Punkt A oder auch vom Punkt B oder von einem beliebigen Punkt der Geraden g aus „gerichtet" werden.

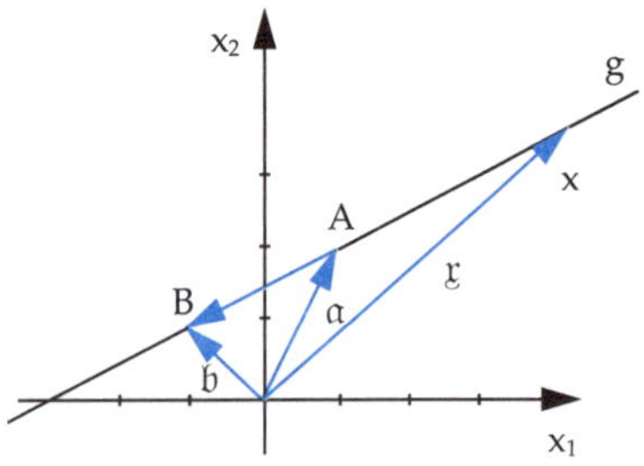

Abb. 89

Freilich kann ein in der Geradengleichung verwendeter Richtungsvektor auch in die andere Richtung zeigen ($\mathfrak{v}' = -\mathfrak{v} = \overrightarrow{BA}$) oder ein Vielfaches von $\mathfrak{v}$ sein. In jedem Fall wird durch die skalare Multiplikation mit $\lambda \in \mathbb{R}$ die gesamte *Punktmenge* $[X \mid X \in g]$ der Geraden auf diese Weise erfaßt. Durch jeden reellen Zahlenwert λ wird genau ein (und nur ein) Punkt X der Geraden definiert. Umgekehrt gehört zu jedem Punkt X und damit zu jedem Ortsvektor $\mathfrak{x}$ der Geraden g nur eine reelle Zahl λ. Weil der Ortsvektor $\mathfrak{v}$ nun von der Wahl des Parameters λ abhängt, nennt man diese Gleichungstypen **Parametergleichungen**.

Die Gerade durch den Punkt A mit dem zugehörigen Ortsvektor $\mathfrak{a}$ und dem Richtungsvektor $\mathfrak{v}$ ist bestimmt durch die **Punktrichtungsform**.

$\mathfrak{x} = \mathfrak{a} + \lambda\mathfrak{v}$

Die Gerade durch die beiden Punkte A und B ist bestimmt durch die **Zweipunkteform**.

$\mathfrak{x} = \mathfrak{a} + \lambda\,(\mathfrak{b} - \mathfrak{a})$.

Beispiele:

1. Die Gerade g durch die Punkte A (1 | 2 | 3) und B (0 | 1 | 4) besitzt die Zweipunkteform

$$\mathfrak{x} = \mathfrak{a} + \lambda(\mathfrak{b} - \mathfrak{a}) = \begin{pmatrix} 1 \\ 2 \\ 3 \end{pmatrix} + \lambda \begin{pmatrix} 0 - 1 \\ -1 - 2 \\ 4 - 3 \end{pmatrix} - \begin{pmatrix} 1 \\ 2 \\ 3 \end{pmatrix} + \lambda \begin{pmatrix} -1 \\ -3 \\ 1 \end{pmatrix}$$

und die Punktrichtungsform

$$\mathfrak{x} = \mathfrak{a} + \lambda\mathfrak{v} = \begin{pmatrix} 1 \\ 2 \\ 3 \end{pmatrix} + \lambda \begin{pmatrix} -1 \\ -3 \\ 1 \end{pmatrix}$$

Wie erwähnt, kann bei der Konstruktion der Geradengleichung der Richtungsvektor

$\mathfrak{v} = \mathfrak{b} - \mathfrak{a} = \begin{pmatrix} -1 \\ -3 \\ 1 \end{pmatrix}$ auch durch $\mathfrak{v}' = \mathfrak{a} - \mathfrak{b} = \begin{pmatrix} 1 \\ 3 \\ -1 \end{pmatrix}$ ersetzt werden.

Jeder Punkt, der auf der Geraden g liegt, muß natürlich die zugehörige Vektorgleichung der Geraden erfüllen. Verwendet man anstelle des Vektors $\mathfrak{x}$ in der Gleichung $\mathfrak{x} = \mathfrak{a} + \lambda\mathfrak{v} = \mathfrak{a} + \lambda(\mathfrak{b} - \mathfrak{a})$ den Ortsvektor eines Geradenpunktes, so muß stets für alle einzelnen Koordinatengleichungen eine wahre Aussage entstehen. Die λ-Werte müssen in diesem Fall natürlich Übereinstimmung aufweisen, da ja alle Koordinaten *proportional* gestreckt oder gestaucht werden.

2. Man prüfe, ob der Punkt P (1 | –1 | 9) auf der Geraden g liegt. Die Gerade g hat die Gleichung $\mathfrak{x} = \begin{pmatrix} 5 \\ 1 \\ 9 \end{pmatrix} + \lambda \begin{pmatrix} 2 \\ 1 \\ 0 \end{pmatrix}$. Liegt P auf g, so erfüllen die Koordinaten von P die Vektorgleichung:

$$\begin{pmatrix} 1 \\ -1 \\ 9 \end{pmatrix} = \begin{pmatrix} 5 \\ 1 \\ 9 \end{pmatrix} + \lambda \begin{pmatrix} 2 \\ 1 \\ 0 \end{pmatrix} \Leftrightarrow \left| \begin{array}{rcl} 1 &=& 5 + 2\lambda \\ -1 &=& 1 + \lambda \\ 9 &=& 9 + 0\lambda \end{array} \right| \Leftrightarrow \left| \begin{array}{l} \lambda = -2 \\ \lambda = -2 \\ \lambda = \text{beliebig} \end{array} \right|$$

Folglich stimmt die Gleichung für λ = –2, weshalb P auf g liegen muß.

Man kann sich natürlich vorstellen, daß in der Geradengleichung $\mathfrak{x} = \mathfrak{a} + \lambda\mathfrak{v}$ der Richtungsvektor $\mathfrak{v}$ durch ein Vielfaches ersetzt wird. Dadurch ändert sich freilich nicht die Gerade, sondern nur die äußere Form der Geradengleichung. Damit leuchtet ein, daß die Geraden g und h genau dann *parallel* verlaufen, wenn ihre Richtungsvektoren $\mathfrak{v}$ und $\mathfrak{u}$ *linear abhängig (kollinear)* sind. Die beiden Geraden g und h sind sogar identisch, wenn der Verbindungsvektor zwischen $A \in g$ und $B \in h$ in bezug auf $\mathfrak{v}$ (und damit auch in bezug auf $\mathfrak{u}$) linear abhängig ist.

Zwei Geraden (Abb. 90)
g: $\mathfrak{x} = \mathfrak{a} + \lambda\mathfrak{v}$ und
h: $\mathfrak{x} = \mathfrak{b} + \mu\mathfrak{u}$
sind genau dann parallel, wenn $\mathfrak{v}$ und $\mathfrak{u}$ linear abhängig sind.
Die Geraden g und h sind sogar gleich (identisch), wenn $\mathfrak{v}$, $\mathfrak{u}$ und $\mathfrak{b} - \mathfrak{a}$ linear abhängig (kollinear) sind.

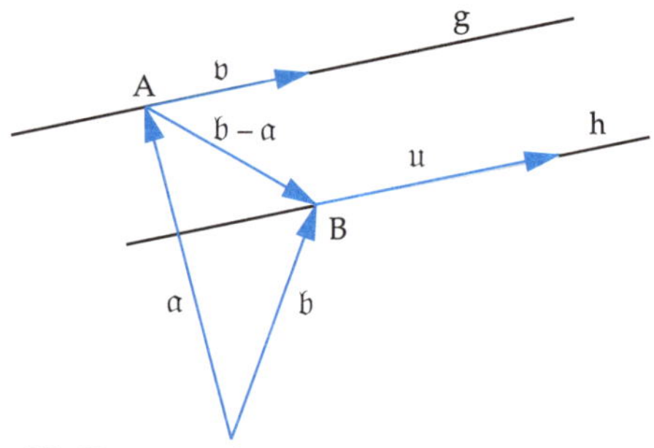

Abb. 90

Wenn $\mathfrak{v}$, $\mathfrak{u}$ und $\mathfrak{b} - \mathfrak{a}$ linear abhängig sind, dann sind es auch die Vektoren $\mathfrak{v}$, $\mathfrak{u}$ und $\mathfrak{a} - \mathfrak{b}$.

Wir wollen jetzt einmal alle möglichen Lagen von zwei Geraden zueinander untersuchen. Zwei Geraden können bekanntlich parallel zueinander verlaufen (identisch sein), oder sie können einen gemeinsamen Schnittpunkt S besitzen. Betrachten wir jedoch Geraden im mehrdimensionalen Raum, so gibt es noch die sogenannte **windschiefe** Lage zweier Geraden zueinander.

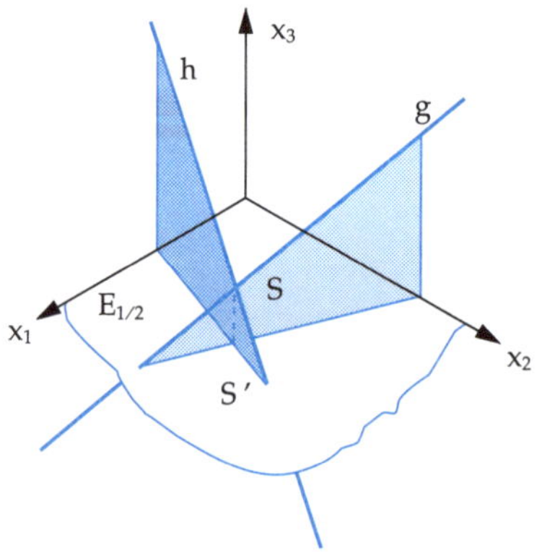

Abb. 91 Geraden im mehrdimensionalen Raum

In diesem Fall laufen die beiden Geraden g und h räumlich aneinander vorbei. Ein existierender Schnittpunkt S würde sowohl die Gleichung von g als auch die von h erfüllen. Mit

g: $\mathfrak{x} = \mathfrak{a} + \lambda\mathfrak{v}$ und
h: $\mathfrak{x} = \mathfrak{b} + \mu\mathfrak{u}$ folgt für einen Schnittpunkt

$$\mathfrak{s} = \mathfrak{a} + \lambda_s\mathfrak{v}$$
$$\mathfrak{s} = \mathfrak{b} + \mu_s\mathfrak{u}$$

Wegen der Gleichheit der beiden linken Ortsvektoren $\mathfrak{s}$ können die beiden rechten Seiten gleichgesetzt werden:

$$\mathfrak{a} + \lambda_s\mathfrak{v} = \mathfrak{b} + \mu_s\mathfrak{u} \Rightarrow \lambda_s\mathfrak{v} - \mu_s\mathfrak{u} = \mathfrak{b} - \mathfrak{a}$$

Man erhält eine Vektorgleichung mit den beiden Unbekannten λ_s und μ_s. Im dreidimensionalen Raum $\mathbb{R}^3$ (n = 3) läßt sich diese Vektorgleichung in drei Koordinatengleichungen überführen. Man erhält folglich drei Gleichungen mit nur zwei Unbekannten λ_s und μ_s. Ein Schnittpunkt S existiert somit nur, wenn alle drei Gleichungen von ein und demselben Lösungspaar $(\lambda_s \mid \mu_s)$ erfüllt werden. Führt nur die erste und zweite Gleichung bei der Belegung mit $(\lambda_s \mid \mu_s)$ auf eine wahre Aussage, jedoch nicht die dritte Gleichung, so existiert zwar kein wirklicher Schnittpunkt S, wohl aber ein *projizierter* Schnittpunkt S′ (siehe Abb. 77). Die Geraden g und h verlaufen dann windschief zueinander und schneiden sich nur in ihrer Projektion.

Beispiel:

Man untersuche, ob die beiden Geraden g und h sich schneiden oder ob sie windschief zueinander verlaufen:

g: $\mathfrak{x} = \begin{pmatrix} 1 \\ 1 \\ 2 \end{pmatrix} + \lambda \begin{pmatrix} 2 \\ 2 \\ 3 \end{pmatrix}$

h: $\mathfrak{x} = \begin{pmatrix} -4 \\ -7 \\ 2 \end{pmatrix} + \mu \begin{pmatrix} 1 \\ 2 \\ -1 \end{pmatrix}$

Für einen möglichen Schnittpunkt S gilt der Ansatz:

$$\mathfrak{s} = \begin{pmatrix} 1 \\ 1 \\ 2 \end{pmatrix} + \lambda_s \begin{pmatrix} 2 \\ 2 \\ 3 \end{pmatrix} = \begin{pmatrix} -4 \\ -7 \\ 2 \end{pmatrix} + \mu_s \begin{pmatrix} 1 \\ 2 \\ -1 \end{pmatrix} \Rightarrow \begin{pmatrix} 1 \\ 1 \\ 2 \end{pmatrix} - \begin{pmatrix} -4 \\ -7 \\ 2 \end{pmatrix} = \mu_s \begin{pmatrix} 1 \\ 2 \\ -1 \end{pmatrix} - \lambda_s \begin{pmatrix} 2 \\ 2 \\ 3 \end{pmatrix}$$

Hieraus ergeben sich folgende Koordinatengleichungen:

I. $5 = \mu_s - 2\lambda_s$

II. $8 = 2\mu_s - 2\lambda_s$

III. $0 = -\mu_s - 3\lambda_s$

Aus **I.** folgt $\mu_s = 5 + 2\lambda_s$, und aus **II.** folgt $\mu_s = 4 + \lambda_s$.

Das Gleichsetzen ergibt somit

$5 + 2\lambda_s = 4 + \lambda_s \Rightarrow \lambda_s = -1$

Mit den umgeformten Gleichungen **I.** oder **II.** folgt $\mu_s = 3$. Setzen wir die gefundenen Parameterwerte in die 3. Koordinatengleichung ein, so ergibt sich $0 = -(3) - (-1) = -3 + 3 = 0$, also zweifelsfrei eine wahre Aussage. Der Schnittpunkt S existiert somit, und seine Koordinaten lauten

g: $\mathfrak{s} = \begin{pmatrix} 1 \\ 1 \\ 2 \end{pmatrix} - \begin{pmatrix} 2 \\ 2 \\ 3 \end{pmatrix} = \begin{pmatrix} -1 \\ -1 \\ -1 \end{pmatrix}$ oder mit Hilfe von h

h: $\mathfrak{s} = \begin{pmatrix} -4 \\ -7 \\ 2 \end{pmatrix} + 3 \begin{pmatrix} 1 \\ 2 \\ -1 \end{pmatrix} = \begin{pmatrix} -1 \\ -1 \\ -1 \end{pmatrix} \Rightarrow S(-1 \mid -1 \mid -1)$

Übungsaufgaben

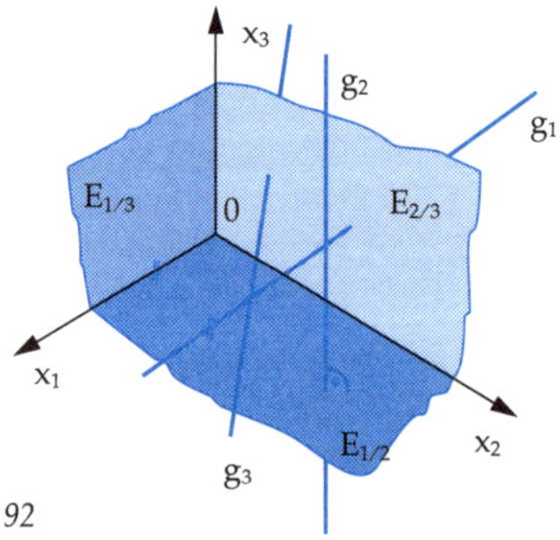

Abb. 92

1. Welche Aussage läßt sich über den Richtungsvektor $\mathfrak{v}$ machen, wenn in einem kartesischen Koordinatensystem die Gerade **g:** $\mathfrak{x} = \mathfrak{a} + \lambda\mathfrak{u}$ (Abb. 92).

a) parallel zur x_1-Achse verläuft?

b) senkrecht zur x_1-x_2-Ebene verläuft

c) parallel zur x_1-x_2-Ebene verläuft?

2. Beschreiben Sie die Lage folgender Geraden:

a) $\mathfrak{x} = \begin{pmatrix} 1 \\ 0 \\ 0 \end{pmatrix} + \lambda \begin{pmatrix} 5 \\ 0 \\ -1 \end{pmatrix}$ b) $\mathfrak{x} = \begin{pmatrix} 1 \\ 2 \end{pmatrix} + \lambda \begin{pmatrix} 0 \\ 1 \end{pmatrix}$ c) $\mathfrak{x} = \lambda \begin{pmatrix} 1 \\ 1 \\ 1 \end{pmatrix}$

3. Wie heißt die Gleichung der Geraden g mit folgenden Eigenschaften

a) $A(1|2|-3) \in g \wedge B(2|0|4) \in g$

b) $O \in g \wedge A(2|-3|0) \in g$

c) $A(1|-1|1) \in g \wedge \mathfrak{v} = \begin{pmatrix} 2 \\ 1 \\ 0 \end{pmatrix}$ ist Richtungsvektor von g

4. Prüfen Sie, ob der Punkt X auf der Geraden g liegt (mit g inzidiert):

a) $X = (0|4|0)$; **g:** $\mathfrak{x} = \begin{pmatrix} 2 \\ 5 \\ 3 \end{pmatrix} + \lambda \begin{pmatrix} 2 \\ 1 \\ 3 \end{pmatrix}$

b) $X = (-4|15)$; **g:** $\mathfrak{x} = \begin{pmatrix} 1 \\ 2 \end{pmatrix} - \lambda \begin{pmatrix} 5 \\ 3 \end{pmatrix}$

5. Ein affines Koordinatensystem unterscheidet sich von einem kartesischen Koordinatensystem dadurch, daß die Koordinatenachsen nicht senkrecht, sondern in einem beliebigen Winkel zueinander stehen (e_1 und e_2 sind Einheitsvektoren, die das System erzeugen):

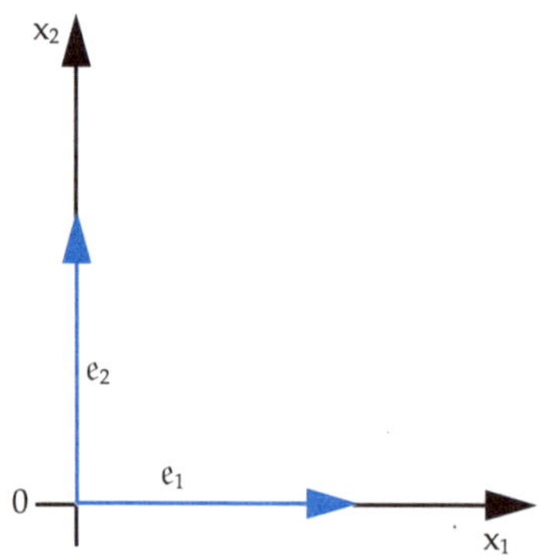

Abb. 93 kartesisches Koordinatensystem

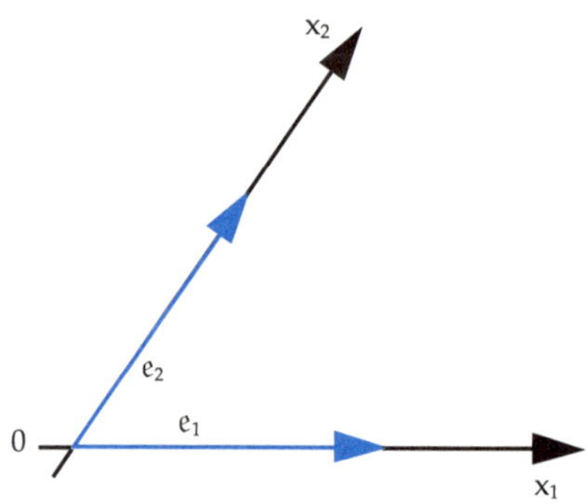

Abb. 94 affines Koordinatensystem

Konstruieren Sie die Gleichungen der Seiten eines gleichseitigen Dreiecks mit der Kantenlänge 1 L.E. (Längeneinheit) in einem

a) geeigneten affinen Koordinatensystem

b) in einem kartesischen Koordinatensystem

6. Untersuchen Sie, ob sich folgende Geraden schneiden. Bestimmen Sie gegebenenfalls den Schnittpunkt S und fertigen Sie eine Skizze an.

a) **g:** $\mathfrak{x} = \begin{pmatrix} -1 \\ 0 \end{pmatrix} + \lambda \begin{pmatrix} 2 \\ 2 \end{pmatrix}$ **h:** $\mathfrak{x} = \begin{pmatrix} 4 \\ 4 \end{pmatrix} + \mu \begin{pmatrix} 3 \\ 2 \end{pmatrix}$

b) **g:** $\mathfrak{x} = \begin{pmatrix} -2 \\ 2 \end{pmatrix} + \lambda \begin{pmatrix} 4 \\ -1 \end{pmatrix}$ **h:** $\mathfrak{x} = \begin{pmatrix} -2 \\ -1 \end{pmatrix} + \mu \begin{pmatrix} 6 \\ -1{,}5 \end{pmatrix}$

c) **g:** $\mathfrak{x} = \begin{pmatrix} 1 \\ 4 \end{pmatrix} + \lambda \begin{pmatrix} 3 \\ -5 \end{pmatrix}$ **h:** $\mathfrak{x} = \begin{pmatrix} 4 \\ -1 \end{pmatrix} + \mu \begin{pmatrix} -6 \\ 10 \end{pmatrix}$

7. Untersuchen Sie folgende Geraden g und h auf einen Schnittpunkt, oder überprüfen Sie, ob g und h windschief sind:

a) **g:** $\mathfrak{x} = \begin{pmatrix} 4 \\ 1 \\ 5 \end{pmatrix} + \lambda \begin{pmatrix} 3 \\ 2 \\ 0 \end{pmatrix}$ **h:** $\mathfrak{x} = \begin{pmatrix} 10 \\ 5 \\ 5 \end{pmatrix} + \mu \begin{pmatrix} 4{,}5 \\ 3 \\ 0 \end{pmatrix}$

b) **g:** $\mathfrak{x} = \begin{pmatrix} 1 \\ 5 \\ 7 \end{pmatrix} + \lambda \begin{pmatrix} -3 \\ 0 \\ 4 \end{pmatrix}$ **h:** $\mathfrak{x} = \begin{pmatrix} 3 \\ 2 \\ 1 \end{pmatrix} + \mu \begin{pmatrix} 3 \\ 0 \\ -4 \end{pmatrix}$

c) **g:** $\mathfrak{x} = \begin{pmatrix} 2 \\ 3 \\ 5 \end{pmatrix} + \lambda \begin{pmatrix} -0{,}5 \\ 3 \\ 1 \end{pmatrix}$ **h:** $\mathfrak{x} = \begin{pmatrix} 8 \\ 27 \\ -7 \end{pmatrix} + \mu \begin{pmatrix} 4 \\ 6 \\ -8 \end{pmatrix}$

d) **g:** $\mathfrak{x} = \begin{pmatrix} 5 \\ -2 \\ 0 \end{pmatrix} + \lambda \begin{pmatrix} 2{,}\overline{3} \\ 1 \\ 1 \end{pmatrix}$ **h:** $\mathfrak{x} = \begin{pmatrix} -1 \\ 0{,}5 \\ 1 \end{pmatrix} + \mu \begin{pmatrix} -1 \\ 0{,}5 \\ 2 \end{pmatrix}$

e) **g:** $\mathfrak{x} = \begin{pmatrix} 8 \\ 5 \\ 4 \end{pmatrix} + \lambda \begin{pmatrix} 2 \\ 3 \\ 2 \end{pmatrix}$ **h:** $\mathfrak{x} = \begin{pmatrix} 2 \\ 5 \\ 2 \end{pmatrix} + \mu \begin{pmatrix} 3 \\ 1 \\ 5 \end{pmatrix}$

Ebenengleichungen

Einführungsbeispiel:

Das Segel eines Bootes wird durch die Festlegung zweier Steifteile fixiert und damit festgelegt. Hierbei wird sozusagen eine Segelebene bestimmt, die sich durch Veränderung der waagerechten Halterung bei horizontaler Drehung um die Längsachse und auch durch Veränderung der meist senkrecht stehenden Hauptachse in jede beliebige Lage bringen läßt.

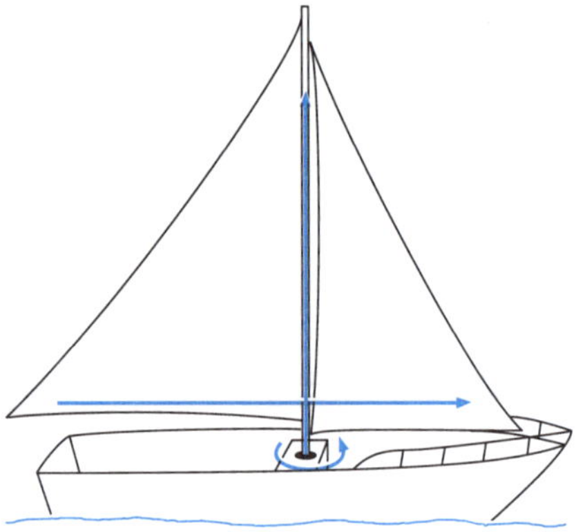

Abb. 95

Es ist leicht nachvollziehbar, daß sich jede beliebige Ebene im dreidimensionalen Raum $\mathbb{R}^3$ auf folgende Weise erzeugen läßt:

1. Vom Koordinatenursprung 0 aus eines beliebigen affinen oder kartesischen Koordinatensystems wird zu einem beliebigen Punkt A der Ebene E der zugehörige Ortsvektor $\mathfrak{a}$ konstruiert.
2. Vom Ebenenpunkt A aus spannen die nicht kollinearen Richtungsvektoren $\mathfrak{v}$ und $\mathfrak{u}$ die Ebene E auf.
3. Jeder Ortsvektor $\mathfrak{x}$ zu einem beliebigen Punkt dieser Ebene E kann durch Linearkombination der Vektoren $\mathfrak{a}$, $\mathfrak{v}$ und $\mathfrak{u}$ erzeugt werden.

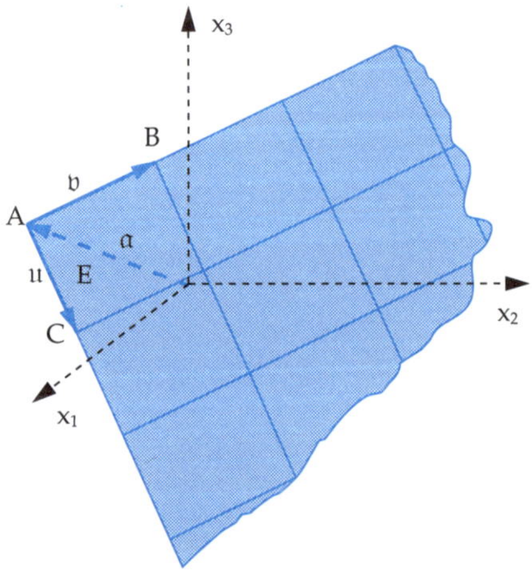

Abb. 96 Die Erzeugung der Ebene E

Man nennt eine Parameterdarstellung **E:** $\mathfrak{x} = \mathfrak{a} + \lambda\mathfrak{b} + \mu\mathfrak{u}$ mit $\lambda, \mu \in \mathbb{R}$ **Punktrichtungsgleichung der Ebene**.

Durchlaufen die Paramter λ und μ voneinander unabhängig die Menge $\mathbb{R}$ der reellen Zahlen, so werden alle zur Ebene gehörenden Ortsvektoren $\mathfrak{b}$ erzeugt. Dabei werden allerdings nur die Punkte dieser bestimmten Ebene erfaßt. Punkte außerhalb der Ebene E sind auf diese Weise nicht erzeugbar.
Die Konstruktion der Ebene E mit Hilfe der beiden Richtungsvektoren $\mathfrak{b}$ und $\mathfrak{u}$ und mit Hilfe des „Startpunktes" A bedeutet im Prinzip, daß in der Ebene E ein *affines Koordinatensystem* errichtet wurde und die konkretisierten Parameter die Koordinaten eines bestimmten Ebenenpunktes X bezüglich dieses Koordinatensystems darstellen. Damit leuchtet ein, daß beliebig viele „affine Koordinatensysteme" dieser Art für ein und dieselbe Ebene existieren.

Beispiele:

1. Man überprüfe, ob der Punkt P (4|7|3) in der Ebene E liegt:

$$\textbf{E: } \mathfrak{x} = \begin{pmatrix} 4 \\ 0 \\ 1 \end{pmatrix} + \lambda \begin{pmatrix} -2 \\ 3 \\ 2 \end{pmatrix} + \mu \begin{pmatrix} -1 \\ 5 \\ 2 \end{pmatrix}$$

Wenn $P \in E$, dann muß der zugehörige Ortsvektor $\mathfrak{p}$ die Ebenengleichung erfüllen, also $\mathfrak{p}$ muß erzeugbar (linear kombinierbar) sein aus $\mathfrak{a}$, $\mathfrak{b}$ und $\mathfrak{u}$:

$$\begin{pmatrix} 4 \\ 7 \\ 3 \end{pmatrix} = \begin{pmatrix} 4 \\ 0 \\ 1 \end{pmatrix} + \lambda \begin{pmatrix} -2 \\ 3 \\ 2 \end{pmatrix} + \mu \begin{pmatrix} -1 \\ 5 \\ 2 \end{pmatrix} \Leftrightarrow \begin{pmatrix} 0 \\ 7 \\ 2 \end{pmatrix} = \lambda \begin{pmatrix} -2 \\ 3 \\ 2 \end{pmatrix} + \mu \begin{pmatrix} -1 \\ 5 \\ 2 \end{pmatrix}$$

$$\begin{array}{ll} \text{I. } 0 = -2\lambda - \mu & \Rightarrow \mu = -2\lambda \\ \left.\begin{array}{l} \text{II. } 7 = 3\lambda + 5\mu \\ \text{III. } 2 = 2\lambda + 2\mu \end{array}\right\} & \Rightarrow -4 = -4\lambda \Rightarrow \lambda = -1 \Rightarrow \mu = 2 \end{array}$$

Die gefundenen Parameterwerte erfüllen alle drei Koordinatengleichungen zugleich. Folglich liegt P in der Ebene.

2. Liegt die Gerade g in der Ebene E?

$$\textbf{g:}\ \mathfrak{x} = \begin{pmatrix} -7 \\ 11 \\ 15 \end{pmatrix} + \lambda \begin{pmatrix} 8 \\ 2 \\ 10 \end{pmatrix};\quad \textbf{E:}\ \mathfrak{x} = \begin{pmatrix} 3 \\ 9 \\ 2 \end{pmatrix} + \mu \begin{pmatrix} 4 \\ 1 \\ 5 \end{pmatrix} + \nu \begin{pmatrix} 6 \\ 0 \\ -1 \end{pmatrix}$$

Wenn $g \subset E$ sein soll, muß der Punkt A $(-7|11|15)$ in der Ebene E liegen und der Richtungsvektor der Geraden komplanar zu den beiden Richtungsvektoren der Ebene sein. Die *Komplanarität* läßt sich mit Hilfe der *Determinante* der drei Richtungsvektoren nachweisen.

$$\mathbf{A \in E:}\ \begin{pmatrix} -7 \\ 11 \\ 15 \end{pmatrix} = \begin{pmatrix} 3 \\ 9 \\ 2 \end{pmatrix} + \mu \begin{pmatrix} 4 \\ 1 \\ 5 \end{pmatrix} + \nu \begin{pmatrix} 6 \\ 0 \\ -1 \end{pmatrix}$$

$\Rightarrow$ I. $-10 = 4\mu + 6\nu$

II. $2 = \mu + 0 \Rightarrow \mu = 2$

III. $13 = 5\mu - \nu \Rightarrow \nu = -3$

Die gefundenen Parameter μ und ν erfüllen alle drei Koordinatengleichungen, weshalb der Punkt A $(-7|11|15)$ in der Ebene E liegt. Wir überprüfen jetzt die Komplanarität aller Richtungsvektoren:

$$D = \begin{vmatrix} 4 & 6 & 8 \\ 1 & 0 & 2 \\ 5 & -1 & 10 \end{vmatrix}$$ nach der Regel von Sarrus erhält man für die Determinante:

$$D = 4 \cdot 0 \cdot 10 + 6 \cdot 2 \cdot 5 + 8 \cdot 1 \cdot (-1) - 8 \cdot 0 \cdot 5 - 4 \cdot 2 \cdot (-1) - 6 \cdot 1 \cdot 10$$
$$D = 0 + 60 - 8 - 0 + 8 - 60 = 0$$

Die drei Richtungsvektoren $\begin{pmatrix} 4 \\ 1 \\ 5 \end{pmatrix} \cdot \begin{pmatrix} 6 \\ 0 \\ -1 \end{pmatrix}$ und $\begin{pmatrix} 8 \\ 2 \\ 10 \end{pmatrix}$ sind linear abhängig, sie liegen folglich in einer Ebene $\Rightarrow g \subset E$.

Bekanntlich ist eine *Gerade* durch *zwei Punkte* oder durch *einen Punkt und die Geradensteigung* eindeutig festgelegt. Eine *Ebene* wird eindeutig durch *einen Punkt* und *zwei nichtkollineare Richtungsvektoren* oder durch die Angabe *dreier nichtkollinearer Punkte* bestimmt. Es ist klar, daß durch diese drei Punkte A, B und C wieder zwei linear unabhängige Richtungsvektoren $\mathfrak{v}$ und $\mathfrak{u}$ erzeugbar sind, zum Beispiel: $\mathfrak{v} = \mathfrak{b} - \mathfrak{a}$ und $\mathfrak{u} = \mathfrak{c} - \mathfrak{a}$.

Die Gleichung der Ebene durch die drei Punkte A, B und C wird bestimmt durch die **Dreipunkteform der Ebene:**
E: $\mathfrak{x} = \mathfrak{a} + \lambda(\mathfrak{b} - \mathfrak{a}) + \mu(\mathfrak{c} - \mathfrak{a})$ mit $\lambda; \mu \in \mathbb{R}$

Beispiele:

1. Die drei Punkte A (1 | 0 | 0), B (0 | 1 | 0) und C (0 | 0 | 1) spannen folgende Ebene (Abb. 97) auf:

$$\mathfrak{b} - \mathfrak{a} = \begin{pmatrix} -1 \\ 1 \\ 0 \end{pmatrix}, \; \mathfrak{c} - \mathfrak{a} = \begin{pmatrix} -1 \\ 0 \\ 1 \end{pmatrix}$$

$$\textbf{E:} \quad \mathfrak{x} = \begin{pmatrix} 1 \\ 0 \\ 0 \end{pmatrix} + \lambda \begin{pmatrix} -1 \\ 1 \\ 0 \end{pmatrix} + \mu \begin{pmatrix} -1 \\ 0 \\ 1 \end{pmatrix}$$

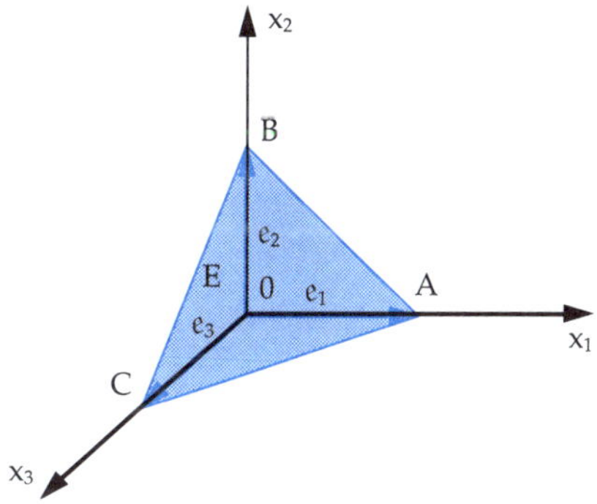

Abb. 97

2. Sind zwei Ebenen (Abb. 98) gegeben, etwa **E$_1$:** $\mathfrak{x} = \mathfrak{a} + \lambda\mathfrak{v} + \mu\mathfrak{u}$ und

   E$_2$: $\mathfrak{x} = \mathfrak{b} + \nu\mathfrak{t} + \sigma\mathfrak{w}$,

   so sind diese beiden Ebenen *genau dann parallel,* wenn alle vorkommenden Richtungsvektoren $\mathfrak{v}$, $\mathfrak{u}$, $\mathfrak{t}$ und $\mathfrak{w}$ *komplanar,* also in einer Ebene darstellbar sind. Die Ebenen E_1 und E_2 sind sogar gleich (identisch), wenn außerdem der Verbindungsvektor $\mathfrak{b} - \mathfrak{a}$ oder $\mathfrak{a} - \mathfrak{b}$ in E_1 (und damit auch in E_2) liegt. Zwei nichtparallele Ebenen E_1 und E_2 haben natürlich irgendwo eine gemeinsame **Schnittgerade** g.

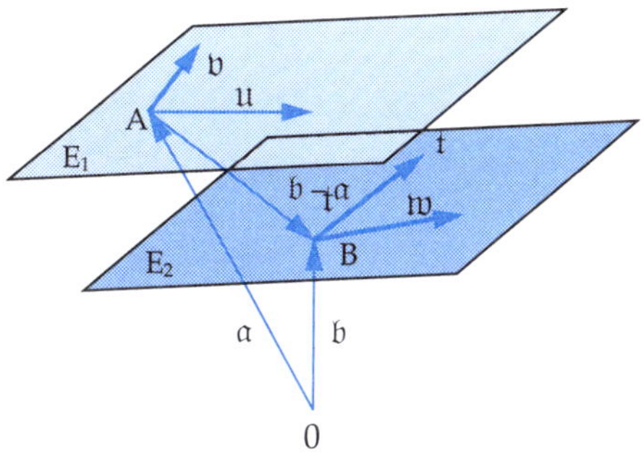

Abb. 98

3. Die Gerade g (Abb. 99) erfüllt als Schnittgerade sowohl die Gleichung von E_1 als auch die von E_2.

   Zur Bestimmung der Schnittgeraden setzen wir also gleich:

   $$\mathfrak{a} + \lambda_s\mathfrak{v} + \mu_s\mathfrak{u} = \mathfrak{b} + \nu_s\mathfrak{t} + \sigma_s\mathfrak{w}$$

   $$\Rightarrow \qquad \mathfrak{a} - \mathfrak{b} = \nu_s\mathfrak{t} + \sigma_s\mathfrak{w} - \lambda_s\mathfrak{v} - \mu_s\mathfrak{u}$$

   Die gemeinsame Gerade g muß nun komplett in E_1 und auch in E_2 liegen. Insbesondere muß sie also mit den Parameterwerten ein und derselben Ebene darstellbar sein. Wir sind deshalb bestrebt, eine Beziehung zwischen den Parameterwerten ein und derselben Ebene aus der zweiten Gleichung herzuleiten, um so eine Parameterdarstellung der gesuchten Geraden zu erhalten; das Verfahren soll an zwei Beispielen erläutert werden.

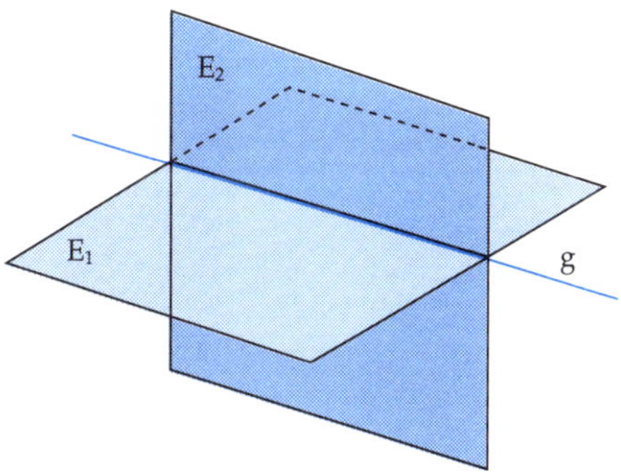

Abb. 99

Beispiele:

1. Man bestimme die Gleichung der Schnittgeraden der Ebenen ABGH und CDEF im *Einheitswürfel* mit A (0 | 0 | 0), B (1 | 0 | 0), C (1 | 1 | 0), D (0 | 1 | 0), E (0 | 0 | 1), F (1 | 0 | 1), G (1 | 1 | 1), H (0 | 1 | 1).

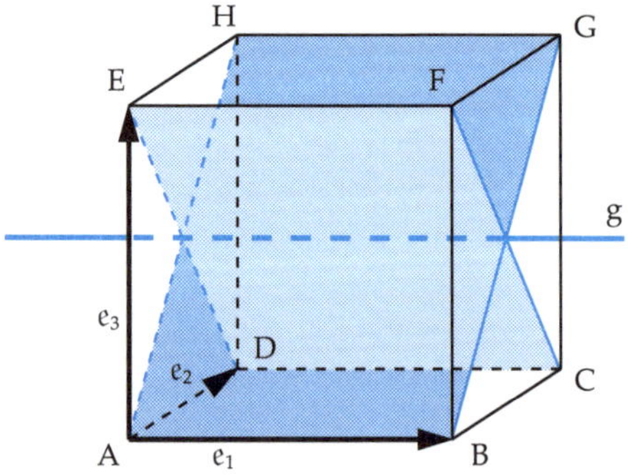

Abb. 100 Einheitswürfel

Ebene ABGH: $\mathfrak{x} = \mathfrak{a} + \lambda(\mathfrak{b} - \mathfrak{a}) + \mu(\mathfrak{f} - \mathfrak{a})$

$$\mathfrak{x} = \begin{pmatrix} 0 \\ 0 \\ 0 \end{pmatrix} + \lambda\left[\begin{pmatrix} 1 \\ 0 \\ 0 \end{pmatrix} - \begin{pmatrix} 0 \\ 0 \\ 0 \end{pmatrix}\right] + \mu\left[\begin{pmatrix} 0 \\ 1 \\ 1 \end{pmatrix} - \begin{pmatrix} 0 \\ 0 \\ 0 \end{pmatrix}\right]$$

$$\mathfrak{x} = \lambda\begin{pmatrix} 1 \\ 0 \\ 0 \end{pmatrix} + \mu\begin{pmatrix} 0 \\ 1 \\ 1 \end{pmatrix}$$

Ebene CDEF: $\mathfrak{x} = \mathfrak{e} + \nu(\mathfrak{d} - \mathfrak{e}) + \sigma(\mathfrak{f} - \mathfrak{e})$

$$\mathfrak{x} = \begin{pmatrix} 0 \\ 0 \\ 1 \end{pmatrix} + \nu\left[\begin{pmatrix} 0 \\ 1 \\ 0 \end{pmatrix} - \begin{pmatrix} 0 \\ 0 \\ 1 \end{pmatrix}\right] + \sigma\left[\begin{pmatrix} 1 \\ 0 \\ 1 \end{pmatrix} - \begin{pmatrix} 0 \\ 0 \\ 1 \end{pmatrix}\right]$$

$$\mathfrak{x} = \begin{pmatrix} 0 \\ 0 \\ 1 \end{pmatrix} + \nu\begin{pmatrix} 0 \\ 1 \\ -1 \end{pmatrix} + \sigma\begin{pmatrix} 1 \\ 0 \\ 0 \end{pmatrix}$$

Gleichsetzen ergibt:

$$\lambda_s\begin{pmatrix} 1 \\ 0 \\ 0 \end{pmatrix} + \mu_s\begin{pmatrix} 0 \\ 1 \\ 1 \end{pmatrix} = \begin{pmatrix} 0 \\ 0 \\ 1 \end{pmatrix} + \nu_s\begin{pmatrix} 0 \\ 1 \\ -1 \end{pmatrix} + \sigma_s\begin{pmatrix} 1 \\ 0 \\ 0 \end{pmatrix}$$

$\lambda_s = \sigma_s \wedge \mu_s = \nu_s \wedge \mu_s = 1 - \nu_s \Rightarrow \mu_s = 1 - \mu_s$

also $\mu_s = 0{,}5 \wedge \nu_s = 0{,}5 \wedge \lambda_s = \sigma_s$

Wir bestimmen die Gleichung der Schnittgeraden mit Hilfe der Ebene ABGH:

$$\mathfrak{x} = \lambda\begin{pmatrix} 1 \\ 0 \\ 0 \end{pmatrix} + \frac{1}{2}\begin{pmatrix} 0 \\ 1 \\ 1 \end{pmatrix} = \begin{pmatrix} 0 \\ 0{,}5 \\ 0{,}5 \end{pmatrix} + \lambda\begin{pmatrix} 1 \\ 0 \\ 0 \end{pmatrix}$$

oder mit Hilfe der Ebene CDEF:

$$\mathfrak{x} = \begin{pmatrix} 0 \\ 0 \\ 1 \end{pmatrix} + \frac{1}{2}\begin{pmatrix} 0 \\ 1 \\ -1 \end{pmatrix} + \sigma\begin{pmatrix} 1 \\ 0 \\ 0 \end{pmatrix} = \begin{pmatrix} 0 \\ 0{,}5 \\ 0{,}5 \end{pmatrix} + \sigma\begin{pmatrix} 1 \\ 0 \\ 0 \end{pmatrix}$$

2. Gegeben sind die beiden Ebenen $\mathbf{E_1}$: $\mathfrak{x} = \begin{pmatrix} 3 \\ 2 \\ 1 \end{pmatrix} + \lambda \begin{pmatrix} 0 \\ 1 \\ 5 \end{pmatrix} + \mu \begin{pmatrix} 4 \\ -1 \\ 3 \end{pmatrix}$

$\mathbf{E_2}$: $\mathfrak{x} = \begin{pmatrix} 1 \\ 0 \\ 4 \end{pmatrix} + \nu \begin{pmatrix} 2 \\ 1 \\ 1 \end{pmatrix} + \sigma \begin{pmatrix} 2 \\ 5 \\ 0 \end{pmatrix}$

Um die Schnittgerade zu ermitteln, setzen wir die beiden Gleichungen einander gleich:

$$\begin{pmatrix} 3 \\ 2 \\ 1 \end{pmatrix} + \lambda_s \begin{pmatrix} 0 \\ 1 \\ 5 \end{pmatrix} + \mu_s \begin{pmatrix} 4 \\ -1 \\ 3 \end{pmatrix} = \begin{pmatrix} 1 \\ 0 \\ 4 \end{pmatrix} + \nu_s \begin{pmatrix} 2 \\ 1 \\ 1 \end{pmatrix} + \sigma_s \begin{pmatrix} 2 \\ 5 \\ 0 \end{pmatrix}$$

I. $2 = -4\mu_s + 2\nu_s + 2\sigma_s$

II. $2 = -\lambda_s + \mu_s + \nu_s + 5\sigma_s$

III. $-3 = -5\lambda_s - 3\mu_s + \nu_s$

Wir suchen jetzt entweder eine Beziehung zwischen λ_s und μ_s oder zwischen ν_s und σ_s:

II. minus III. $\Rightarrow$ IV. $\Rightarrow$ $5 = 4\lambda_s + 4\mu_s + 5\sigma_s$

I. minus 2mal II. $\Rightarrow$ V. $\Rightarrow -2 = 2\lambda_s - 6\mu_s - 8\sigma_s$

Gleichung **IV.** wird mit dem Faktor 8, Gleichung **V.** mit dem Faktor 5 multipliziert. Die Addition der Gleichungen **IV.** und **V.** ergibt:

$30 = 42\lambda_s + 2\mu_s$

$\mu_s = 15 - 21\lambda_s$

eingesetzt in E_1 ergibt dies:

$$\mathfrak{x} = \begin{pmatrix} 3 \\ 2 \\ 1 \end{pmatrix} + \lambda \begin{pmatrix} 0 \\ 1 \\ 5 \end{pmatrix} + (15 - 21\lambda) \begin{pmatrix} 4 \\ -1 \\ 3 \end{pmatrix}$$

$$\mathfrak{x} = \begin{pmatrix} 3 \\ 2 \\ 1 \end{pmatrix} + \lambda \begin{pmatrix} 0 \\ 1 \\ 5 \end{pmatrix} + \begin{pmatrix} 60 \\ -15 \\ 45 \end{pmatrix} - \lambda \begin{pmatrix} 84 \\ -21 \\ 63 \end{pmatrix}$$

$$\mathfrak{x} = \begin{pmatrix} 63 \\ -13 \\ 46 \end{pmatrix} + \lambda \begin{pmatrix} -84 \\ 22 \\ -58 \end{pmatrix}$$

Dies ist die gesuchte Gleichung der Schnittgeraden $E_1 \cap E_2$. Als Kontrolle könnte man untersuchen und nachweisen, daß $\begin{pmatrix} 63 \\ -13 \\ 46 \end{pmatrix}$ sowohl in E_1 als auch in E_2 liegt und $\begin{pmatrix} -84 \\ 22 \\ -58 \end{pmatrix}$ komplanar zu den beiden jeweiligen Richtungsvektoren von E_1 und von E_2 ist.

Übungsaufgaben

1. Gegeben ist eine Gerade g und ein Punkt P. Bestimmen Sie eine Ebene E, für die $g \subset E \wedge P \in E$ ist:

   a) **g:** $\mathfrak{x} = \begin{pmatrix} 4 \\ 2 \\ 1 \end{pmatrix} + \lambda \begin{pmatrix} -3 \\ 0 \\ 2 \end{pmatrix}$; P (0 | 1 | 5)

   b) **g:** $\mathfrak{x} = \begin{pmatrix} 1 \\ 0 \\ 0 \end{pmatrix} + \lambda \begin{pmatrix} 0 \\ 1 \\ 0 \end{pmatrix}$; P (0 | 0 | 1)

2. Zeigen Sie, daß sich die beiden Geraden g und h schneiden:

   g: $\mathfrak{x} = \begin{pmatrix} 5 \\ 1 \\ 0 \end{pmatrix} + \lambda \begin{pmatrix} -1 \\ 1 \\ 3 \end{pmatrix}$

   h: $\mathfrak{x} = \begin{pmatrix} -1 \\ 3 \\ 8 \end{pmatrix} + \mu \begin{pmatrix} 4 \\ 0 \\ -2 \end{pmatrix}$

   Geben Sie eine Parameterdarstellung der durch g und h aufgespannten Ebene an.

3. Bestimmen Sie die Ebenengleichungen der Dreiecke
   A (4 | 1 | 0), B (3 | –1 | 5) und C (0 | 2 | 1) sowie
   A′ (0 | 0 | 1), B′ (–2 | –2 | 2) und C′ (3 | 0 | 2).

4. Prüfen Sie, ob die gegebene Gerade g in der Ebene E liegt. Verläuft g zu E parallel oder gibt es einen gemeinsamen Schnittpunkt?

   g: $\mathfrak{x} = \begin{pmatrix} 2 \\ 1 \\ 0 \end{pmatrix} + \lambda \begin{pmatrix} 4 \\ 1 \\ 2 \end{pmatrix}$; **E:** $\mathfrak{x} = \begin{pmatrix} 3 \\ 1 \\ 2 \end{pmatrix} + \mu \begin{pmatrix} 1 \\ 5 \\ -1 \end{pmatrix} + \nu \begin{pmatrix} 9 \\ 7 \\ 3 \end{pmatrix}$

5. Gegeben sind die drei Punkte A (a | 0 | 0), B (0 | b | 0) und C (0 | 0 | c) auf den drei Koordinatenachsen. Bestimmen Sie:

   a) die zugehörige Parameterdarstellung der Ebene durch ABC,

   b) die Parameterdarstellungen der drei Begrenzungsgeraden des Dreiecks ABC,

   c) die **parameterfreie Achsenabschnittsform** der drei Begrenzungsgeraden des Dreiecks ABC,

   d) die zugehörige parameterfreie Achsenabschnittsform der Ebenengleichung durch ABC.

Metrischer Vektorraum, Skalarprodukt

Wir sind inzwischen in der Lage, *Vektoren* zu addieren respektive zu subtrahieren und mit einem *Skalar* zu multiplizieren. Wir haben die *Parallelität* bei Geraden und Ebenen, die *Schnittpunktbestimmung* und die *Teilverhältnisse* von Streckenlängen untersucht. Bislang haben wir damit die **affine Geometrie** betrieben. *Affin* deshalb, weil die zuvor genannten Größen bei sogenannten **affinen Abbildungen** (Parallelverschiebung, Spiegelung, Drehung, zentrische Streckung) invariant, also unverändert bleiben. Uns fehlt jetzt noch eine **Metrik**, also die Einführung von *Streckenlängen* und *Winkeln*. Wir bewegen uns dann im sogenannten **metrischen Vektorraum**.

Die grundlegenden Begriffe dieses Kapitels sind bereits in Band II, S. 164 ff. und 175 ff. behandelt und eingeführt worden. Sie sollen lediglich wiederholt und zusammengestellt werden:

Betrag eines Vektors: $|\mathfrak{a}| = a = \sqrt{a_x^2 + a_y^2 + a_z^2} = \sqrt{a_1^2 + a_2^2 + a_3^2}$

$(a_x = a_1\,;\; a_y = a_2\,;\; a_z = a_3)$

Skalarprodukt zweier Vektoren:
(mit Beträgen) $\mathfrak{a} \cdot \mathfrak{b} = |\mathfrak{a}|\,|\mathfrak{b}| \cdot \cos\alpha = a \cdot b \cdot \cos\alpha$

Skalarprodukt zweier Vektoren:
(mit Komponenten) $\mathfrak{a} \cdot \mathfrak{b} = \begin{pmatrix} a_1 \\ a_2 \\ a_3 \end{pmatrix} \cdot \begin{pmatrix} b_1 \\ b_2 \\ b_3 \end{pmatrix} = a_1b_1 + a_2b_2 + a_3b_3$

Winkel zwischen zwei Vektoren: $\cos(\mathfrak{a}\,;\mathfrak{b}) = \dfrac{\mathfrak{a} \cdot \mathfrak{b}}{|\mathfrak{a}| \cdot |\mathfrak{b}|} = \dfrac{\mathfrak{a} \cdot \mathfrak{b}}{a \cdot b}$

Kommutativgesetz des Skalarproduktes: $\mathfrak{a} \cdot \mathfrak{b} = \mathfrak{b} \cdot \mathfrak{a}$

Distributivgesetz des Skalarproduktes: $\mathfrak{a}\,(\mathfrak{b} + \mathfrak{c}) = \mathfrak{a}\mathfrak{b} + \mathfrak{a}\mathfrak{c}$

Das Skalarprodukt $\mathfrak{a} \cdot \mathfrak{b}$ ist gleich dem Produkt der zugehörigen Beträge

$$\mathfrak{a} \cdot \mathfrak{b} = |a| \cdot |b|$$

wenn $\mathfrak{a}$ und $\mathfrak{b}$ kollinear und damit $\mathfrak{a} \cdot \mathfrak{a} = \mathfrak{a}^2 = a^2$

Für $\mathfrak{a} \neq 0$ und $\mathfrak{b} \neq 0$ gilt: $\mathfrak{a} \cdot \mathfrak{b} = 0 \Leftrightarrow \mathfrak{a} \perp \mathfrak{b}$

Anders als in der Algebra kann das Skalarprodukt $\mathfrak{a} \cdot \mathfrak{b} = c$ (c ist wohlgemerkt ein Skalar!) durch eine *Division nicht rückgängig* gemacht werden. Folglich kann es auch nicht durch einen Vektor gekürzt werden, weil durch einen *Vektor nicht geteilt* werden kann; der rechte Term ist somit nicht definiert: $\dfrac{\mathfrak{a} \cdot \mathfrak{b}}{\mathfrak{a}^2} \neq \dfrac{\mathfrak{b}}{\mathfrak{a}}$

Die Tatsache, daß ein skalares Produkt auch Null sein kann, wenn keiner der beiden Vektoren der Nullvektor ist, hat große Bedeutung für viele Anwendungsaufgaben.

Einführungsbeispiele:

1. Die Vektoren $\mathfrak{a} = \begin{pmatrix} -14 \\ 2 \\ 5 \end{pmatrix}$ und $\mathfrak{b} = \begin{pmatrix} 2 \\ -10 \\ 11 \end{pmatrix}$ spannen ein Parallelogramm (Abb. 101) im $\mathbb{R}^3$ auf.

Man beweise, daß es sich bei dem Parallelogramm um eine Raute (Rhombus) handelt.
Wir konstruieren die beiden Diagonalen

$\mathfrak{a} + \mathfrak{b} = \begin{pmatrix} -12 \\ -8 \\ 16 \end{pmatrix}$ und $\mathfrak{a} - \mathfrak{b} = \begin{pmatrix} -16 \\ 12 \\ -6 \end{pmatrix}$

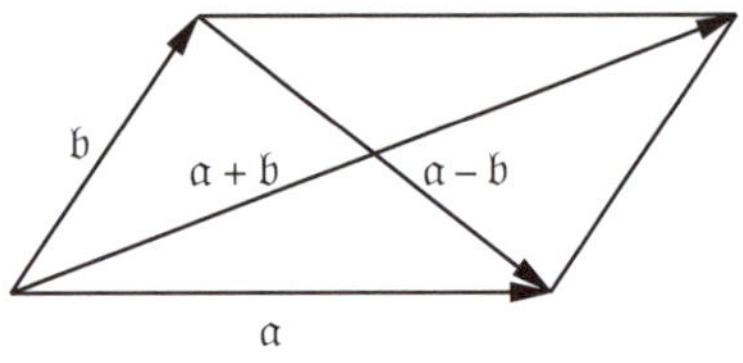

Abb. 101

und bilden das zugehörige Skalarprodukt mit Hilfe der Komponenten:

$$(\mathfrak{a} + \mathfrak{b})\,(\mathfrak{a} - \mathfrak{b}) = \begin{pmatrix} -12 \\ -8 \\ 16 \end{pmatrix} \cdot \begin{pmatrix} -16 \\ 12 \\ -6 \end{pmatrix} = (-12)\,(-16) - 8 \cdot 12 - 16 \cdot 6 = 0$$

Hieraus folgt bereits: $(\mathfrak{a} + \mathfrak{b}) \perp (\mathfrak{a} - \mathfrak{b})$

Mit Hilfe der Beträge dieser Vektoren läßt sich dann auch der Winkel zwischen den beiden Diagonalen leicht bestimmen:

$|\mathfrak{a} + \mathfrak{b}| = \sqrt{12^2 + 8^2 + 16^2} = \sqrt{464}$ und $|\mathfrak{a} - \mathfrak{b}| = \sqrt{16^2 + 12^2 + 6^2} = \sqrt{436}$

$(\mathfrak{a} + \mathfrak{b})\,(\mathfrak{a} - \mathfrak{b}) = \sqrt{464} \cdot \sqrt{436} \cdot \cos \alpha = 0$

Wenn $\cos \alpha = 0$, dann ist $\alpha = 90°$.

Bei dem Parallelogramm handelt es sich folglich um eine Raute, weil die zugehörigen Diagonalen senkrecht zueinander stehen (außerdem ist $|\mathfrak{a}| = |\mathfrak{b}| = \sqrt{225} = 15$ L.E.)

2. Man beweise vektoriell den **Lehrsatz von Pythagoras**:

$a^2 + b^2 = c^2$

Aus $\mathfrak{a} + \mathfrak{b} = \mathfrak{c}$

erhält man durch *Quadrieren*

$(\mathfrak{a} + \mathfrak{b})^2 = \mathfrak{c}^2$ und damit

$\mathfrak{a}^2 + 2\mathfrak{a}\mathfrak{b} + \mathfrak{b}^2 = \mathfrak{c}^2$.

Nun ist nach Voraussetzung $\mathfrak{a} \perp \mathfrak{b}$ und damit $\mathfrak{a} \cdot \mathfrak{b} = 0$ und folglich $\mathfrak{a}^2 + \mathfrak{b}^2 = \mathfrak{c}^2$, und wegen $\mathfrak{a}^2 = a^2$, $\mathfrak{b}^2 = b^2$ und $\mathfrak{c}^2 = c^2$ ergibt sich hieraus

$a^2 + b^2 = c^2$.

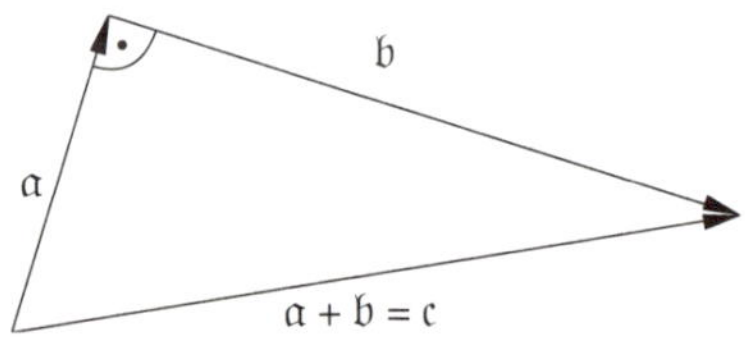

Abb. 102

Ein Vektor $\mathfrak{a}$ mit dem Betrag a läßt sich auf seinen zugehörigen **Einheitsvektor** $\mathfrak{a}_E$ reduzieren oder verlängern, indem man $\mathfrak{a}$ durch seinen Betrag a dividiert. *Der Betrag eines jeden Einheitsvektors ist somit immer gleich 1.*

Wir bestimmen jetzt einmal die Winkel zwischen einem beliebigen Einheitsvektor $\mathfrak{a}_E$ und den drei Koordinatenachsen, die ja durch die Vektoren $\mathfrak{e}_1 = \begin{pmatrix} 1 \\ 0 \\ 0 \end{pmatrix}$, $\mathfrak{e}_2 = \begin{pmatrix} 0 \\ 1 \\ 0 \end{pmatrix}$ und $\mathfrak{e}_3 = \begin{pmatrix} 0 \\ 0 \\ 1 \end{pmatrix}$ festgelegt sind.

Mit $\mathfrak{a}_E = \dfrac{\mathfrak{a}}{a}$ und $\cos(\mathfrak{a}; \mathfrak{b}) = \dfrac{\mathfrak{a} \cdot \mathfrak{b}}{|\mathfrak{a}| \cdot |\mathfrak{b}|}$ erhält man die Winkel zwischen dem Einheitsvektor $\mathfrak{a}_E$ und den jeweiligen Koordinatenachsen:

$$\left.\begin{aligned} \cos(\mathfrak{a}_E, \mathfrak{e}_1) &= \frac{\mathfrak{a}_E \cdot \mathfrak{e}_1}{|\mathfrak{a}_E| \cdot |\mathfrak{e}_1|} = \frac{\mathfrak{a}_{1E} \cdot 1}{1 \cdot 1} = \mathfrak{a}_{1E} \\ \cos(\mathfrak{a}_E, \mathfrak{e}_2) &= \frac{\mathfrak{a}_E \cdot \mathfrak{e}_2}{|\mathfrak{a}_E| \cdot |\mathfrak{e}_2|} = \frac{\mathfrak{a}_{2E} \cdot 1}{1 \cdot 1} = \mathfrak{a}_{2E} \\ \cos(\mathfrak{a}_E, \mathfrak{e}_3) &= \frac{\mathfrak{a}_E \cdot \mathfrak{e}_3}{|\mathfrak{a}_E| \cdot |\mathfrak{e}_3|} = \frac{\mathfrak{a}_{3E} \cdot 1}{1 \cdot 1} = \mathfrak{a}_{3E} \end{aligned}\right\} \Rightarrow \mathfrak{a}_E = \begin{pmatrix} \mathfrak{a}_{1E} \\ \mathfrak{a}_{2E} \\ \mathfrak{a}_{3E} \end{pmatrix}$$

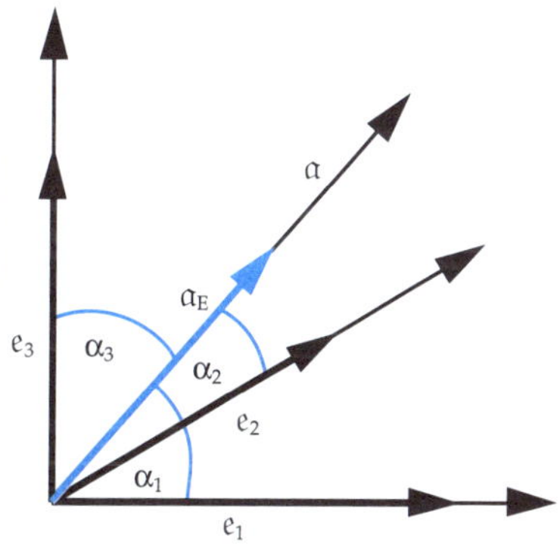

Abb. 103 Einheitsvektoren

Beispiel:

Der Vektor $\mathfrak{a} = \begin{pmatrix} 5 \\ 1 \\ -6 \end{pmatrix}$ besitzt den Betrag $\mathfrak{a} = a = \sqrt{25 + 1 + 36} = \sqrt{62} \approx 7{,}874$.

Somit lauten die Koordinaten des zugehörigen Einheitsvektors

$$\mathfrak{a}_E = \frac{1}{\sqrt{62}} \begin{pmatrix} 5 \\ 1 \\ 6 \end{pmatrix} = \begin{pmatrix} 0{,}635 \\ 0{,}127 \\ -0{,}762 \end{pmatrix}$$

Aus diesen Koordinaten bestimmen wir direkt die gesuchten Winkel zwischen $\mathfrak{a}$ und den drei Achsen:

$\cos(\mathfrak{a}; \mathfrak{e}_1) = \cos(\mathfrak{a}_E, \mathfrak{e}_1) = \ \ 0{,}635 \Rightarrow \alpha_1 = 50{,}58°$

$\cos(\mathfrak{a}; \mathfrak{e}_2) = \cos(\mathfrak{a}_E, \mathfrak{e}_2) = \ \ 0{,}127 \Rightarrow \alpha_2 = 82{,}71°$

$\cos(\mathfrak{a}; \mathfrak{e}_3) = \cos(\mathfrak{a}_E, \mathfrak{e}_3) = -0{,}762 \Rightarrow \alpha_3 = 139{,}64°$

Das Skalarprodukt eignet sich auch für die Berechnung von Vielecksflächen, insbesondere von Dreiecksflächen. Jedes regelmäßige oder unregelmäßige Vieleck läßt sich in Dreiecke zerlegen; die Berechnung der zugehörigen Fläche führt somit über die Berechnung von Dreiecksflächen (wie in der *Trigonometrie*, siehe Band II, S. 97 ff.).

Bekanntlich bestimmt man den Flächeninhalt eines Dreiecks nach der Formel $F = \frac{1}{2} \cdot g \cdot h$, wobei g die Grundseite und h die Höhe des Dreiecks ist.

Nun ist $h = b \cdot \sin\alpha$ und $g = c$, so daß sich die Fläche nach der Beziehung $F = \frac{1}{2} \cdot b \cdot c \cdot \sin\alpha$ berechnet.

Da nach dem *trigonometrischen Pythagoras* (siehe Band II, S. 104)

$\sin^2\alpha + \cos^2\alpha = 1$ ist und somit

$$\sin\alpha = \sqrt{1 - \cos^2\alpha} \quad \text{und}$$

$$\cos\alpha = \frac{\mathfrak{b} \cdot \mathfrak{c}}{b \cdot c}$$

Es folgt unmittelbar:

$$\sin\alpha = \sqrt{1 - \frac{(\mathfrak{b} \cdot \mathfrak{c})^2}{b^2 c^2}} = \frac{1}{b \cdot c} \cdot \sqrt{b^2 \cdot c^2 - (\mathfrak{b} \cdot \mathfrak{c})^2}$$

und

$$F_{Dreieck} = \frac{1}{2} \sqrt{b^2 \cdot c^2 - (\mathfrak{b} \cdot \mathfrak{c})^2}$$

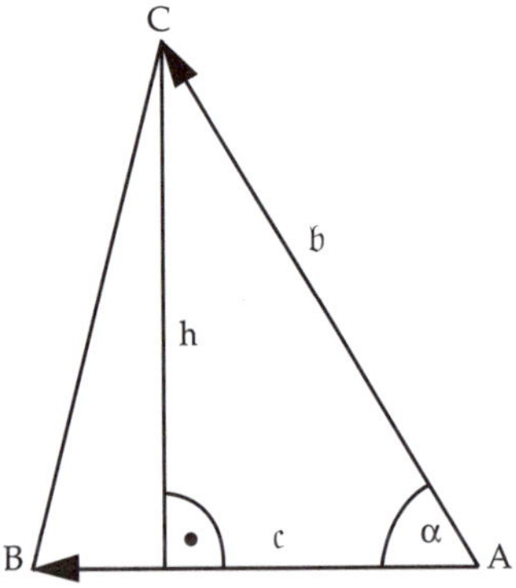

Abb. 104 Flächeninhalt eines Dreiecks

Beispiele:

1. Ein Dreieck (Abb. 105) ist durch seine Eckpunkte P (2 | 1), Q (7 | 1) und R (6 | 4) gegeben. Man bestimme seinen Flächeninhalt:

$$\left.\begin{array}{l} \mathfrak{b} = \mathfrak{q} - \mathfrak{p} = \begin{pmatrix} 7 \\ 1 \end{pmatrix} - \begin{pmatrix} 2 \\ 1 \end{pmatrix} = \begin{pmatrix} 5 \\ 0 \end{pmatrix} \\ \mathfrak{c} = \mathfrak{r} - \mathfrak{p} = \begin{pmatrix} 6 \\ 4 \end{pmatrix} - \begin{pmatrix} 2 \\ 1 \end{pmatrix} = \begin{pmatrix} 4 \\ 3 \end{pmatrix} \end{array}\right\} \Rightarrow \mathfrak{b} \cdot \mathfrak{c} = \begin{pmatrix} 5 \\ 0 \end{pmatrix}\begin{pmatrix} 4 \\ 3 \end{pmatrix} = 20$$

$$|\mathfrak{b}| = b = \sqrt{25} = 5$$

$$|\mathfrak{c}| = c = \sqrt{16 + 9} = 5$$

$$F = \frac{1}{2} \cdot \sqrt{25 \cdot 25 - 20^2} = 7{,}5 \text{ F.E.}$$

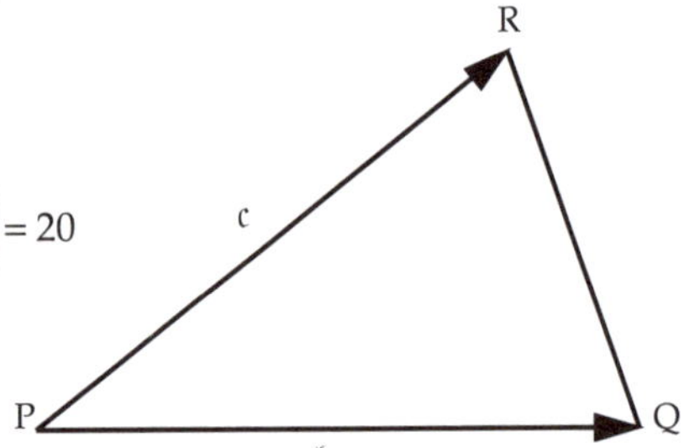

Abb. 105

2. Den Flächeninhalt des räumlichen Dreiecks P (2 | 1 | 2), Q (1 | 0 | – 1) und R (5 | 2 | 1) berechnet man so:

$$\mathfrak{b} = \mathfrak{q} - \mathfrak{p} = \begin{pmatrix} 1 \\ 0 \\ -1 \end{pmatrix} - \begin{pmatrix} 2 \\ 1 \\ 2 \end{pmatrix} = \begin{pmatrix} -1 \\ -1 \\ -3 \end{pmatrix} \qquad \mathfrak{c} = \mathfrak{r} - \mathfrak{p} = \begin{pmatrix} 5 \\ 2 \\ 1 \end{pmatrix} - \begin{pmatrix} 2 \\ 1 \\ 2 \end{pmatrix} = \begin{pmatrix} 3 \\ 1 \\ -1 \end{pmatrix}$$

$$\mathfrak{b} \cdot \mathfrak{c} = \begin{pmatrix} -1 \\ -1 \\ -3 \end{pmatrix}\begin{pmatrix} 3 \\ 1 \\ -1 \end{pmatrix} = -3 - 1 + 3 = -1$$

$$|\mathfrak{b}| = b = \sqrt{1 + 1 + 9} = \sqrt{11}$$

$$|\mathfrak{c}| = c = \sqrt{9 + 1 + 1} = \sqrt{11}$$

$$F = \frac{1}{2}\sqrt{11 \cdot 11 - 1} = \frac{1}{2} \cdot \sqrt{120} \approx 5{,}48 \text{ F.E.}$$

Übungsaufgaben

1. Welche Winkel bilden jeweils die beiden Vektoren miteinander?

a) $\mathfrak{a} = \begin{pmatrix} 3 \\ 2 \\ 1 \end{pmatrix}$ und $\mathfrak{b} = \begin{pmatrix} 0 \\ 4 \\ 5 \end{pmatrix}$

b) $\mathfrak{a} = \mathfrak{e} = \begin{pmatrix} 1 \\ 0 \\ 0 \end{pmatrix}$ und $\mathfrak{b} = \mathfrak{e} = \begin{pmatrix} 0 \\ 1 \\ 0 \end{pmatrix}$

2. Zeigen Sie, daß die Vektoren $\mathfrak{a}$ und $\mathfrak{b}$ senkrecht zueinander stehen

a) $\mathfrak{a} = \begin{pmatrix} 4 \\ 2 \\ 2 \end{pmatrix}$ und $\mathfrak{b} = \begin{pmatrix} 2 \\ -8 \\ 4 \end{pmatrix}$

b) Tip: Wie könnte das Koordinatensystem aussehen?

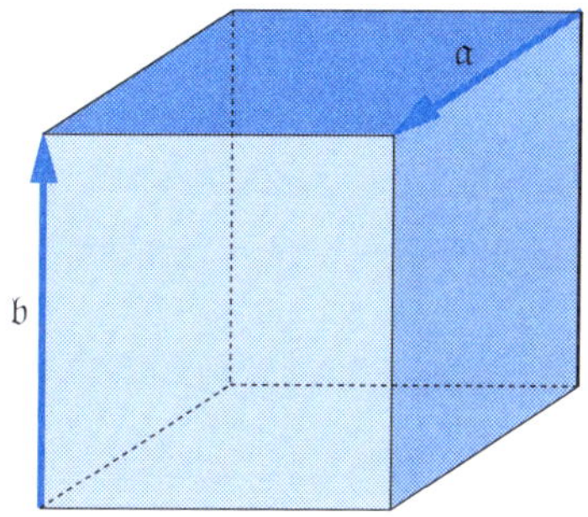

Abb. 106

3. Bestimmen Sie den Winkel zwischen dem Vektor und den drei Koordinatenachsen.

a) $\mathfrak{a} = \begin{pmatrix} 4 \\ -1 \\ 3 \end{pmatrix}$ b) $\mathfrak{a} = \begin{pmatrix} 1 \\ 1 \\ 1 \end{pmatrix}$

4. Bestimmen Sie den Flächeninhalt des Dreiecks A (5 | 2 | 1), B (–1 | 4 | 6) und C (3 | 0 | –3).

5. Bestimmen Sie den Flächeninhalt des folgenden Vierecks:
A (2 | 2), B (7 | 0), C (10 | 3) und D (5 | 6).

6. Bestimmen Sie die Oberfläche des Tetraeders (siehe Band II, S. 151):
A (0 | 0 | 0), B (1 | 0 | 0), C (0 | 1 | 0) und D (0 | 0 | 1).

Normalenform, Hessesche Normalenform

Wir haben jetzt bereits Möglichkeiten kennengelernt, Geraden und Ebenen durch Gleichungen zu beschreiben. Eine weitere Möglichkeit soll jetzt noch hinzukommen, die auf dem *Skalarprodukt* aufbaut und zu einer besonders anschaulichen und einfachen Geradengleichung und Ebenengleichung führt.

Durch jede Ebene oder zu jeder Geraden, die definiert werden soll, lassen sich sogenannte **Normalenvektoren** konstruieren. Ein Normalenvektor ist dabei ein **Lotvektor**, der senkrecht (lotrecht) zur Ebene und zur Geraden verläuft. Natürlich gibt es unendlich viele Lot- und Normalenvektoren. In jedem Fall kann aber aus der unendlichen Menge solcher Lotvektoren einer Ebene und einer Geraden ein Repräsentant $\mathfrak{n}$ ausgewählt werden, der die entsprechende Ebene und Gerade dann eindeutig definiert, wenn neben $\mathfrak{n}$ ein Punkt A dieser Ebene oder dieser Geraden angegeben wird.

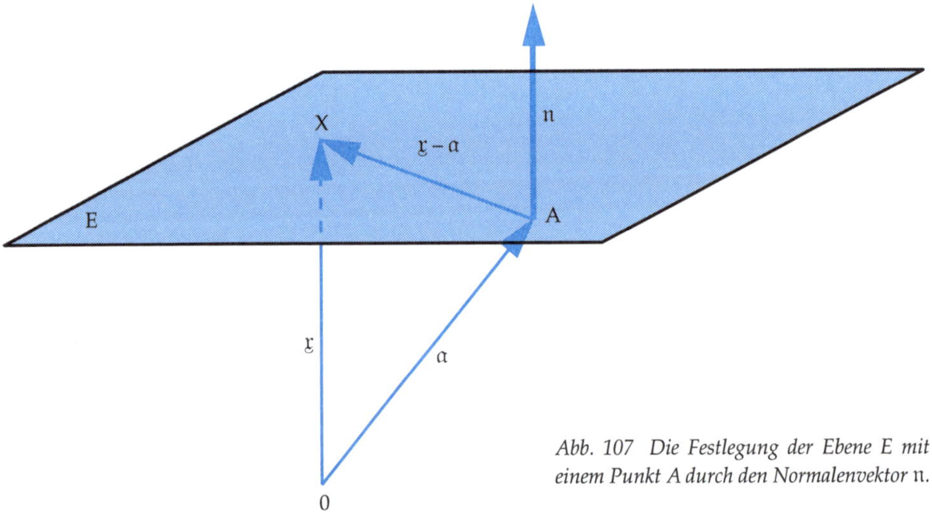

Abb. 107 Die Festlegung der Ebene E mit einem Punkt A durch den Normalenvektor $\mathfrak{n}$.

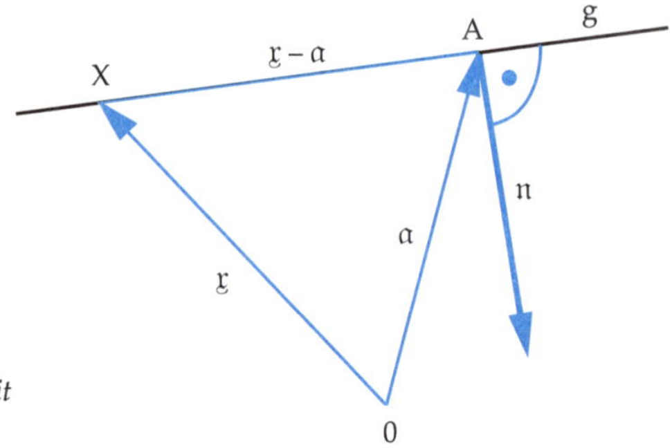

Abb. 108 Die Festlegung der Geraden g im $\mathbb{R}^2$ *mit einem Punkt A durch den Normalenvektor* $\mathfrak{n}$.

Allerdings ist die Zuordnung Normalenvektor → Gerade bei vorgegebenem Punkt A auf der Geraden nur im $\mathbb{R}^2$ eindeutig, da es im $\mathbb{R}^3$ unendlich viele Geraden mit einem Punkt A zu einem Normalenvektor $\mathfrak{n}$ gibt.

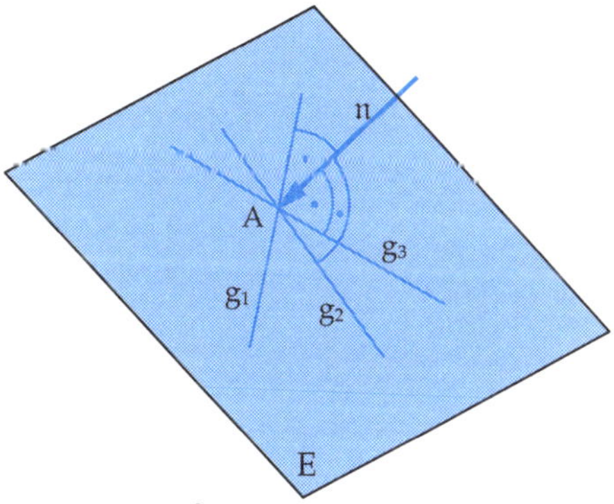

Abb. 109 Im $\mathbb{R}^3$ ist die Gerade g durch die Angabe von A und $\mathfrak{n}$ nicht eindeutig bestimmt.

Wenn der Normalenvektor $\mathfrak{n}$ senkrecht zu der Ebene E und zu der Geraden g steht, so steht $\mathfrak{n}$ auch senkrecht zu jedem anderen Vektor $\mathfrak{x} - \mathfrak{a}$ in der Ebene E und auf der Geraden g. Hierbei soll $\mathfrak{x}$ einen beliebigen Ortsvektor in der Ebene E und auf der Geraden g darstellen. Da $\mathfrak{n}$ und $\mathfrak{x} - \mathfrak{a}$ zueinander senkrecht stehen, muß das zugehörige Skalarprodukt Null ergeben.

$\mathfrak{n}\,(\mathfrak{x} - \mathfrak{a}) = 0 \Leftrightarrow \mathfrak{n}\mathfrak{x} - \mathfrak{n}\mathfrak{a} = 0 \Leftrightarrow \mathfrak{n}\mathfrak{x} = \mathfrak{n}\mathfrak{a}$

Die letzte Gleichung bedeutet (geometrisch), daß das Skalarprodukt aus dem Normalenvektor und jedem beliebigen Vektor der Ebene und der Geraden immer gleich ist. Dies muß natürlich so sein, weil die senkrechte *Projektion* eines jeden Vektors der Ebene und der Geraden auf den Normalenvektor immer gleich ist (siehe Band II, S. 176, Abb. 271).

Eine Ebene im $\mathbb{R}^3$ und eine Gerade im $\mathbb{R}^2$ ist durch die Angabe eines Punktes A in der Ebene und auf der Geraden und durch die Angabe eines Normalenvektors $\mathfrak{n}$ festgelegt.
Die **Punktnormalengleichung** der Ebene beziehungsweise der Geraden lautet:
$\mathfrak{n}\mathfrak{x} = \mathfrak{n}\mathfrak{a}$

Das Skalarprodukt $\mathfrak{n}\mathfrak{a}$ ist natürlich bestimmbar, wenn zumindest A und $\mathfrak{n}$ gegeben sind. Es handelt sich dabei um eine reelle Zahl $\mathfrak{n}\mathfrak{a} = c$, so daß die Gleichung auch noch anders dargestellt werden kann:

Die **allgemeine Normalengleichung** der Ebene beziehungsweise der Geraden lautet:
$\mathfrak{n}\mathfrak{x} = c$

Wir wollen jetzt unter den Normalengleichungen eine mit einer besonders praktischen Verwendungsmöglichkeit betrachten. Dazu normieren wir den Normalenvektor $\mathfrak{n}$, indem wir ihn auf den entsprechenden *Einheitsvektor* verkürzen oder verlängern.

$$\mathfrak{n}^\circ = \frac{\mathfrak{n}}{|\mathfrak{n}|} = \frac{\mathfrak{n}}{\sqrt{n_1^2 + n_2^2}}$$

In der Normalengleichung kann natürlich anstelle von $\mathfrak{n}$ auch $\mathfrak{n}^\circ$ verwendet werden. Dabei wird die durch die Gleichung beschriebene Ebene und die Gerade nicht verändert.

> Aus der allgemeinen Normalenform der Ebene und der Geraden erhält man durch Normierung des Normalenvektors $\mathfrak{n}$ die sogenannte **Hessesche Normalenform** oder **Hesseform** einer Ebene und einer Geraden:
> $\mathfrak{n}^\circ\mathfrak{x} = d$

(Anmerkung: Otto Hesse, deutscher Mathematiker, von 1811–1874).

Hierbei gibt $d = \frac{c}{|\mathfrak{n}|} = \mathfrak{n}^\circ\mathfrak{a} > 0$ den Abstand der Ebene und den Abstand der Geraden vom Nullpunkt an. Der Normaleneinheitsvektor $\mathfrak{n}^\circ$ zeigt für $d > 0$ stets vom Nullpunkt zur Ebene und zur Geraden (andernfalls könnte man die Gleichung mit –1 multiplizieren) (Abb. 110).

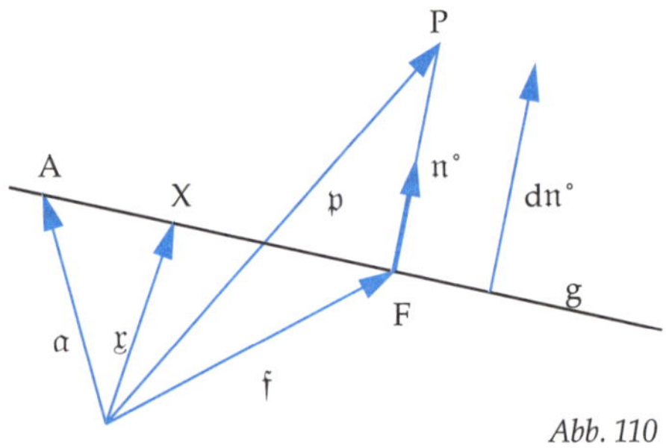

Abb. 110

In Abb. 96 ist der Sachverhalt für eine Gerade dargestellt. Ist ein Punkt P gegeben, der nicht auf der Geraden g liegt, und ist $\overrightarrow{FP}$ der Normalenvektor vom Fußpunkt F zum Punkt P, so ist $\overrightarrow{FP} = \mathfrak{n} = \mathfrak{n}^\circ d$. Weil $\mathfrak{n}^\circ$ der Einheitsvektor ist, also $|\mathfrak{n}^\circ| = 1$, muß $|d|$ den Abstand von P zur Geraden angeben. Nun ist aber F ein Punkt der Geraden g, also

$\mathfrak{n}^\circ(\mathfrak{f} - \mathfrak{a}) = 0$ und wegen $\mathfrak{f} = \mathfrak{p} - d\mathfrak{n}^\circ$ somit

$\mathfrak{n}^\circ(\mathfrak{p} - d\mathfrak{n}^\circ - \mathfrak{a}) = 0$ oder

$\mathfrak{n}^\circ\mathfrak{p} - d\mathfrak{n}^\circ\mathfrak{n}^\circ - \mathfrak{a}^\circ = 0$

Mit dem Skalarprodukt $\mathfrak{n}^\circ\mathfrak{n}^\circ\mathfrak{a} = 1$ folgt hieraus:

> Ist $\mathfrak{n}^\circ\mathfrak{x} = d$ und $\mathfrak{n}^\circ(\mathfrak{x} - \mathfrak{a}) = 0$ die Hesseform einer Ebene E und einer Geraden g, so bestimmt die reelle Zahl
> $|d| = |\mathfrak{n}^\circ(\mathfrak{p} - \mathfrak{a})|$
> den Abstand des Punktes P von der Ebene E und der Geraden g.

Ist $d > 0$, so liegen P und der Koordinatenursprung 0 in verschiedenen *Halbräumen* von E und auf verschiedenen Seiten von g (in verschiedenen *Halbebenen*).

Einführungsbeispiele:

1. Gegeben ist die Punktrichtungsform einer Geraden durch die Gleichung

g: $\mathfrak{x} = \begin{pmatrix}1\\2\end{pmatrix} + \lambda\begin{pmatrix}3\\2\end{pmatrix}$.

Man bestimme die Normalenform, die Hesseform und die parameterlose Punktsteigungsform und zeichne die Gerade in ein Koordinatensystem. Außerdem ist der Abstand von g zum Nullpunkt 0 und der Abstand von dem Punkt P (3 | 8) anzugeben.

Normalenform: Es ist $\mathfrak{n} = \begin{pmatrix}-2\\3\end{pmatrix}$ und damit

$$\mathfrak{n}\,(\mathfrak{x} - \mathfrak{a}) = \begin{pmatrix}-2\\3\end{pmatrix}\mathfrak{x} - \begin{pmatrix}-2\\3\end{pmatrix}\begin{pmatrix}1\\2\end{pmatrix} = 0, \text{ also}$$

$$\begin{pmatrix}-2\\3\end{pmatrix}\mathfrak{x} = 4$$

Hesseform: $|\mathfrak{n}| = \sqrt{(-2)^2 + 3^2} = \sqrt{13}$

$$\Rightarrow \mathfrak{n}^\circ = \frac{\mathfrak{n}}{|\mathfrak{n}|} = \frac{1}{\sqrt{13}}\begin{pmatrix}-2\\3\end{pmatrix}$$

$$\mathfrak{n}^\circ(\mathfrak{x} - \mathfrak{a}) = \frac{1}{\sqrt{13}}\begin{pmatrix}-2\\3\end{pmatrix}\mathfrak{x} = \frac{4}{\sqrt{13}}$$

$$\Rightarrow \frac{1}{\sqrt{13}}\begin{pmatrix}-2\\3\end{pmatrix}\mathfrak{x} = 1{,}109$$

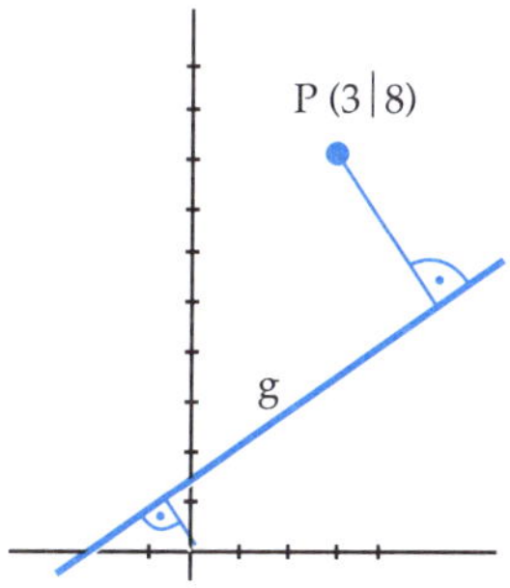

Abb. 111

Punktsteigungsform:

Aus der Normalenform folgt unmittelbar in der gewohnten Schreibweise

$$\begin{aligned} -2x_1 + 3x_2 &= 4 \\ \Rightarrow \quad 3x_2 &= 2x_1 + 4 \\ \Rightarrow \quad x_2 &= \frac{2}{3}x_1 + \frac{4}{3} \\ y &= \frac{2}{3}x + \frac{4}{3} \end{aligned}$$

Der Abstand d der Geraden g vom Nullpunkt ist somit 1,109 L.E. Um den Abstand von P zur Geraden g zu berechnen, setzen wir die Koordinaten von P in die Hesseform für $\mathfrak{x}$ ein:

$$\mathfrak{n}^\circ(\mathfrak{x} - \mathfrak{a}) = 0$$

$$\Rightarrow \mathfrak{n}^\circ\left(\begin{pmatrix}3\\8\end{pmatrix} - \begin{pmatrix}1\\2\end{pmatrix}\right) = \frac{1}{\sqrt{13}}\begin{pmatrix}-2\\3\end{pmatrix}\begin{pmatrix}3\\8\end{pmatrix} - \frac{1}{\sqrt{13}}\begin{pmatrix}-2\\3\end{pmatrix}\begin{pmatrix}1\\2\end{pmatrix} = \frac{14}{\sqrt{13}} = 3{,}88$$

P und der Koordinatenursprung liegen also auf verschiedenen Seiten von g.

2. Es soll der Abstand der Ebene **E**: $2x_1 - 3x_2 + 4x_3 = 5$ vom Nullpunkt und der Abstand des Punktes P (1 | 2 | 3) von der Ebene E bestimmt werden.

Aus der Gleichung für E folgt: $\mathfrak{x}\begin{pmatrix}2\\-3\\4\end{pmatrix} = 5,$

nach der Normierung: $\mathfrak{x}\frac{1}{\sqrt{29}}\begin{pmatrix}2\\-3\\4\end{pmatrix} - \frac{5}{\sqrt{29}} = 0\,.$

Setzt man für $\mathfrak{x}$ die Koordinaten von P ein, so ergibt

sich $d = \frac{1}{\sqrt{29}}\begin{pmatrix}1\\2\\3\end{pmatrix}\begin{pmatrix}2\\-3\\4\end{pmatrix} - \frac{5}{\sqrt{29}} = \frac{8}{\sqrt{29}} - \frac{5}{\sqrt{29}} = \frac{3}{\sqrt{29}}.$

Der Ursprung 0 und der Punkt P liegen also in verschiedenen Halbräumen bezüglich E.

Übungsaufgaben

1. Bestimmen Sie zu folgender Geradengleichung

$g\colon \mathfrak{x} = \begin{pmatrix}-3\\2\end{pmatrix} + \lambda\begin{pmatrix}-1\\4\end{pmatrix}$

die Normalenform, die Hesseform und die parameterfreie Punktsteigungsform. Skizzieren Sie die Gerade und verdeutlichen Sie den Sachverhalt. Bestimmen Sie den Abstand vom Punkt (3 | 3) und auch den Abstand der Geraden vom Nullpunkt (0 | 0).

2. Wie heißt die Geradengleichung (Normalenform, Hesseform, Punktsteigungsform) von g, wenn P (3 | 4) den Lotfußpunkt von (0 | 0) auf der Gerade darstellt? Kontrollieren Sie Ihr Ergebnis an einer Zeichnung.

3. Vom Punkt A (1 | 2) aus steht auf der Geraden g im Punkt B (–3 | –1) das Lot. Wie heißt die Gleichung von g (alle Formen)?
Zeichnen Sie die Gerade.

4. Berechnen Sie den Abstand von der Geraden g: $\frac{x_1}{5} + \frac{x_2}{2} = 1$ für folgende Punkte

a) $P_1(0 \mid 0)$

b) $P_2(1 \mid 4)$

c) $P_3(4 \mid -1)$.

Zeichnen Sie eine Figur.

5. Berechnen Sie die Längen der Höhen in folgendem Dreieck:
A (–1 | –1), B (5 | 1), C (1 | 4).
Fertigen Sie eine Zeichnung an, und kontrollieren Sie die Lösungen!

6. Gegeben sind die beiden Geraden

g: $\frac{x_1}{3} + \frac{x_2}{4} = 1$

h: $\begin{pmatrix} 4 \\ 3 \end{pmatrix} \left(\mathfrak{x} - \begin{pmatrix} -1 \\ 0 \end{pmatrix} \right) = 0$

Welchen Abstand haben g und h voneinander?

7. Welchen Abstand besitzen folgende Ebenen voneinander?

E_1: $\begin{pmatrix} 1 \\ 2 \\ 3 \end{pmatrix} \mathfrak{x} - 14 = 0$ **E_2:** $\begin{pmatrix} 2 \\ 1 \\ 0 \end{pmatrix} \mathfrak{x} - 25 = 0$

8. Wo schneidet die Ebene die Koordinatenachsen?

a) **E_1:** $\begin{pmatrix} -5 \\ 15 \\ -3 \end{pmatrix} \mathfrak{x} = -15$

b)

E_2: $\begin{pmatrix} -32 \\ -8 \\ 16 \end{pmatrix} \mathfrak{x} + 64 = 0$

9. Welche Ebene besitzt den Normalenvektor $\mathfrak{n}$ und vom Nullpunkt den Abstand 3 L.E.?

$\mathfrak{n} = \begin{pmatrix} 4 \\ 2 \\ -1 \end{pmatrix}$

10. Wie lauten die Gleichungen der Ebenen, die von der Ebene **E** den Abstand 5 L.E. besitzen?

E: $\begin{pmatrix} 2 \\ 1 \\ 3 \end{pmatrix} \mathfrak{x} - 2 = 0$

Vektorprodukt

Wir wissen inzwischen, daß eine Ebene im $\mathbb{R}^3$ eindeutig durch die Angabe zweier Richtungsvektoren $\mathfrak{v}$ und $\mathfrak{u}$ dargestellt und gekennzeichnet werden kann. Andererseits kann diese Ebene durch einen zugehörigen Normalenvektor $\mathfrak{n}$ (siehe S. 162) ebenfalls eindeutig festgelegt werden. Der Zusammenhang zwischen $\mathfrak{v}$ und $\mathfrak{u}$ einerseits und dem Normalenvektor $\mathfrak{n}$ andererseits ist mit Hilfe des **Skalarproduktes** bereits erfaßbar:

$\mathfrak{v} \cdot \mathfrak{n} = 0$ und $\mathfrak{u} \cdot \mathfrak{n} = 0$

Die Skalarprodukte ergeben folglich paarweise jeweils Null, weil diese (nach Definition) auch senkrecht zueinander stehen. Folglich läßt sich der Normalenvektor $\mathfrak{n}$ aus den beiden Richtungsvektoren $\mathfrak{v}$ und $\mathfrak{u}$ bestimmen.

In Band II, S. 178 ff. ist dargestellt, daß der durch das **Vektorprodukt** $\mathfrak{v} \times \mathfrak{u}$ entstehende Vektor ein solcher Normalenvektor $\mathfrak{n}$ (bezogen auf die von $\mathfrak{v}$ und $\mathfrak{u}$ aufgespannte Ebene) ist.

Das Skalarprodukt $\mathfrak{a} \cdot \mathfrak{b}$ ist eine reelle Zahl.
Das Vektorprodukt $\mathfrak{a} \times \mathfrak{b}$ stellt ein Vektor dar.

Wir wollen uns hier darauf beschränken, die Eigenschaften und Gesetze des Vektorproduktes wiederzugeben:

Unter dem **Vektorprodukt** $\mathfrak{a} \times \mathfrak{b}$ (lies: $\mathfrak{a}$ *kreuz* $\mathfrak{b}$) versteht man einen Vektor $\mathfrak{c}$ mit folgenden Eigenschaften:

1. Das Vektortripel $\mathfrak{a}, \mathfrak{b}, \mathfrak{c}$ bildet in dieser Reihenfolge ein Rechtssystem.
2. Der Vektor $\mathfrak{c}$ steht senkrecht auf der $\mathfrak{a}$ und $\mathfrak{b}$ gemeinsamen Ebene.
3. Der Betrag von $\mathfrak{c}$ ist gleich dem Flächeninhalt des von $\mathfrak{a}$ und $\mathfrak{b}$ erzeugten Parallelogramms:
   $|\mathfrak{a} \times \mathfrak{b}| = |\mathfrak{a}| \cdot |\mathfrak{b}| \cdot \sin(\mathfrak{a}; \mathfrak{b}) = ab \cdot \sin\alpha$

Einführungsbeispiel:

Gegeben sind die Vektoren $\mathfrak{a} = \begin{pmatrix} 2 \\ 2 \\ 4 \end{pmatrix}$ und $\mathfrak{b} = \begin{pmatrix} -1 \\ 2 \\ 5 \end{pmatrix}$

Gesucht ist die durch $\mathfrak{a}$ und $\mathfrak{b}$ aufgespannte Ebene, die durch den Koordinatenursprung verläuft

a) als **Punktrichtungsgleichung:**

$$\textbf{E:}\ \mathfrak{x} = \begin{pmatrix} 0 \\ 0 \\ 0 \end{pmatrix} + \lambda \begin{pmatrix} 2 \\ 2 \\ 4 \end{pmatrix} + \mu \begin{pmatrix} -1 \\ 2 \\ 5 \end{pmatrix} \text{ mit } \lambda, \mu \in \mathbb{R}$$

b) als **Normalengleichung:**

$$\textbf{E:}\ \mathfrak{n} = \mathfrak{a} \times \mathfrak{b} = \begin{vmatrix} \mathfrak{i} & 2 & -1 \\ \mathfrak{j} & 2 & 2 \\ \mathfrak{k} & 4 & 5 \end{vmatrix} = \mathfrak{i} \cdot (2 \cdot 5 - 4 \cdot 2) - \mathfrak{j} \cdot (2 \cdot 5 + 1 \cdot 4) + \mathfrak{k} \cdot (2 \cdot 2 + 1 \cdot 2)$$

$$\mathfrak{n} = 2\mathfrak{i} - 14\mathfrak{j} + 6\mathfrak{k} = \begin{pmatrix} 2 \\ -14 \\ 6 \end{pmatrix}$$

$$\text{Kontrolle: } \mathfrak{a} \cdot \mathfrak{n} = \begin{pmatrix} 2 \\ 2 \\ 4 \end{pmatrix} \cdot \begin{pmatrix} 2 \\ -14 \\ 6 \end{pmatrix} = 4 - 28 + 24 = 0$$

$$\mathfrak{b} \cdot \mathfrak{n} = \begin{pmatrix} -1 \\ 2 \\ 5 \end{pmatrix} \begin{pmatrix} 2 \\ -14 \\ 6 \end{pmatrix} = 2 - 28 + 30 = 0$$

Somit lautet die Gleichung der Ebene in der Normalenform:

$$\textbf{E:}\ \mathfrak{n}\,(\mathfrak{x} - \mathfrak{a}) = 0 \Rightarrow \begin{pmatrix} 2 \\ -14 \\ 6 \end{pmatrix} \left(\mathfrak{x} - \begin{pmatrix} 0 \\ 0 \\ 0 \end{pmatrix} \right) = 0 \Rightarrow \mathfrak{x} \begin{pmatrix} 2 \\ -14 \\ 6 \end{pmatrix} = 0$$

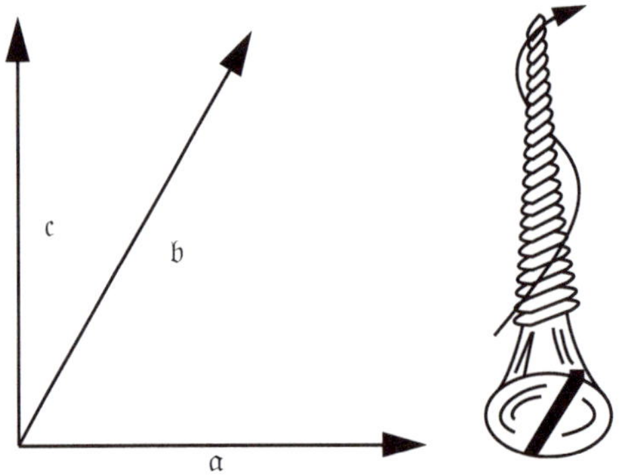

Abb. 112 Schraubenregel

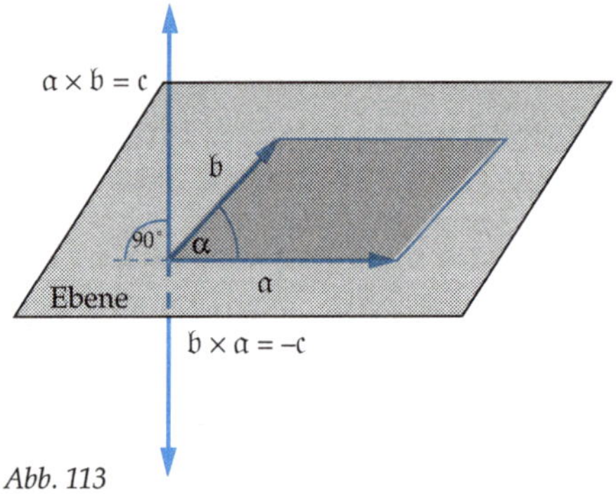

Abb. 113
Das Vektorprodukt und seine geometrische Bedeutung

Ein Rechtssystem läßt sich mit der Schraubenregel nachweisen: Dreht man eine Schraube von $\mathfrak{a}$ auf $\mathfrak{b}$ zu, so bewegt sich die Schraube in Richtung von $\mathfrak{c}$ (Abb. 112).
Ist also das Vektorprodukt gleich Null, so ist entweder einer der beiden Vektoren der Nullvektor, oder beide Vektoren sind parallel (d. h. $\alpha = 0°$ oder $\alpha = 180°$) (Abb. 113).

Den Vektor $\mathfrak{c}$ erhält man über die Komponenten von $\mathfrak{a}$ und $\mathfrak{b}$ mit Hilfe einer **Determinante:**

$$\mathfrak{c} = \mathfrak{a} \times \mathfrak{b} = \begin{vmatrix} \mathfrak{i} & a_x & b_x \\ \mathfrak{j} & a_y & b_y \\ \mathfrak{k} & a_z & b_z \end{vmatrix} = \begin{vmatrix} \mathfrak{i} & \mathfrak{j} & \mathfrak{k} \\ a_x & a_y & a_z \\ b_x & b_y & b_z \end{vmatrix}$$

$$\mathfrak{c} = \mathfrak{a} \times \mathfrak{b} = (a_y b_z - b_y a_z)\,\mathfrak{i} + (a_z b_x - b_z a_x)\,\mathfrak{j} + (a_x b_y - b_x a_y)\,\mathfrak{k}$$

Aus der Berechnungsvorschrift folgt für das Vektorprodukt:

$\mathfrak{a} \times \mathfrak{b} = -\mathfrak{b} \times \mathfrak{a}$:	alternatives Gesetz
$(\mathfrak{a} + \mathfrak{b}) \times \mathfrak{c} = \mathfrak{a} \times \mathfrak{c} + \mathfrak{b} \times \mathfrak{c}$:	Distributivgesetz

Das Volumen des durch die Vektoren $\mathfrak{a}$, $\mathfrak{b}$ und $\mathfrak{c}$ aufgespannten Spates (Parallelepipeds) berechnet sich aus

$$V_{Spat} = (\mathfrak{a} \times \mathfrak{b}) \cdot \mathfrak{c} = \begin{vmatrix} \mathfrak{i} & \mathfrak{j} & \mathfrak{k} \\ a_x & a_y & a_z \\ b_x & b_y & b_z \end{vmatrix} \cdot \begin{pmatrix} c_x \\ c_y \\ c_z \end{pmatrix} = \begin{vmatrix} c_x & c_y & c_z \\ a_x & a_y & a_z \\ b_x & b_y & b_z \end{vmatrix} = \begin{vmatrix} a_x & a_y & a_z \\ b_x & b_y & b_z \\ c_x & c_y & c_z \end{vmatrix} = \begin{vmatrix} a_x & b_x & c_x \\ a_y & b_y & c_y \\ a_z & b_z & c_z \end{vmatrix}$$

Das **Spatprodukt** (Abb. 114) ist positiv, wenn die Vektoren $\mathfrak{a}$, $\mathfrak{b}$ und $\mathfrak{c}$ in dieser Reihenfolge ein Rechtssystem bilden, sonst ist es negativ.

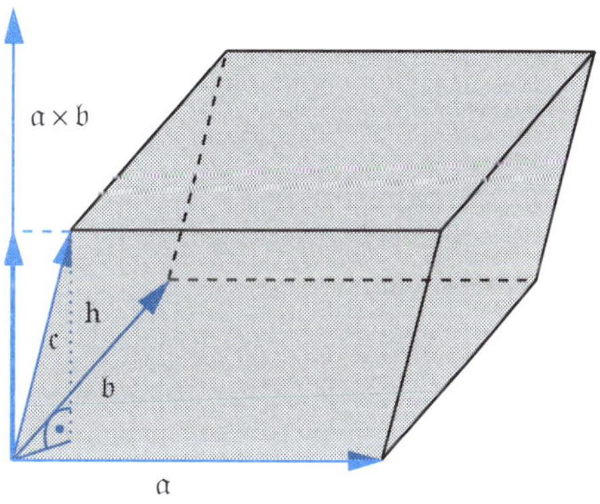

Abb. 114

Übungsaufgaben:

1. Nach der Definition des Vektorproduktes (siehe Seite 168) ist der Betrag von $\mathfrak{a} \times \mathfrak{b}$ gleich dem Flächeninhalt des von $\mathfrak{a}$ und $\mathfrak{b}$ erzeugten Parallelogramms:

$$F_{Parallelogramm} = |\mathfrak{a} \times \mathfrak{b}|$$

Berechnen Sie den Flächeninhalt des von $\mathfrak{a}$ und $\mathfrak{b}$ aufgespannten Parallelogramms:

a) $\mathfrak{a} = \begin{pmatrix} 3 \\ 2 \\ 4 \end{pmatrix}$ $\mathfrak{b} = \begin{pmatrix} 5 \\ 1 \\ 2 \end{pmatrix}$ b) $\mathfrak{a} = \begin{pmatrix} 0 \\ -1 \\ 3 \end{pmatrix}$ $\mathfrak{b} = \begin{pmatrix} 0 \\ 2 \\ 1 \end{pmatrix}$ auf zwei Wegen!

2. Zwei nicht kollineare Vektoren bestimmen nicht nur ein Parallelogramm, sondern auch ein Dreieck (als halbes Parallelogramm):

$$F_{Dreieck} = \frac{1}{2} |\mathfrak{a} \times \mathfrak{b}|$$

Bestimmen Sie den Flächeninhalt der Dreiecke mit den erzeugenden Vektoren der vorstehenden Aufgabe 1.

3. Gegeben ist die *kanonische Basis* des Vektorraumes der reellen Tripel, und zwar

$\mathfrak{e}_1 = \begin{pmatrix} 1 \\ 0 \\ 0 \end{pmatrix}$ $\mathfrak{e}_2 = \begin{pmatrix} 0 \\ 1 \\ 0 \end{pmatrix}$ $\mathfrak{e}_3 = \begin{pmatrix} 0 \\ 0 \\ 1 \end{pmatrix}$

Zu berechnen sind die jeweiligen Vektorprodukte, die in einer Tabelle zusammengestellt werden sollen.

Weitere Übungen zu diesem Thema finden sie in Band II, S. 182 ff.

Kreis und Kugel

Der **Kreis** (Kreisperipherie) ist bekanntlich die Menge aller Produkte einer Ebene E, die von einem festen Punkt M die Entfernung r (Abstand) haben.
Entsprechend versteht man unter der **Kugel** (Kugelperipherie) die Menge aller Punkte eines Raumes, die von einem festen Punkt M die Entfernung r (Abstand) besitzen. M nennen wir Mittelpunkt, r heißt **Radius**.

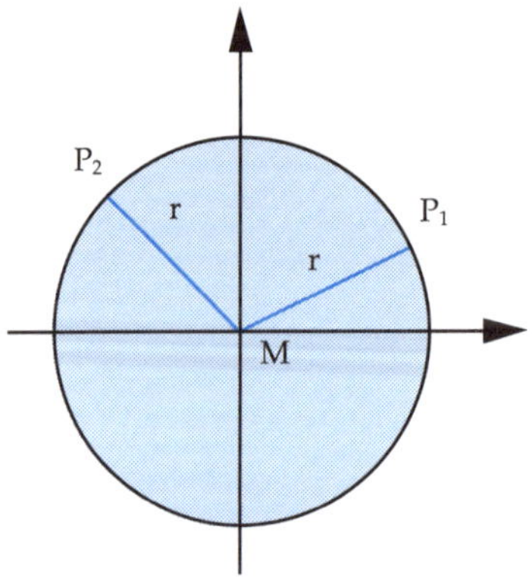

Abb. 115 Kreis in Ursprungslage

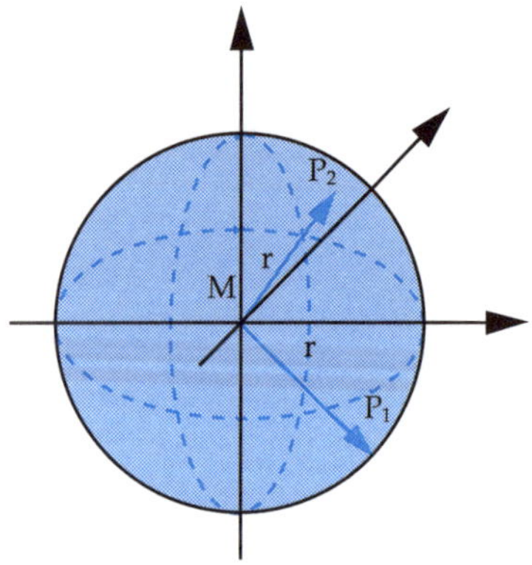

Abb. 116 Kugel in Ursprungslage

Den **Abstand** zweier Punkte kann man mit Hilfe des *Lehrsatzes von Pythagoras* (siehe Band II, S. 33) bestimmen:

Abstand zweier Punkte $A\,(a_1 \mid a_2 \mid a_3)$ und $B\,(b_1 \mid b_2 \mid b_3)$:
im $\mathbb{R}^2$ gilt: $|AB| = \sqrt{(b_1 - a_1)^2 + (b_2 - a_2)^2}$
im $\mathbb{R}^3$ gilt: $|AB| = \sqrt{(b_1 - a_1)^2 + (b_2 - a_2)^2 + (b_3 - a_3)^2}$

Damit ist klar, wie die Gleichung eines Kreises im $\mathbb{R}^2$, respektive die Gleichung der Kugel im $\mathbb{R}^3$ aussehen muß:

Der **Kreis** mit dem Mittelpunkt M (0 | 0) und dem Radius r besitzt die Gleichung (Ursprungslage):
$x_1^2 + x_2^2 = r^2$
Die **Kugel** mit dem Mittelpunkt M (0 | 0 | 0) und dem Radius r besitzt die Gleichung (Ursprungslage):
$x_1^2 + x_2^2 + x_3^2 = r^2$

Für den Fall, daß M nicht mit dem Koordinatenursprung zusammenfällt, folgert man die Kreis- und Kugelgleichung leicht aus der Abstandsformel:

Der Kreis mit dem Mittelpunkt M $(m_1 | m_2)$ besitzt die Gleichung:
$(x_1 - m_1)^2 + (x_2 - m_2)^2 = r^2$
Die Kugel mit dem Mittelpunkt M $(m_1 | m_2 | m_3)$ besitzt die Gleichung:
$(x_1 - m_1)^2 + (x_2 - m_2)^2 + (x_3 - m_3)^2 = r^2$

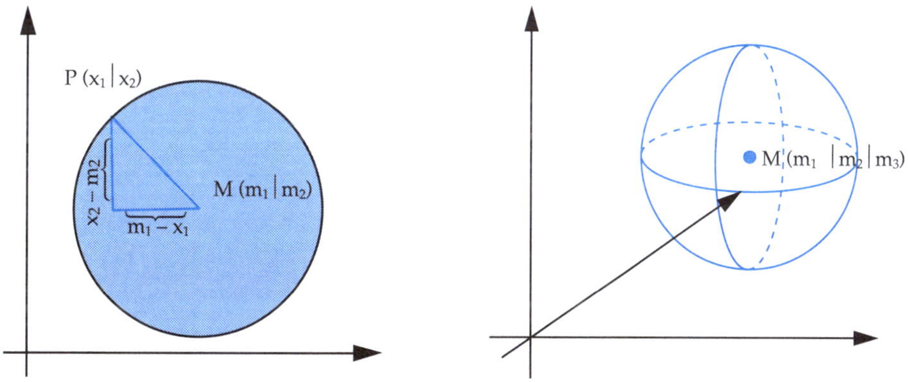

Abb. 117/118 Abstandsformel für Kreis und Kugel

Einführungsbeispiel:

1. Gegeben ist ein Kreis (Abb. 119) mit dem Radius r = 5 in

a) Ursprungslage

b) mit dem Mittelpunkt M (2 | –3).

Man bestimme die zugehörige Kreisgleichung und berechne den Abstand zweier beliebiger Peripheriepunkte:

a) $x_1^{\,2} + x_2^{\,2} = 25$

b) $(x_1 - 2)^2 + (x_2 + 3)^2 = 25$

Zwei beliebige Punkte auf der Kreisperipherie erhält man durch Vorgabe einer Koordinate, zum Beispiel $x_1 = 6$.

$$(6 - 2)^2 + (x_2 + 3)^2 = 25 \Rightarrow (x_2 + 3)^2 = 25 - 16$$
$$\Rightarrow x_2 = \pm 3 - 3$$
$$x_{2;\,1} = 0 \Rightarrow P_1(6\,|\,0)$$
$$x_{2;\,2} = -6 \Rightarrow P_2(6\,|\,-6)$$

Für $x_2 = -1$ lautet die Rechnung:

$$(x_1 - 2)^2 + (-1 + 3)^2 = 25 \Rightarrow (x_1 - 2)^2 = 25 - 4$$
$$x_1 = \pm\sqrt{21} + 2$$
$$x_{1;\,1} = \sqrt{21} + 2 \approx 6{,}58 \quad \Rightarrow P_3(6{,}58\,|\,-1)$$
$$x_{1;\,2} = -\sqrt{21} + 2 \approx -2{,}58 \quad \Rightarrow P_4(-2{,}58\,|\,-1)$$

Abstand $|P_1 P_2| = \sqrt{(6 - 6)^2 + (-6 - 0)^2} = \sqrt{36} = 6$

Abstand $|P_1 P_3| = \sqrt{6{,}58 - 6)^2 + (-1 - 0)^2} \approx 1{,}16$

Abstand $|P_1 P_4| = \sqrt{(-2{,}58 - 6)^2 + (-1 - 0)^2} \approx 8{,}64$

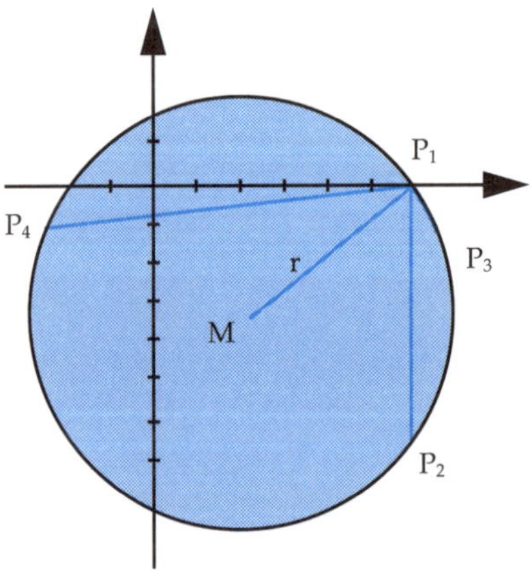

Abb. 119

2. Gegeben ist eine Kugel mit r = 3. Wie heißen die Gleichungen in Ursprungslage und wenn M (–1 | –1 | –1) ist?

Ursprungslage: $x_1{}^2 + x_2{}^2 + x_3{}^2 = 9$

mit M (–1 | –1 | –1) folgt: $(x_1 + 1)^2 + (x_2 + 1)^2 + (x_3 + 1)^2 = 9$

Möchte man einen beliebigen Punkt der Kugel bestimmen, so müssen von diesem Punkt zwei Koordinaten vorgegeben werden. Die dritte Koordinate ist daraus zu bestimmen, zum Beispiel $x_1 = 2$; $x_2 = -1$

$$(2+1)^2 + (-1+1)^2 + (x_3+1)^2 = 9$$
$$(x_3+1)^2 = 9 - 9$$
$$x_3 + 1 = 0$$
$$x_3 = -1 \Rightarrow P\,(2\,|\,-1\,|\,-1)$$

Die Definition des Skalarproduktes ermöglicht eine sehr einfache und bequeme Darstellung der Kreis- und Kugelgleichung:

Die Gleichung des Kreises im $\mathbb{R}^2$ und die Gleichung der Kugel im $\mathbb{R}^3$ mit dem Radius r lautet:

$$\mathfrak{x} \cdot \mathfrak{x} = r^2, \text{ für } M\,(0\,|\,0) \text{ oder } M\,(0\,|\,0\,|\,0)$$

und $(\mathfrak{x} - m)\,(\mathfrak{x} - m) = r^2$, für $M\,(m_1\,|\,m_2)$ oder $M\,(m_1\,|\,m_2\,|\,m_3)$

Beispiele:

1. $x_1{}^2 + x_2{}^2 = 25 \Rightarrow \mathfrak{x}^2 = 25$ oder $\begin{pmatrix} x_1 \\ x_2 \end{pmatrix}\begin{pmatrix} x_1 \\ x_2 \end{pmatrix} = 25$

2. $(x_1 - 2)^2 + (x_2 + 3)^2 = 25 \Rightarrow (\mathfrak{x} - m)^2 = 25$ oder $\begin{pmatrix} x_1 - 2 \\ x_2 + 3 \end{pmatrix}\begin{pmatrix} x_1 - 2 \\ x_2 + 3 \end{pmatrix} = 25$

3. $x_1{}^2 + x_2{}^2 + x_3{}^2 = 9 \Rightarrow \mathfrak{x}^2 = 9$ oder $\begin{pmatrix} x_1 \\ x_2 \\ x_3 \end{pmatrix}\begin{pmatrix} x_1 \\ x_2 \\ x_3 \end{pmatrix} = 9$

4. $(x_1 + 1)^2 + (x_2 + 1)^2 + (x_3 + 1)^2 = 9 \Rightarrow (\mathfrak{x} - m)^2 = 9$ oder $\begin{pmatrix} x_1 + 1 \\ x_2 + 1 \\ x_3 + 1 \end{pmatrix}\begin{pmatrix} x_1 + 1 \\ x_2 + 1 \\ x_3 + 1 \end{pmatrix} = 9$

Es soll jetzt noch die Gleichung einer **Tangente** an einem Kreis und die Gleichung einer **Tangentialebene** einer Kugel untersucht werden (Abb. 120).

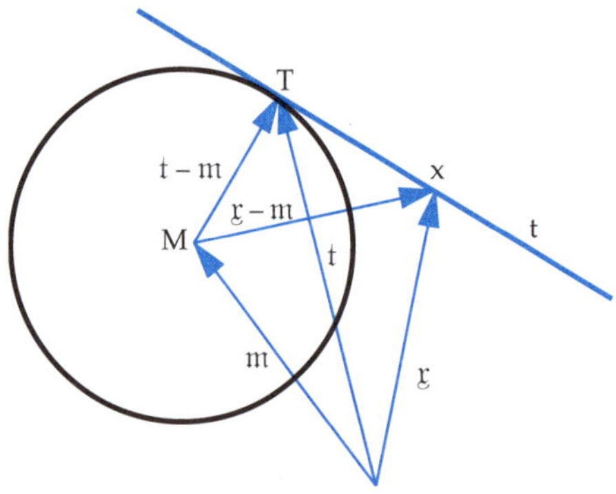

Abb. 120

Wenn X ein beliebiger Punkt der Tangente (Tangentialebene) ist, T der Berührpunkt dieser Tangente (Tangentialebene) und M der Mittelpunkt des zugehörigen Kreises (Kugel) ist, so läßt sich das Skalarprodukt $\overrightarrow{MT} \cdot \overrightarrow{MX}$ wegen der *Orthogonalität* der Tangente (Tangentialebene) zu dem Berührradius darstellen als:

$\overrightarrow{MT} \cdot \overrightarrow{MX} = \overrightarrow{MT} \cdot \overrightarrow{MT} = |\overrightarrow{MT}|^2 = r^2$

Dies ist deshalb möglich, weil $\overrightarrow{MT}$ die *senkrechte Projektion* von $\overrightarrow{MX}$ auf $\overrightarrow{MT}$ ist (siehe Abb. 271, Band II, S. 176).

Nun kann $\overrightarrow{MT}$ und auch $\overrightarrow{MX}$ durch die zugehörigen Ortsvektoren gekennzeichnet werden:

$\overrightarrow{MT} = \mathfrak{t} - \mathfrak{m}$ und $\overrightarrow{MX} = \mathfrak{x} - \mathfrak{m}$

Setzt man diese Vektoren in die Ausgangsgleichung, so ergibt sich:

Die Gleichung der Tangente (Tangentialebene) eines Kreises (Kugel) mit dem Radius r, dem Mittelpunkt M und dem Tangentenberührpunkt T lautet: $(\mathfrak{x} - \mathfrak{m})(\mathfrak{t} - \mathfrak{m}) = r^2$

Beispiele:

1. Gegeben ist der Kreis (Abb. 121) mit dem Radius r = 5 und dem Mittelpunkt M(2|–3). Bestimmen Sie die Gleichung der Tangente im Berührungspunkt a) $T_1(2|2)$ und

b) $T_2(-2|\ ?)$.

a) $(\mathfrak{x} - \mathfrak{m})(\mathfrak{t} - \mathfrak{m}) = r^2$

$$\left(\mathfrak{x} - \begin{pmatrix} 2 \\ -3 \end{pmatrix}\right)\left(\begin{pmatrix} 2 \\ 2 \end{pmatrix} - \begin{pmatrix} 2 \\ -3 \end{pmatrix}\right) = 25$$

$$\begin{pmatrix} x_1 - 2 \\ x_2 + 3 \end{pmatrix}\begin{pmatrix} 0 \\ 5 \end{pmatrix} = 25$$

$$\Rightarrow 5x_2 + 15 = 25 \Rightarrow x_2 = 2$$

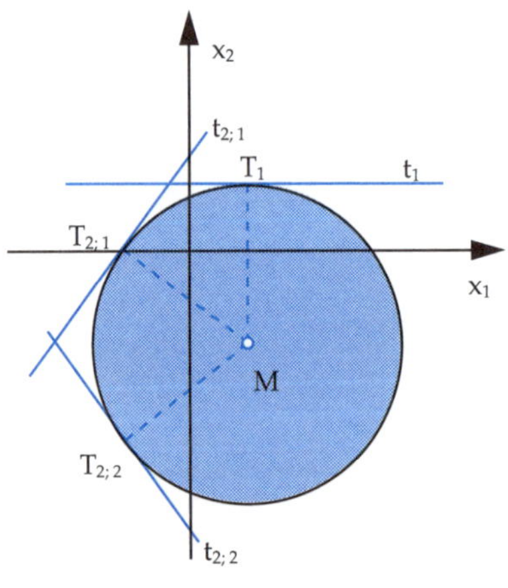

Abb. 121

b) Kreisgleichung:

$(x_1-2)^2+(x_2+3)^2=r^2 \Rightarrow (-2-2)^2+(x_2+3)^2=25$

$\rightarrow (x_2+3)^2=9 \;\Rightarrow\; x_{2;1}=0 \Rightarrow T_{2;1}(-2\,|\,0)$

$x_{2;2}=-6 \Rightarrow T_{2;2}(-2\,|\,-6)$

Die Gleichung der Tangenten lautet somit:

$$\left(\mathfrak{x}-\begin{pmatrix}2\\-3\end{pmatrix}\right)\left(\begin{pmatrix}-2\\0\end{pmatrix}-\begin{pmatrix}2\\-3\end{pmatrix}\right)=25$$

$$\Rightarrow\left(\mathfrak{x}-\begin{pmatrix}2\\-3\end{pmatrix}\right)\begin{pmatrix}-4\\3\end{pmatrix}=25$$

$$-4x_1+8+3x_2+9=25$$

$$3x_2=8+4x_1$$

$$x_2=\frac{4}{3}x_1+\frac{8}{3} \text{ für } T_{2;1}(-2\,|\,0)$$

$$x_2=-\frac{4}{3}x_1-\frac{26}{3} \text{ für } T_{2;2}(-2\,|\,-6)$$

2. Gegeben ist die Kugeloberfläche mit der Gleichung

$$\mathfrak{x}^2=9$$

und die Gerade $\mathfrak{x}=\begin{pmatrix}4\\-1\\10\end{pmatrix}+\lambda\begin{pmatrix}2\\-2\\8\end{pmatrix}$

a) Bestimmen Sie die Schnittpunkte der Geraden mit der Kugel:

$$\begin{pmatrix}4+2\lambda\\-1-2\lambda\\10+8\lambda\end{pmatrix}^2=9 \Rightarrow 16+16\lambda+4\lambda^2+1+4\lambda+4\lambda^2+100+100\lambda+64\lambda^2=9$$

$$\Rightarrow \lambda^2+\frac{5}{2}\lambda+\frac{3}{2}=0$$

$$\lambda_1=-1 \Rightarrow P_1(2\,|\,1\,|\,2)$$

$$\lambda_2=-\frac{3}{2} \Rightarrow P_2(1\,|\,2\,|\,-2)$$

b) Wie lang ist das Geradenstück innerhalb der Kugel zwischen P_1 und P_2?

$|P_1P_2|=\sqrt{(2-1)^2+(1-2)^2+(2+2)^2}=\sqrt{1+1+16}=\sqrt{18}\approx 3\sqrt{2}$

c) Wie heißen die Gleichungen der beiden Tangentialebenen in den beiden Durchstoßpunkten P_1 und P_2?

$(\mathfrak{x} - m)(\mathfrak{t} - m) = r^2$

für $\mathbf{P_1}$: $$\left[\mathfrak{x} - \begin{pmatrix} 0 \\ 0 \\ 0 \end{pmatrix}\right]\left[\begin{pmatrix} 2 \\ 1 \\ 2 \end{pmatrix} - \begin{pmatrix} 0 \\ 0 \\ 0 \end{pmatrix}\right] = 9 \Rightarrow \begin{pmatrix} 2 \\ 1 \\ 2 \end{pmatrix}\mathfrak{x} = 9$$

$$\Rightarrow 2x_1 + x_2 + 2x_3 = 9$$

für $\mathbf{P_2}$: $$\left[\mathfrak{x} - \begin{pmatrix} 0 \\ 0 \\ 0 \end{pmatrix}\right]\left[\begin{pmatrix} 1 \\ 2 \\ -2 \end{pmatrix} - \begin{pmatrix} 0 \\ 0 \\ 0 \end{pmatrix}\right] = 9 \Rightarrow \begin{pmatrix} 1 \\ 2 \\ -2 \end{pmatrix}\mathfrak{x} = 9$$

$$\Rightarrow x_1 + 2x_2 - 2x_3 = 9$$

Übungsaufgaben:

1. Gegeben sind die Kreisgleichungen:

a) $x_1^2 + x_2^2 = 16$

b) $(x_1 - 1)^2 + (x_2 + 3)^2 = 100$

Wie heißen die fehlenden Koordinaten der Peripheriepunkte $P(x_P \mid 3)$ und $Q(9 \mid y_Q)$?

2. Bestimmen Sie den Mittelpunkt derjenigen Kugel mit der Gleichung $(x_1 - x_m)^2 + (x_2 - 3)^2 + (x_3 + 4)^2 = 54$, die den Peripheriepunkt $P(1 \mid 2 \mid 3)$ besitzt!

3. Gegeben ist der Kreis $x_1^2 + x_2^2 = 34$ und die Gerade $x_2 - \frac{3}{5}x_1 = 0$.

Geben Sie den Kreis- und auch die Geradengleichung mit Hilfe des Skalarproduktes an. Bestimmen Sie die Länge der bei dem Schnitt entstehenden Sehne.

4. Gegeben ist die Kugel mit der Gleichung $\left(\mathfrak{x} - \begin{pmatrix} 2 \\ -1 \\ -3 \end{pmatrix}\right)^2 = 9$

und die Gerade mit der Gleichung $\mathfrak{x} = \begin{pmatrix} 5 \\ -1 \\ 3 \end{pmatrix} + \lambda \begin{pmatrix} 1 \\ -1 \\ 4 \end{pmatrix}$.

Bestimmen Sie die gemeinsamen Schnittpunkte von Kugel und Gerade.

5. Berechnen Sie die Sehnenlänge der Schnittpunkte der Geraden und Kugel der vorstehenden Aufgabe.

Lösungen

Differentialrechnung

Funktionen und Grenzwerte

1. Durch Einsetzen folgt, daß die beiden ersten Punkte auf der Parabel liegen. Aus $y_3 = K(x_3 - x_1)(x_3 - x_2)$ folgt:

   $$K = \frac{y_3}{(x_3 - x_1)(x_3 - x_2)}$$

2. $I(t) = I_0 \sin \frac{2\pi}{T} t,\ U_R(t) = U_0 \sin \frac{2\pi}{T} t,\ U_L(t) = U_0 \sin\left(\frac{2\pi}{T} t + \frac{\pi}{2}\right),\ U_C(t) = U_0 \sin\left(\frac{2\pi}{t} - \frac{\pi}{2}\right)$

3. a) $x = 6$
   b) $x = -2$
   c) $x = 2 \vee x = -2$

4. a) $y = (x-4)^2 + 4;\ \mathbf{f^{-1}}: y = 4 + \sqrt{x-4},\ \mathbb{D} = \{x \in \mathbb{R} \mid x \geq 4\}$
   b) $y = 4\left(x + \frac{3}{4}\right)^2 - \frac{21}{4};\ \mathbf{f^{-1}}: y = -\frac{3}{4} + \sqrt{\frac{4x+21}{16}},\ \mathbb{D} = \left\{x \in \mathbb{R} \mid x \geq \frac{21}{4}\right\}$
   c) $y = (-3)\left(x - \frac{1}{2}\right)^2 + \frac{23}{4};\ \mathbf{f^{-1}}: y = \frac{1}{2} + \sqrt{\frac{23-4x}{12}},\ \mathbb{D} = \left\{x \in \mathbb{R} \mid x \leq \frac{23}{4}\right\}$
   d) $y = (-2)\left(x - \frac{3}{4}\right)^2 + \frac{1}{8};\ \mathbf{f^{-1}}: y = \sqrt{\frac{1-8x}{16}} + \frac{3}{4},\ \mathbb{D} = \left\{x \in \mathbb{R} \mid x \leq \frac{1}{8}\right\}$

5. Die Eckpunkte des Dreiecks sind die Schnittpunkte von jeweils zwei der drei Geraden. Sie lauten:
   $(1 \mid 2),\ (4 \mid 4),\ (5 \mid 1)$

6. Auflösen der Geradengleichungen nach y ergibt:
   $y = \frac{2}{3}x + \frac{4}{3},\ y = -3x + 16$ und $y = -\frac{1}{4}x + \frac{9}{4}$

   Also ist $\tan\alpha = \frac{11}{3} \Rightarrow \alpha = 74{,}74°$

   $\tan\beta = \frac{11}{7} \Rightarrow \beta = 57{,}53°$

   $\tan\gamma = 1{,}1 \Rightarrow \gamma = 47{,}73°$

7. a) mit der p-q-Formel $\Rightarrow x_1 = 1, x_2 = -3 \Rightarrow y_1 = 3, y_2 = -5$

b) analog folgt $x_1 = 0{,}5 \Rightarrow y_1 = 2, x_2 = -1 \Rightarrow y_2 = -1$

c) das Quadrieren der Geradengleichung und Gleichsetzen führt zu

$x_1 = 0{,}927 \quad \Rightarrow y_1 = 2{,}854$

$x_2 = -1{,}727 \Rightarrow y_2 = -2{,}454$

8. $A\,(t) = 60\text{ Mio} \cdot 0{,}995^t,\; B\,(t) = 4\text{ Mio} \cdot 1{,}025^t$

a) $$t_1 = \frac{\lg\left(\dfrac{60.000.000}{10 \cdot 4.000.000}\right)}{\lg\left(\dfrac{1{,}025}{0{,}995}\right)} = 13{,}65 \text{ Jahre}$$

b) analog: $t_2 = 67{,}83$ Jahre

c) ebenso: $t_3 = 91{,}16$ Jahre

9. a) $x_1 = -1{,}586$

$x_2 = -4{,}414$

b) $y = -(x+3)^2 + 2$

Die Parabel ist nach unten geöffnet. Sie ist so steil wie die Normalparabel. Insgesamt ist sie um 3 nach links und um 2 nach oben verschoben.

c) $\mathbf{f}^{-1}$: $y = \sqrt{2-x} - 3$ mit $\mathbb{D} = \{x \in \mathbb{R} \mid x \leq 2\}$

10. $y = ax^2 + bx + c = 0 \Leftrightarrow x^2 + \frac{b}{a}x + \frac{c}{a} = 0$

$$\Rightarrow x_1 = -\frac{b}{2a} + \sqrt{\frac{b^2}{4a^2} - \frac{c}{a}}\;;\quad x_2 = -\frac{b}{2a} - \sqrt{\ldots}$$

$$\Rightarrow \frac{x_1 + x_2}{2} = -\frac{b}{2a} = x_s\text{, denn}$$

$$y = ax^2 + bx + c = a\left(x + \frac{b}{2a}\right)^2 - \frac{b^2}{4a} + c \text{ hat } S\left(-\frac{b}{2a} \,\middle|\, c - \frac{b^2}{4a}\right)$$

11. $(x^4 - 7x^3 + 8x^2 + 11x - 5) : (x+1) = x^3 - 8x^2 + 16x - 5$ Nullstelle $x_1 = -1$

$(x^3 - 8x^2 + 16x - 5) : (x-5) = x^2 - 3x + 1$ Nullstelle $x_2 = 5$

p-q-Formel $\Rightarrow x_{3/4} = 1{,}5 \pm \sqrt{1{,}25}$, also $x_3 = 2{,}618,\; x_4 = 0{,}382$

12. Die Funktion ist mit Faktor 2 gestreckt, um 1 nach oben verschoben, um 3 π nach rechts verschoben und ihre Frequenz auf $\frac{1}{3}$ verringert. Sie ist nach oben durch 3, nach unten durch –1 beschränkt.

13. a) $a_n = \frac{n+1}{n^2}$ $\quad b_n = \frac{1}{2^{n-2}}$ $\quad c_n = c_{n-1} + n = c_1 + \sum_{i=2}^{n} i = 1 + \frac{n}{2}(n+1)$

b) (a_n) und (b_n) haben untere Schranke 0 und obere Schranke 2, (c_n) hat untere Schranke 2 und ist nach oben unbeschränkt.

c) (a_n) ist streng monoton fallend, denn $\frac{n+1}{n^2} > \frac{n+2}{(n+1)^2}$ führt auf $1 + n^2 + 3n > 0$.

(b_n) ist ebenfalls streng monoton fallend, denn $\frac{1}{2^{n-2}} > \frac{1}{2^{n-1}} \Leftrightarrow 2 > 1$

(c_n) ist streng monoton steigend wegen $1 + \frac{n}{2}(n+1) < 1 + \frac{n+1}{2}(n+2) \Leftrightarrow 0 < 2n+3$

14. a) 63; 127; 255

b) $a_{n+1} = 2a_n + 1$

c) $a_{n+1} = 2^{n+1} - 1$

d) $2^n - 1 \geq n \to \infty$

15. a) (a_n) ist streng monoton fallend, denn $\frac{3n-1}{n^2} > \frac{3(n+1)-1}{(n+1)^2}$ führt auf

$3n^2 + n - 1 > 3n^2 > 0$

b) $0 < \frac{3n-1}{n^2} < 2$ wegen a) und $n > \frac{1}{3}$

c) $\lim\limits_{n\to\infty} \frac{3n-1}{n^2} = \lim\limits_{n\to\infty} \left(\frac{3}{n} - \frac{1}{n^2}\right) = 0$

d) $\frac{3n-1}{n^2} < 0{,}1475 \Leftrightarrow 0 < n^2 - \frac{3n}{0{,}1475} + \frac{1}{0{,}1475} \Rightarrow n > 20$

16. $\frac{a}{b} = \frac{b}{\left(\frac{a}{2}\right)} \Leftrightarrow \frac{a}{\sqrt{2}} = b$

$F_1 = \frac{a^2}{\sqrt{2}}$ $\quad F_2 = \frac{a^2}{2\sqrt{2}}$ $\quad F_3 = \frac{a^2}{4\sqrt{2}}$ $\quad \ldots \quad F_n = \frac{a^2}{\sqrt{2}\, 2^{n-1}}$

$\Rightarrow \lim\limits_{n\to\infty} F_n = \frac{a^2}{\sqrt{2}} \quad \lim\limits_{n\to\infty} \frac{1}{2^{n-1}} = 0$

17. $\lim\limits_{n\to\infty} a_n = 3 \quad \lim\limits_{n\to\infty} b_n = 0{,}5 \quad \lim\limits_{n\to\infty} c_n = 0 \quad \lim\limits_{n\to\infty} d_n = \infty$

$\Rightarrow \lim\limits_{n\to\infty} (a_n + b_n) = 3{,}5$

$\lim\limits_{n\to\infty} (b_n - c_n) = 0{,}5$

$\lim\limits_{n\to\infty} (c_n \cdot d_n) = \lim\limits_{n\to\infty} \frac{n+1}{2n+1} = 0{,}5$

$\lim\limits_{n\to\infty} (c_n : d_n) = 0$

18. a) $\lim\limits_{|x|\to\infty} f(x) = 4$

b) $\lim\limits_{|x|\to\infty} f(x) = 0$

c) $\lim\limits_{|x|\to\infty} f(x) = 0$

d) $\lim\limits_{x\to\infty} f(x) = 0;\ \lim\limits_{x\to-\infty} f(x) = \infty$

e) $\lim\limits_{|x|\to\infty} f(x) = 0$

f) $\lim\limits_{x\to\infty} f(x) = 1\ (\mathbb{D} = \mathbb{R}_0^+)$

g) $\lim\limits_{x\to\infty} f(x) = \lim\limits_{x\to\infty} \frac{x-4}{x-8} = 1$

$\lim\limits_{x\to-\infty} f(x) = \lim\limits_{x\to-\infty} \frac{4-x}{x-8} = -1$

h) $\lim\limits_{x\to\infty} f(x) = -1 \qquad \lim\limits_{x\to-\infty} f(x) = \lim\limits_{x\to\infty} \frac{1-\frac{1}{2^x}}{\frac{1}{2^x}} = \infty$

19. $-A_0e^{-t} \le A_0e^{-t}\cos\omega t \le A_0e^{-t}$ wegen $-1 \le \cos x \le 1$

$\Rightarrow 0 = \lim\limits_{t\to\infty}\left(-A_0e^{-t}\right) \le \lim\limits_{t\to\infty} A_0e^{-t}\cos\omega t \le \lim\limits_{t\to\infty} A_0e^{-t} = 0$

also $\lim\limits_{t\to\infty} A_0e^{-t}\cos\omega t = 0$

20. $f(x) = \frac{(x+1)(x-2)}{(x+1)(x-1)} = \frac{x-2}{x-1}$ für alle $x \in \mathbb{D} = \mathbb{R}\setminus\{-1;\ 1\}$

$\lim\limits_{h\to0} \frac{x_0 \pm h - 2}{x_0 \pm h - 1} = \frac{x_0 - 2}{x_0 - 1} = f(x_0)$

$\lim\limits_{x\to-1} f(x) = \lim\limits_{h\to0} \frac{-3 \pm h}{-2 \pm h} = \frac{3}{2}$

d.h. $\tilde{f}(x) = \begin{cases} f(x) & x \neq -1 \\ \frac{3}{2} & x = -1 \end{cases}$

aber $\lim\limits_{1+h\to1} f(x) = -\infty;\ \lim\limits_{1-h\to1} f(x) = \infty$

21. a) $\lim\limits_{x\to\infty} f(x) = \lim\limits_{x\to-\infty} f(x) = 1$

b) $\mathbb{D} = \mathbb{R}\setminus\{-3; 2\}$ (p-q-Formel)

c) $\lim\limits_{h\to0} f(x_0 \pm h) = f(x_0)$, zum Beispiel: $\lim\limits_{h\to0} \frac{(x_0+h)^2 - 3(x_0+h) - 2}{(x_0+h)^2 + (x_0+h) - 6}$

$= \lim\limits_{h\to0} \frac{x_0^2 + h^2 + 2x_0h - 3x_0 - 3h - 2}{x_0^2 + h^2 + 2x_0h + x_0 + h - 6} = \frac{x_0^2 - 3x_0 - 2}{x_0^2 + x_0 - 6}$

d) $\lim\limits_{h\to 0} f(2+h) = \lim\limits_{h\to 0} f(2-h) = \frac{1}{5}$

$\Rightarrow$ f ist an $x = 2$ durch $\frac{1}{5}$ stetig ergänzbar, aber:

$\lim\limits_{h\to 0} f(-3+h) = -\infty, \; \lim\limits_{h\to 0} f(-3-h) = \infty$

$$\Rightarrow \tilde{f}(x) = \begin{cases} f(x) \text{ für } x \in \mathbb{D}_f \\ \frac{1}{5} \quad \text{für } x = +2 \end{cases}$$

22. a) $3x$; b) $1 - x^3$; c) $-x^2$; d) $-\frac{3}{2}$

23. 1. Schritt: $5^2 = 25 < 32 = 2^5$
2. Schritt: $0 < (n+1)^2 = n^2 + 2n + 1 < n^2 + n^2 \leq 2 \cdot 2^n = 2^{n+1}$

24. $$\sum_{i=1}^{n} \frac{1}{i(i+1)} = \sum_{i=1}^{n} \left(\frac{1}{i} - \frac{1}{i+1}\right) = 1 - \frac{1}{2} + \frac{1}{2} - \ldots - \frac{1}{n+1} \Rightarrow \lim_{n\to\infty} s_n = 1$$
$$= 1 - \frac{1}{n+1}$$

25. 1. Schritt: $1^3 = 1 = \frac{1}{4} \cdot 1^2 \cdot (1+1)^2$

2. Schritt: $$1^3 + 2^3 + \ldots + n^3 + (n+1)^3 = \frac{1}{4} n^2(n+1)^2 + (n+1)^3$$
$$= \left(\frac{1}{4} n^2 + n + 1\right)(n+1)^2$$
$$= \frac{1}{4}(n+1)^2 (n^2 + 4n + 4)$$
$$= \frac{1}{4}(n+1)^2 (n+2)^2$$

26. 1. Schritt: Für $n = 2$ ist die Ungleichung richtig, da $\alpha^2 > 0$ ist.
2. Schritt: $(1+\alpha)^{n+1} > (1+n\alpha)(1+\alpha) = 1 + (n+1)\alpha + n\alpha^2$
$> 1 + (n+1)\alpha$

Die Steigung einer Funktion

1. a) $\lim\limits_{x \to x_0} \frac{x - x_0}{x - x_0} = \lim\limits_{h \to 0} \frac{x_0 + h - x_0}{h} = \lim\limits_{h \to 0} 1 = 1$ (linksseitige Ableitung analog)

b) $\lim\limits_{h \to 0} \frac{c - c}{h} = \lim\limits_{h \to 0} 0 = 0$

2. $\lim\limits_{x \to -1} |x + 1| = \lim\limits_{h \to 0} |-1 + h + 1| = |0| = 0 = f(-1)$

Der linksseitige Grenzwert wird analog berechnet. Daraus ergibt sich f stetig in –1.

$\lim\limits_{x \to -1} \frac{|x + 1| - |-1 + 1|}{x + 1}$ existiert nicht, denn

$\lim\limits_{h \to 0} \frac{|-1 + h + 1|}{h} = \lim\limits_{h \to 0} \frac{|h|}{h} = \lim\limits_{h \to 0} \frac{h}{h} = \lim\limits_{h \to 0} 1 = 1$, aber

$\lim\limits_{h \to 0} \frac{|-1 - h + 1|}{-h} = \lim\limits_{h \to 0} \frac{|-h|}{-h} = \lim\limits_{h \to 0} \frac{h}{-h} = \lim\limits_{h \to 0} -1 = -1$

3. $\lim\limits_{h \to 0} \frac{(2[x_0 + h]^2 - 3[x_0 + h] + 1) - (2x_0^2 - 3x_0 + 1)}{h} =$

$\lim\limits_{h \to 0} \frac{2x_0^2 + 4x_0h + 2h^2 - 3x_0 - 3h + 1 - 2x_0^2 + 3x_0 - 1}{h} =$

$\lim\limits_{h \to 0} \frac{4x_0h - 3h}{h} = \lim\limits_{h \to 0} (4x_0 - 3) = 4x_0 - 3$

Die linksseitige Ableitung analog durchführen.

Also $f'(x) = 4x - 3$; $f'(2) = 5$; $f'(2) = m_t = 5$; $f(2) = 3 \Rightarrow 3 = 5 \cdot 2 + c \Leftrightarrow c = -7$

Die Tangentengleichung lautet demnach $t(x) = 5x - 7$

4. $f(x_0 + h) = f(x_0) + h \cdot f'(x_o) + R(x)$

$2x_0^2 + 4x_0 + 2h^2 - 3x_0 - 3h + 1 = 2x_0^2 - 3x_0 + 1 + h(4x_0 - 3) + 2h^2$

Also $f'(x_0) = 4x_0 - 3$

5. $f''(x) = 4$; $f'''(x) = 0$; $f^{(4)}(x) = 0$, ebenso alle höheren Ableitungen.

Die Ableitung der ganzrationalen Funktion

1. $f'(x) = 4x^3 - 24x^2 + 12x + 40$

1. Nullstelle: $x_1 = -1$. Die Polynomdivision führt zu $x^2 - 7x + 10$

$\Rightarrow$ weitere Nullstellen $x_2 = 2{,}5 = x_3$ (p-q-Formel)

$$f''(x) = 12x^2 - 48x + 12 \begin{cases} f''(-1) = 72 \quad > 0 \Rightarrow \text{Min } (-1\,|\,29) \\ f''(2) \quad = -36 > 0 \Rightarrow \text{Max } (2\,|\,52) \\ f''(5) \quad = 72 \quad > 0 \Rightarrow \text{Min } (5\,|\,-29) \end{cases}$$

$f''(x) = 0$ für $x_4 = 2 + \sqrt{3}$ und $x_5 = 2 - \sqrt{3}$

$f'''(x) = 24x - 48$, $f'''(x_4) \neq 0$, $f'''(x_5) \neq 0 \Rightarrow W_1\,(3{,}732\,|\,7{,}002)$

$W_2\,(0{,}268\,|\,7{,}002)$

2. $f'(x) = 6x^5$

$f'(x) = 0$ für $x_0 = 0$

$f''(0) = f'''(0) = f^{(4)}(0) = f^{(5)}(0) = 0$

$f^{(6)}(x) = 720$, also auch $f^{(6)}(0) = 720 > 0 \Rightarrow$ Min $(0 \mid -12)$

3. $f'(x) = 3x^2 + 12x + 12$

$f'(x) = 0$ für $x = -2$ (doppelte Nullstelle)

$f''(x) = 6x + 12$, $f''(-2) = 0$; $f'''(x) = 6 \Rightarrow f'''(-2) = 6$,

also keine Extremstellen. $(-2 \mid -5)$ ist Sattelpunkt.

4. a) $f'(x) = x^2 - 2x + x(2x - 2) = 3x^2 - 4x = [x^3 - 2x^2]'$

b) $f'(x) = (8x + 1)(x^2 + 3x + 5) + (4x^2 + x - 1)(2x + 3) = 16x^3 + 39x^2 + 44x + 2$

$= [4x^4 + 13x^3 + 22x^2 + 2x - 5]'$

Anwendungen

1. a) $\mathbb{D} = \mathbb{R}$

b) $\lim\limits_{x \to \infty} f(x) = x^5\left(2 - \frac{4}{x^2} + \frac{2}{x^4}\right) = \infty$; analog: $\lim\limits_{x \to -\infty} f(x) = -\infty$

c) $f(x) = 0 = x \cdot (2x^4 - 4x^4 + 2)$

$x_1 = 0$; Substitution $z = x^2$ und p-q-Formel sind jeweils doppelte Nullstellen.

$\Rightarrow x_2 = 1, x_3 = -1$

d) $f'(x) = 10x^4 - 12x^2 + 2$

hat die Nullstellen $x_4 = 1$; $x_5 = -1$; $x_6 = \sqrt{0,2}$ und $x_7 = -\sqrt{2}$.

Damit ergeben sich die Bereiche

$]-\infty; -1[$	$]-1; -\sqrt{0,2}[$	$]-\sqrt{2}; \sqrt{2}[$	$]\sqrt{2}; 1[$	$]1; \infty[$

In diesen Bereichen ist f streng monoton:

steigend	fallend	steigend	fallend	steigend

Daher hat f die vier Extremalpunkte

$M_1(-1 \mid 0)$; $M_2(-\sqrt{2} \mid -0,572)$; $M_3(\sqrt{2} \mid 0,572)$; $M_4(1 \mid 0)$

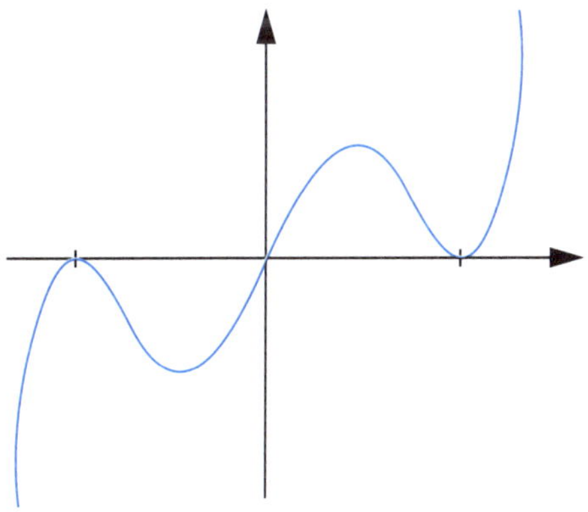

Abb. 122 $f(x) = 2x^5 - 4x^3 + 2x$

2. (1) $\mathbb{D} = \mathbb{R}$

(2) Keine Symmetrie, da gerade und ungerade Potenzen von x auftreten.

(3) $\lim\limits_{x \to \infty} f(x) = \infty$, $\lim\limits_{x \to -\infty} f(x) = -\infty \quad \Rightarrow$ f ist unbeschränkt.

f ist stetig auf ganz $\mathbb{D}$

(4) Nullstellen $x_1 = 0$, $x_2 = 3$, $x_3 = -2$

(5) $f'(x) = 3x^2 - 2x - 6 \Rightarrow f'(x) = 0$ für $x_4 = 1{,}79$, $x_5 = 1{,}12$

$f''(x) = 6x - 2 \Rightarrow f''(1{,}79) = 8{,}74 > 0 \Rightarrow$ Min $(1{,}79 \mid -8{,}20)$

$f''(-1{,}12) = -8{,}78 < 0 \Rightarrow$ Max $(-1{,}12 \mid 4{,}06)$

Also steigt f in $]-\infty; -1{,}12[$, fällt in $]-1{,}12; 1{,}79[$ und steigt wieder in $]1{,}79; \infty[$.

(6) $f''(x) = 0$ für $x = \frac{1}{3}$; $f'''(x) = 6 \neq 0 \Rightarrow \left(\frac{1}{3} \mid -2{,}07\right)$ ist Wendepunkt.

In $]-\infty; \frac{1}{3}[$ ist f rechtsgekrümmt, in $]\frac{1}{3}; \infty[$ linksgekrümmt.

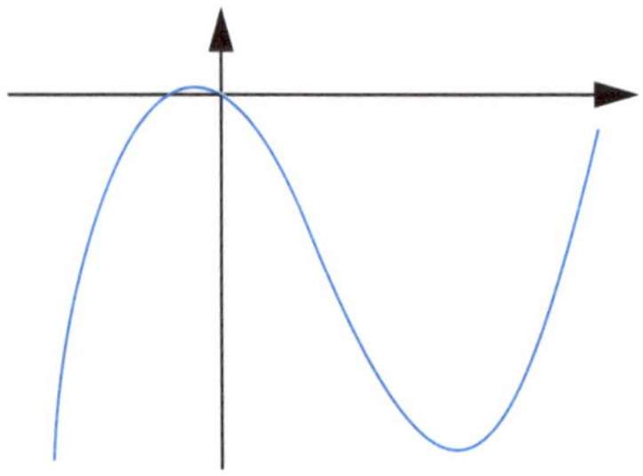

Abb. 123 $f(x) = x^3 - 6x^2 - 6x$

3. (1) $\mathbb{D} = \mathbb{R}$

(2) Keine Symmetrien, da gerade und ungerade Potenzen von x auftreten.

(3) $\lim\limits_{x \to \infty} f(x) = \mp \infty \Rightarrow$ f ist unbeschränkt.

(4) Nullstellen $x_1 = 0$, $x_2 = 2$, $x_3 = 3$ durch Ausklammern und p-q-Formel.

(5) $f'(x) = -0{,}3x^2 + x - 0{,}6$

$f'(x) = 0$ für $x_4 = 0{,}78$ und $x_5 = 2{,}55$

$f''(x) = -0{,}6x + 1 \Rightarrow f''(0{,}78) = 0{,}529 > 0 \Rightarrow$ Min $(0{,}78 \mid -0{,}21)$

$f''(2{,}55) = -0{,}529 < 0 \Rightarrow$ Max $(2{,}55 \mid 0{,}06)$

Damit fällt f in $]-\infty; 0{,}78[$, steigt in $]0{,}78; 2{,}55[$ und fällt wieder in $]2{,}55; \infty[$.

(6) $f''(x) = 0$ für $x = 1{,}67$

$f'''(x) = -0{,}6 \neq 0 \Rightarrow$ Wendepunkt W $(1{,}67 \mid -0{,}07)$.

In $]-\infty; 1{,}67[$ ist f linksgekrümmt, danach rechtsgekrümmt.

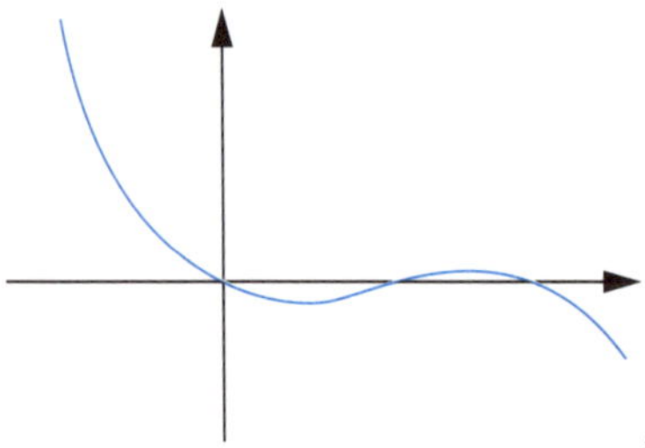

Abb. 124 $f(x) = 0{,}1x^3 + 0{,}5x^2 - 0{,}6x$

4. (1) $\mathbb{D} = \mathbb{R}$

(2) Da sowohl gerade als auch ungerade Potenzen von x vorkommen, ist f weder punktsymmetrisch zum Ursprung noch y-Achsen-symmetrisch.

(3) $\lim\limits_{x \to \infty} f(x) = \infty$, $\lim\limits_{x \to -\infty} f(x) = -\infty$, f ist also unbeschränkt.

(4) $x_1 = 2$, $x_2 = 3{,}732$, $x_3 = 0{,}268$ sind die Nullstellen.

(5) $f'(x) = 3x^2 - 12x + 9$ $f'(x) = 0$ für $x_4 = 3$ und $x_5 = 1$

$f''(x) = 6x - 12$ $\Rightarrow f''(3) = 6 > 0 \Rightarrow$ Min $(3 \mid -2)$

$f''(1) = -6 < 0 \Rightarrow$ Max $(1 \mid 2)$

Also ist f streng monoton steigend in $]-\infty; 1[$, fallend in $]1; 3[$ und wieder steigend in $]3; \infty[$.

(6) $f''(x) = 0 \Rightarrow x = 2$

$f'''(x) = 6 \neq 0 \Rightarrow (2 \mid 0)$ ist Wendepunkt.

Damit ist f linksgekrümmt in $]-\infty; 2[$ und rechtsgekrümmt in $]2; \infty[$.

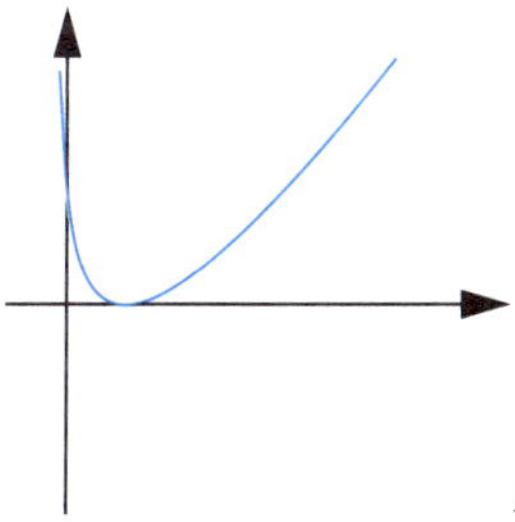

Abb. 125 $f(x) = x^3 - 6x^2 + 9x - 2$

5. (1) $\mathbb{D} = \mathbb{R}$

(2) f ist y-Achsen-symmetrisch, da nur gerade Potenzen von x vorkommen.

(3) $\lim\limits_{x \to \infty} f(x) = \lim\limits_{x \to -\infty} f(x) = -\infty$, also ist f unbeschränkt.

(4) Substitution $x^2 = z$ liefert $x_1 = 2$, $x_2 = -2$; $z_1 = 4$; $z_2 = -1$ liefert keine reellen Nullstellen.

(5) $f'(x) = -4x^3 + 6x = (-x)(4x^2 - 6) \Rightarrow f'(x) = 0$ für $x_3 = 0$, $x_4 = 1{,}225$ und $x_5 = -1{,}225$

$f''(x) = -12x^2 + 6 \Rightarrow f''(0) = 6 > 0 \Rightarrow$ Min $(0 \mid 4)$

$f''(1{,}225) = f''(-1{,}225) = -12 < 0$

$\Rightarrow$ Max $(1{,}225 \mid 6{,}25)$ und Max $(-1{,}225 \mid 6{,}25)$

Also steigt f in $]-\infty; -1{,}225[$, fällt in $]-1{,}225; 0[$, steigt wieder in $]0; 1{,}225[$ und fällt schließlich in $]1{,}225; \infty[$.

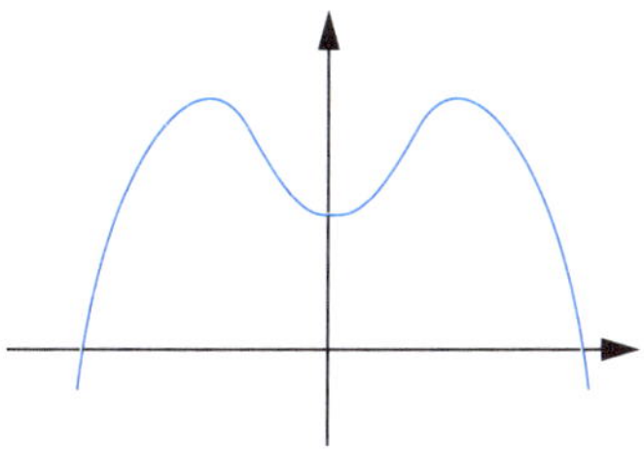

Abb. 126 $f(x) = -x^4 + 3x^2 + 4$

(6) $f''(x) = 0$ für $x_6 = 0{,}707$ und $x_7 = -0{,}707$
$f'''(x) = -24x \Rightarrow f'''(x_6) \neq 0$ und $f'''(x_7) \neq 0$
$\Rightarrow W_1\,(-0{,}707 \mid 5{,}25)$ und $W_2\,(0{,}707 \mid 5{,}25)$
f ist in $]-\infty; -0{,}707[$ rechtsgekrümmt, in $]-0{,}707; 0{,}707[$ linksgekrümmt und in $]0{,}707; \infty[$ rechtsgekrümmt.

6. $y = ax^3 + bx^2 + cx + d$
$\Rightarrow y' = 3ax^2 + 2bx + c$
$\Rightarrow y'' = 6ax + 2b$
Nullstelle bei $x = -1 \Leftrightarrow f(-1) = 0 \Rightarrow -a + b - c + d = 0$
Wendepunkt bei $x = -2 \Leftrightarrow f''(-2) = 0 \Rightarrow -12a + 2b = 0$
Tangente in Wendepunkt $\Rightarrow f'(-2) = 3 \Rightarrow 12a - 4b + c = 0$
$t(-2) = -3{,}5 = f(-2) \Rightarrow -8a + 4b - 2c + d = 3{,}5$
Dieses System hat die Lösung $(a \mid b \mid c \mid d) = (0{,}5 \mid 3 \mid 9 \mid 6{,}5)$ und damit wird
$f(x) = 0{,}5x^3 + 3x^2 + 9x + 6{,}5$

7. $y = ax^4 + bx^3 + cx^2 + dx + e$
$\Rightarrow y' = 4ax^3 + 3bx^2 + 2cx + d$
$\Rightarrow y'' = 12ax^2 + 6bx + 2c$
$f(1) = t(1) = 6 \Rightarrow 6 = a + b + c + d + e$
$f'(1) = 2 \Rightarrow 2 = 4a + 3b + 2c + d$
$P(0 \mid 4) \Rightarrow 4 = e$
$f'(0) = 0 \Rightarrow 0 = d$
$f''(0{,}5\sqrt{2}) = 0 \Rightarrow 0 = 6a + 3\sqrt{2}\,b + 2c$
Einsetzen der schon gefundenen Zahlen e = 4 und d = 0 und Lösen des Restsystems führt auf $a = -1$, $b = 0$, $c = 3$
also $f(x) = -x^4 + 3x^2 + 4$

8. $y = ax^5 + bx^4 + cx^3 + dx^2 + cx + f$
Symmetrie $\Rightarrow b = d = f = 0 \Rightarrow y = ax^5 + cx^3 + ex$
$\Rightarrow y' = 5ax^4 + 3cx^2 + e$
$A(2 \mid 36) \Rightarrow 36 = 32a + 8c + 2e$
$B(-3 \mid -384) \Rightarrow -384 = -243a - 27c - 3e$
$f'(3) = 704 \Rightarrow 704 = 405a + 27c + e$
Dieses System hat die Lösungen $a = 2$, $c = -4$, $e = 2$
also $f(x) = 2x^5 - 4x^3 + 2x$

9. Gemeinsame Nebenbedingung: $12 = a + b \Leftrightarrow a = 12 - b$

a) Hauptbedingung: $F(a; b) = a \cdot b \Rightarrow \max$; $\mathbb{D} = \{0 < x < 12\}$
Einsetzen der Nebenbedingungen: $F(b) = (12 - b) \cdot b = 12b - b^2$
$F'(b) = 12 - 2b$; $F'(b) = 0 \Leftrightarrow b = 6$
$F''(b) = -2 < 0 \Rightarrow (6 \mid 36)$ ist Maximum

b) Hauptbedingung: $S(a; b) = a^2 + b^2 \Rightarrow \max$
Einsetzen der Nebenbedingung: $S(b) = (12 - b)^2 + b^2 = 2b^2 - 24b + 144$
$S'(b) = 4b - 24$; $S'(b) = 0 \Leftrightarrow b = 6$
$S''(b) = 4 > 0 \Rightarrow (6 \mid 72)$ ist Minimum

10. Hauptbedingung: V (a; b; c) = a · b · c → max

Nebenbedingungen: (1) l = 120 = 4a + 4b + 4c

(2) b = 3a

$\Rightarrow 120 = 4a + 4 \cdot 3a + 4c \Rightarrow c = 30 - 4a$

Einsetzen: $V(a) = a \cdot 3a \cdot (30 - 4a) = 90a^2 - 12a^3$; $\mathbb{D} = \{0 < a < 30\}$

$V'(a) = 180a - 36a^2$

$V'(a) = 0$ für $a = 5$ oder $a = 0$ $(0 \notin \mathbb{D})$

$V''(a) = 180 - 72a \Rightarrow V''(5) = -180 < 0$

⇒ Maximales Volumen für a = 5, b = 15, c = 10

$V = 750\ cm^3$

11. Nebenbedingung: $y = 6 - 0{,}25x^2$; $y = 0$ für $x = \sqrt{24}$ oder $x = -\sqrt{24}$

a) Hauptbedingung: U (a; b) = 2a + 2b ⇒ max

oder: U (x; y) = 4x + 2y ⇒ max (Symmetrie bzgl. x)

Einsetzen: $U(x) = 4x + 2\,(6 - 0{,}25x^{2)} = -\frac{1}{2}x^3 + 4x + 12$

$U'(x) = -x + 4$; $U'(x) = 0 \Leftrightarrow x = 4$

$U''(x) = -1 < 0 \Rightarrow (4\,|\,2)$ ist Maximalpunkt

$\Rightarrow a = 8, b = 2, U = 20$ cm

b) Hauptbedingung: V (x; y) = 2xy ⇒ max

Einsetzen: $V(x) = 12x - \frac{1}{2}x^3$

$V'(x) = 12 - 1{,}5x^2 \Rightarrow V'(x) = 0$ für $x = \pm\sqrt{8}$

$V''(x) = -3x$

$V'(\sqrt{8}) < 0 \Rightarrow$ Max ; $V'(-\sqrt{8}) > 0 \Rightarrow$ Min

$\Rightarrow a = 2\sqrt{8}, b = 4$ (aus N.B.), $V = 8\sqrt{8}\ cm^2$

12. Hauptbedingung: $V(a, r, h) = V_{Zyl} + V_{Kegel}$

$= \pi r^2 a + \frac{1}{3}\pi r^2 h$

Nebenbedingung: $9a^2 = r^2 + h^2 \Leftrightarrow 9a^2 - h^2 = r^2$

a = 5m

Einsetzen: $V(h) = \pi\,(225 - h^2) \cdot 5 + \frac{1}{3}\pi\,(225 - h^2)\,h$

$= -\frac{1}{3}\pi h^3 - 5\pi h^2 + 75\pi h + 1125\pi$

$\mathbb{D} = \{0 < h < 15\}$, da die Seitenlinie stets länger ist als die Höhe.

$V'(h) = \pi\,(-h^2 - 10h + 75)$

$V'(h) = 0 \Leftrightarrow h = 5$ (oder $h = -15 \notin \mathbb{D}$)

$V''(h) = \pi\,(-2h - 10) \Rightarrow V''(5) = -20\pi < 0$

⇒ Max für h = 5; r = 14,142; a = 5

$V_{max} = \frac{4000}{3}\pi\ m^3$

Die Ableitung der gebrochen rationalen Funktion

1. a) $f'(x) = \dfrac{8x^4 - 8x^3 + 84x^2}{x^6 + 4x^5 + 2x^4 + 10x^3 + 28x^2 + 14x + 49}$

b) $f'(x) = \dfrac{-2x^5 + 6x^4 - 20x^3 + 2x^2 - 12x + 2}{x^8 + 2x^6 - x^4 - 2x^2 + 1}$

2. (1) $\mathbb{D} = \mathbb{R}$, da $N(x) = x^2 + 1 > 0$ für alle $x \in \mathbb{R}$

(2) Da $Z(x) = 2x^2 + 2x + 1$ weder gerade noch ungerade ist, besteht weder Symmetrie zum Ursprung noch zur y-Achse.

(3) $f(x) = 2 + \dfrac{2x + 1}{x^2 + 1} \Rightarrow \lim\limits_{x \to \infty} f(x) = \lim\limits_{x \to -\infty} f(x) = 2$

Da f überall definiert und stetig ist, ist f beschränkt.

(4) Nullstellen gibt es nicht.

(5) $f'(x) = \dfrac{(-2)(x^2 - x - 1)}{(x^2 + 1)^2}$

$f'(x) = 0$ für $x_1 = 1{,}618$ und $x_2 = -0{,}618$

$f''(x) = \dfrac{4x^5 - 6x^4 - 8x^3 - 4x^2 - 12x + 2}{(x + 1)^4}$

$f''(-0{,}618) = 434{,}958 > 0 \Rightarrow$ Min $(-0{,}618 \mid 1{,}829)$

$f''(1{,}618) = -58{,}539 < 0 \Rightarrow$ Max $(1{,}618 \mid 3{,}171)$

3. (1) $\mathbb{D} = \mathbb{R} \setminus \{-1\}$ wegen $(2x + 2)^2 = 0 \Leftrightarrow 2x + 2 = 0 \Leftrightarrow x = -1$

(2) Da im Zählerpolynom sowohl gerade als auch ungerade Potenzen von x auftreten, besitzt f weder Ursprungssymmetrie noch y-Achsen-Symmetrie.

(3) $f(x) = x - 2 + \dfrac{4}{(x+1)^2} \Rightarrow g(x) = x - 2$ ist für große $|x|$ Asymptote von f. Damit ist f unbeschränkt.

$\lim\limits_{h \to 0} f(-1 + h) = \lim\limits_{h \to 0} f(-1 - h) = \infty$

Somit besitzt f bei $x = -1$ eine (gleichsinnige) Polstelle und ist nicht stetig ergänzbar.

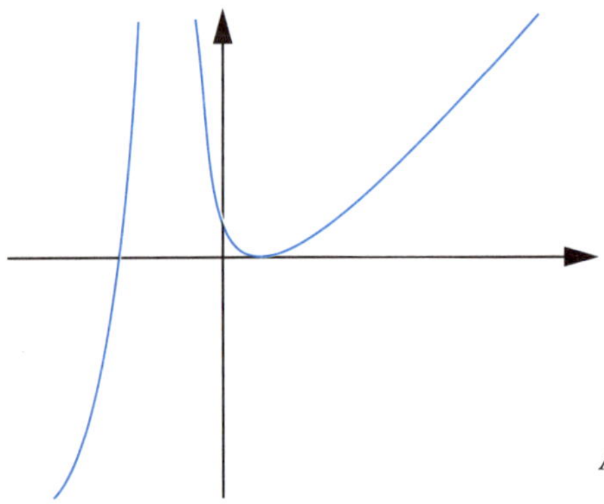

Abb. 127 $f(x) = \dfrac{4x^3 - 12x + 8}{(2x + 2)^2}$

(4) $f(x) = 0 \Leftrightarrow Z(x) = 4x^3 - 12x + 8 = 0$
$Z(x)$ hat Nullstelle $x_1 = 1$. Weitere Nullstelle ist $x_2 = -2$; x_1 ist doppelte Nullstelle, wie Polydivision und p-q-Formel zeigen.

(5) $f'(x) = \dfrac{8x^3 + 24x^2 + 24x - 56}{(2x+2)^2}$

$f'(x) = 0$ nur für $x = 1$ (wegen (4))

$f''(x) = \dfrac{372}{(2x+2)^4} > 0$ für alle $x \in \mathbb{D} \Rightarrow (1 \mid 0)$ ist Minimalpunkt.

Mit dem asymptotischen Verhalten folgt: f ist in $]-\infty; -1[$ streng monoton steigend, in $]-1; 1[$ streng monoton fallend und in $]1; \infty[$ streng monoton steigend.

(6) Wegen $f''(x) > 0$ für alle $x \in \mathbb{D}$ besitzt f keinen Wendepunkt. Also ist das Krümmungsverhalten einheitlich: f ist linksgekrümmt.

4. (1) $\mathbb{D} = \mathbb{R} \setminus \{-3\}$

(2) Da zwar das Zählerpolynom gerade, das Nennerpolynom jedoch weder gerade noch ungerade ist, ist f weder Ursprungs- noch y-Achsen-symmetrisch.

(3) $f(x) = x - 1 - \dfrac{1}{x+3}$. Demnach ist $x - 1$ Asymptote für große $|x|$, also

$\lim\limits_{x\to\infty} f(x) = \infty$, $\lim\limits_{x\to-\infty} f(x) = -\infty$, das heißt f ist unbeschränkt.

$\lim\limits_{h\to 0} f(-3+h) = \infty$, $\lim\limits_{h\to 0} f(-3-h) = -\infty$, deshalb liegt bei $x = -3$ eine ungleichsinnige Polstelle vor.

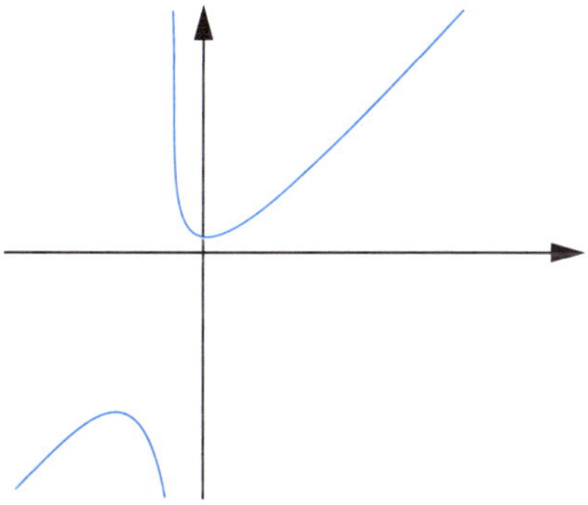

Abb. 128 $f(x) = \dfrac{x^2 - 4}{x+3}$

(4) $f(x) = 0$ für $x_1 = 2$ und $x_2 = -2$ (3. Binomische Formel)

(5) $f'(x) = \dfrac{x^2 + 6x + 4}{(x+3)^2}$; $f'(x) = 0$ für $x_3 = -0{,}764$ und $x_4 = -5{,}236$

$f''(x) = \dfrac{10}{(x+3)^3}$; $f''(-0{,}764) = \quad 0{,}894 > 0 \Rightarrow \text{Min}\ (-0{,}764 \mid \quad)$

$f''(-5{,}236) = -0{,}894 < 0 \Rightarrow \text{Max}\ (-5{,}236 \mid \quad)$

Interessanterweise liegt (wegen des Pols) das relative Minimum höher als das relative Maximum. Dies zeigt die Bedeutung des Adjektivs „relativ"!
Also steigt f in $]-\infty; -5{,}236[$, fällt in $]-5{,}236; -3[$ sowie in $]-3; -0{,}764[$ und steigt wieder in $]-3; \infty[$.

(6) Wegen $f''(x) > 0$ für alle $x \in \mathbb{D}$ besitzt f keine Wendestellen.
Aus der Existenz des Minimums folgt: f ist rechtsgekrümmt in $]-\infty; -3[$. Wegen des Maximums ist f linksgekrümmt in $]-3; \infty[$.

5. Pol für $x = 2 \Rightarrow x = 2$ ist Nullstelle von $N(x) = x^2 + c \Leftrightarrow 0 = 4 + c \Rightarrow c = -4$.
$x = 1$ ist Nullstelle $\Rightarrow a \cdot 1^2 + b = 0$, also $-a = b$.

$y = 2$ ist Asymptote $\Rightarrow \lim\limits_{x\to\infty} \dfrac{ax^2+b}{x^2+c} = 2 = \lim\limits_{x\to\infty} \left(a + \dfrac{b-ac}{x^2+c}\right) = a$

Also ist $a = 2$ und $b = -2 \Rightarrow f(x) = \dfrac{2x^2-2}{x^2-4}$

6. x_0 ist doppelte Nullstelle von f $\Leftrightarrow$ x_0 ist doppelte Nullstelle von g.

$\Rightarrow f(x) = \dfrac{(x-x_0)^2\,\tilde{g}(x)}{h(x)}$, wobei Grad $(\tilde{g})$ = Grad $(g) - 2$.

$$\text{Dann ist } f'(x) = \frac{[2(x-x_0)\,\tilde{g}(x) + (x-x_0)^2\tilde{g}'(x)] \cdot h(x) - (x-x_0)^2\tilde{g}(x) \cdot h'(x)}{h^2(x)}$$

$$= (x-x_0) \cdot \frac{2\tilde{g}(x)\,h(x) + (x-x_0)\,\tilde{g}'(x)\,h(x) - (x-x_0)\,\tilde{g}(x)\,h'(x)}{h^2(x)}$$

Also ist x_0 Nullstelle von f'.

Zur Ableitung weiterer Funktionen

1. a) $f'(x) = 4x^3 \cos x - x^4 \sin x$

b) $g'(x) = -\sin^2 x + \cos^2 x$

c) $h'(x) = -\sin x \cdot \sqrt[3]{x} + \dfrac{\cos x}{\sqrt[3]{x^2}} = \dfrac{\cos x - x \cdot \sin x}{\sqrt[3]{x^2}}$

d) $k'(x) = \dfrac{1}{x} \cdot x + (\ln x - 1) \cdot 1 = \ln x$

2. a) $f'(x) = x^2 \cos^2 x + 2x \sin x \cos x - x^2 \sin^2 x$

b) $g'(x) = \dfrac{\sin x}{2x\sqrt{x}} - \dfrac{\sin x\sqrt{x}}{x^2} + \dfrac{\sqrt{x}\cos x}{x} = \dfrac{\cos x \cdot \sqrt{x^3} - \frac{1}{2}\sqrt{x}\sin x}{x^2}$

3. a) $f'(x) = \dfrac{3{,}5x^6 \cdot 7\cos x + 3{,}5x^7 \sin x}{49\cos^2 x}$

b) $g'(x) = \dfrac{\frac{1}{2\sqrt{x}} \cdot \sin x - \sqrt{x} \cdot \cos x}{\sin^2 x} = \dfrac{\sin x - 2x\cos x}{2\sin^2 x\sqrt{x}}$

c) $h'(x) = \dfrac{\frac{5}{3}\sqrt[3]{x^2} \cdot 4\cos x + 4\sin x \cdot \sqrt[3]{x^5}}{16\cos^2 x}$

4. a) $f'(x) = \cos(3x^2 + 1) \cdot 6x$

b) $g'(x) = \sin(\sin^2 x)\, 2 \sin x \cos x = \sin(\sin^2 x) \cdot \sin^2 x$

c) $h'(x) = \dfrac{1}{\sqrt{2x - 5}}$

d) $k'(x) = \dfrac{2 \cos(2x + 1) + 12x \sin(2x + 1)}{3\sqrt[3]{x}\, \cos^3(2x + 1)}$

e) $v'(x) = \dfrac{-1}{\cos x}(-\sin x) = \tan x$

5. $[f(x) \cdot g(x) \cdot h(x)]' = f'(x) \cdot [g(x) \cdot h(x)] + f(x) \cdot [g(x) \cdot h(x)]'$

$= f'(x) \cdot [g(x)\, h(x)] + f(x) \cdot [g'(x)\, h(x) + g(x)\, h'(x)]$

$= f'(x)\, g(x)\, h(x) + f(x)\, g'(x)\, h(x) + f(x)\, g(x)\, h'(x)$

6. a23$\lim\limits_{x \to -\infty} f(x) = -\infty$; $\lim\limits_{x \to \infty} f(x) = 0$ nach de l'Hospital

b) $f(x) = 0$ für $x + 1 = 0$, da Exponentialfunktionen keine Nullstellen haben
also $x_1 = -1$ einzige Nullstelle

c) $f'(x) = -x \cdot e^{1-x}$ mit Produkt– und Kettenregel

$f'(x) = 0$ für $x = 0$

$f''(x) = (x - 1)\, e^{1-x} \Rightarrow f''(0) = -e^1 < 0 \Rightarrow$ Max $(0 \mid e)$

d) $f''(x) = 0$ für $x = 1$

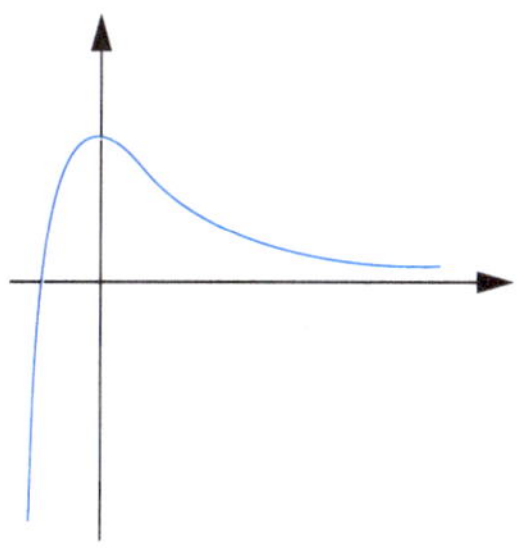

Abb. 129 $f(x) = (x + 1) \cdot e^{1-x}$

$f''(x) = (2 - x)\, e^{1-x} \Rightarrow f'''(1) = 1 \neq 0 \Rightarrow W\,(1 \mid 2)$

7. $\mathbb{D} = \{0 < \alpha < 90°\}$, das heißt: $\sin \alpha > 0$ und $\cos \alpha > 0$ für alle $\alpha \in \mathbb{D}$

$W'(\alpha) = \dfrac{2\, v_0^2}{g}(\cos^2\alpha - \sin^2\alpha) = \dfrac{2v_0^2}{g}(2 \cos^2\alpha - 1)$ mit $\sin^2\alpha = 1 - \cos^2\alpha$

$\Rightarrow W'(\alpha) = 0 \Leftrightarrow 2 \cos^2\alpha = 1 \Leftrightarrow \cos^2\alpha = \dfrac{1}{2}$

$\Rightarrow \cos \alpha = \dfrac{1}{2}\sqrt{2}$ einzige Lösung in $\mathbb{D}$

$\Rightarrow \alpha = 45°$

$W''(\alpha) = \dfrac{2\, v_0^2}{g}\, 4 \cos \alpha \cdot (-\sin \alpha) = -\dfrac{8\, v_0^2}{g} \cos \alpha \sin \alpha < 0$ für $\alpha \in \mathbb{D}$

Also erreicht die Funktion W für $\alpha = 45°$ ihr Maximum $\dfrac{v_0^2}{g}$

8. $\mathbb{D}_{max} = \mathbb{R}^+$

$\lim\limits_{x \to \infty} f(x) = \infty$, denn für $x > e^2$ ist $\ln x > 2$ und daher $(\ln x)^2 > 2 \ln x$

$\lim\limits_{x \to 0} f(x) = \infty$, da beide Teilterme $(\ln x)^2$ und $-2 \ln x$ gegen ∞ gehen.

$f(x) = 0 \Leftrightarrow (\ln x - 2) \ln x = 0 \quad \Leftrightarrow \ln x = 0 \vee \ln x = 2$

$\Leftrightarrow \quad x = 1 \vee \quad x = e^2$

$f'(x) = \frac{2}{x} [\ln x - 1]\,; \quad f'(x) = 0 \Leftrightarrow \ln x = 1 \Leftrightarrow x = e$

$f''(x) = \frac{2}{x^2} (2 - \ln x)\,; \quad f''(e) = \frac{2}{e^2} > 0 \Rightarrow \text{Min}\,(e \mid -1)$

$f''(x) = 0 \Leftrightarrow \ln x = 2 \Leftrightarrow x = e^2$

$f'''(x) = \frac{2}{x^3} (\ln x - 5) \Rightarrow f'''(e^2) = \frac{-6}{e^6} \neq 0 \Rightarrow W\,(e^2 \mid 0)$

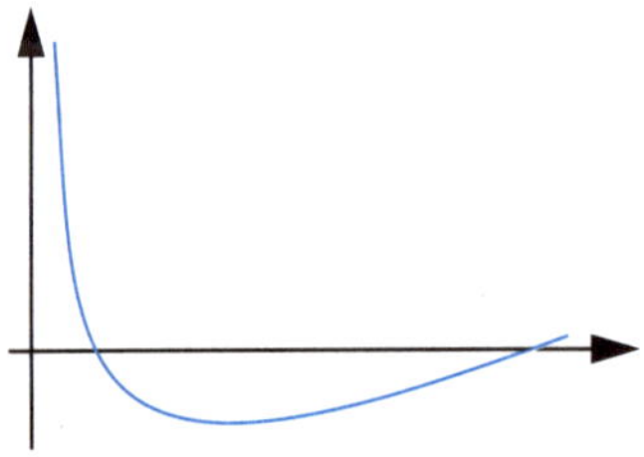

Abb. 130 $f(x) = (\ln(x))^2 - 2 \cdot \ln(x)$

9. (1) $\mathbb{D} = \mathbb{R}_0^+$

(2) entfällt hier

(3) $\lim\limits_{x \to \infty} f(x) = \lim\limits_{x \to \infty} [\sqrt{x}\,(2 - \sqrt{x})] = -\infty$

(4) $f(x) = 0$ für $x = 0$ oder $\sqrt{x} = 2$ das heißt $x = 4$

(5) $f'(x) = \frac{1}{\sqrt{x}} - 1 \Rightarrow f'(x) = 0$ für $x = 1$

$f''(x) = \frac{-1}{2\sqrt{x^3}} \quad \Rightarrow f''(1) = -\frac{1}{2} < 0 \Rightarrow \text{Max}\,(1 \mid 1)$

Also steigt f in $[0; 1[$ und fällt in $]1; \infty[$.

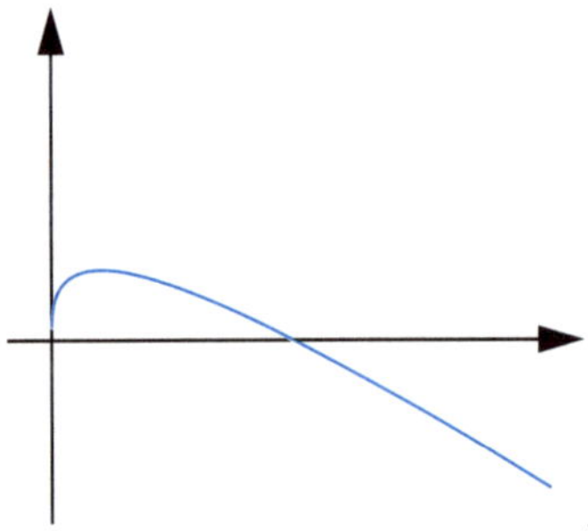

Abb. 131 $f(x) = 2 \cdot \sqrt{x} - x$

(6) $f''(x) < 0$ für alle $x \in \mathbb{D} \Rightarrow$ f ist überall linksgekrümmt.

10. a) Die Relation R setzt sich zusammen aus den Funktionen

f mit $f(x) = \frac{1}{3}\sqrt{x} \cdot (3 - x)$ und $g = -f$ mit $\mathbb{D}_f = \mathbb{D}_g = \mathbb{R}_0^+$

b) $\lim\limits_{h \to 0} \frac{f(h) - f(0)}{h} = \lim\limits_{h \to 0} \frac{\sqrt{h}\,(3 - h)}{3h} = \infty$

$\Rightarrow$ f ist an $x_0 = 0$ nicht differenzierbar, also auch nicht g.

c) Nullstellen sind $x = 0$ und $x = 3$.

$f'(x) = \frac{3 - 3x}{6\sqrt{x}}$; $f'(x) = 0$ für $x = 1$

$f''(x) = \frac{-3x - 3}{12x\sqrt{x}}$; $f''(1) = -\frac{1}{2} < 0 \Rightarrow \text{Max}\left(1 \middle| \frac{2}{3}\right)$

$f''(x) = 0$ für $x = -1 \notin \mathbb{D}_f \Rightarrow$ keine Wendepunkte

Es genügt die Betrachtung von f wegen $g = -f$.

Demnach hat g das Minimum $\left(1 \middle| -\frac{2}{3}\right)$.

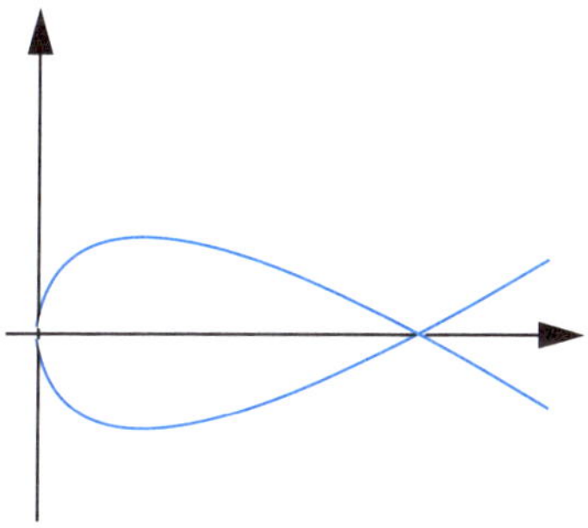

Abb. 132 $y^2 - \frac{1}{9} \cdot x \cdot (3 - x)^2 = 0$

Integralrechnung

Geometrische Aspekte der Integralrechnung

1. Da $f(x) = x^2 + 1 > 0$ für alle x ist, liegt jede Fläche unter der Kurve von f oberhalb der x-Achse. Damit sind die Flächenmaßzahl und das bestimmte Integral gleich und positiv (gleich Null für $k = 0$).

2. a) $\int_2^4 kx\,dx = \left[\frac{k}{2}x^2\right]_2^4 = 8k - 2k = 6k = 9 \Rightarrow k = 1{,}5$

b) $\int_k^3 \frac{1}{3}x^2 dx = \left[\frac{x^3}{9}\right]_k^3 = 3 - \frac{k^3}{9} = 6 \Rightarrow k^3 = -27 \Rightarrow k = -3$

c) $\int_0^k \left(x - \frac{1}{k}\right) dx = \left[\frac{x^2}{2} - \frac{x}{k}\right]_0^k = \frac{k^2}{2} - \frac{k}{2} = 6 \Leftrightarrow k^2 - k - 12 = 0$

$\Rightarrow k = 4 \text{ oder } k = -3$

3. Im Zusammenhang mit f definiert man

$f^+(x) := \max\{f(x); 0\}$ (positiver Teil von f)

$f^-(x) := -\min\{f(x); 0\}$ (negativer Teil von f)

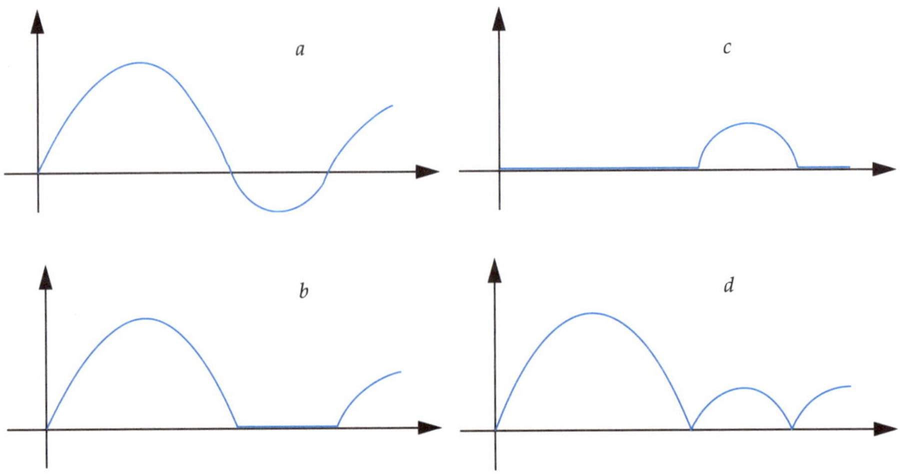

Abb. 133 a – d Zeichnerische Lösung zu 3

Dann ist $f = f^+ - f^-$ und $|f| = f^+ + f^-$

Aus den Eigenschaften des Integrals folgt die Integrierbarkeit von f^+ und f^-, und daraus die Intregierbarkeit von $|f|$.

Ferner gilt für jedes $x \in \mathbb{D}$:

$$-f^+(x) - f^-(x) \leq f^+(x) - f^-(x) \leq f^+(x) + f^-(x)$$

$$\Rightarrow -|f(x)| \leq f(x) \leq |f(x)|$$

Mit $f(x) \leq g(x)$

$$\Rightarrow \int_a^b f(x)\,dx \leq \int_a^b g(x)\,dx$$

$$\Rightarrow \left|\int_a^b f(x)\,dx\right| \leq \int_a^b |f(x)|\,dx$$

Der zweite Teil $\int_a^b f(x)\,dx \leq \left|\int_a^b f(x)\,dx\right|$ ist klar wegen $r \leq |r|$ für jedes $r \in \mathbb{D}$

4. $f(x) - g(x) = x^2 + x - 6 = 0 \Rightarrow x = 2$ oder $x = -3$

$g(x) > f(x)$ in $[-3, 2]$

$$\Rightarrow A = \int_{-3}^{2} (g(x) - f(x))\,dx$$

$$= -\int_{-3}^{2} x^2\,dx - \int_{-3}^{2} x\,dx + \int_{-3}^{2} 6\,dx$$

$$= \int_{2}^{-3} x^2\,dx + \int_{2}^{-3} x\,dx + \int_{-3}^{2} 6\,dx$$

$$= \left[\frac{x^3}{3}\right]_2^{-3} + \left[\frac{x^2}{2}\right]_2^{-3} + \left[6x\right]_{-3}^{2}$$

$$= 20\tfrac{5}{6}$$

5. $g(x) - f(x) = 2x^2 + 2x - 4 = 0 \Leftrightarrow x^2 + x - 2 = 0$

$\Rightarrow x = 1$ oder $x = -2$

$f(x) > g(x)$ in $[-2; 1] \Rightarrow \int_{-2}^{1} (4 - 2x - 2x^2)\,dx = 9$ analog zu (4)

6. a) Wegen der Punktsymmetrie von f ist die Fläche über $[-a; 0]$ genauso groß wie die über $[0; a]$. Jedoch liegt die eine Fläche unterhalb der x-Achse (das Integral wird negativ), die andere Fläche oberhalb. Wegen der Betragsgleichheit und den verschiedenen Vorzeichen wird die Summe Null.

b) Wegen der Achsensymmetrie sind die Flächen unter der Kurve über $[-a; 0]$ und $[0; a]$ gleich groß und haben gleiches Vorzeichen.

7. $F_a(x)$ hat noch eine weitere Nullstelle, wenn es ein $z \in [a; b]$ gibt mit $\int_a^z f(t)\,dt = -\int_z^b f(t)\,dt$.

Ein konkretes Beispiel liefert die Aufgabe 6 a.

8. a) $F'_a(x) = x^2 - 1$

b) $G'_a(x) = -x^2 + 1$

c) $F'_b(x) = x^2 - 1$

9. Der Graph von $y = \sqrt{1 - x^2}$ ist über [–1; 1] ein Halbkreis mit dem Radius 1. Deshalb ist die Fläche: $\frac{\pi}{2}$

10. $U_u = (\Delta x)^4 \left[1^3 + 2^3 + \ldots + (n-1)^3\right] = (\Delta x)^4 \cdot \frac{(n-1)^2 n^2}{4}$

$0_u = (\Delta x)^4 \left[1^3 + 2^3 + \ldots + n^3\right] = (\Delta x)^4 \cdot \frac{n^2(n+1)^2}{4}$

Mit $\Delta x = \frac{a}{n}$ folgt: $\lim\limits_{u \to \infty} 0_u = \lim\limits_{u \to \infty} U_u = \frac{1}{4}a^4$

Die Integration als Umkehrung der Differentiation

1. a) $F(x) = x^5 - \frac{7}{3}x^3 + x + c$

b) $G(x) = x^4 + 2x^3 - \frac{15}{2}x^2 + c$

c) $H(x) = -\frac{x^3}{3} + \frac{5}{2}x^2 - 7x + c$

2. a) $F(x) = \frac{2}{3}x^6 + \frac{1}{x} + c$

b) $G(x) = -\frac{1}{x^3} + \frac{2}{x^2} + c$

c) $H(x) = \ln|x| + c$

d) $K(x) = \sin|x| - 5x + c$

e) $M(x) = -4\cos(x) + \ln|\cos(x)| + c$

f) $N(x) = \sin(x) - \cos(x) + c$

g) $P(x) = x^2 + e^x + c$

h) $Q(x) = e^x - e^{-x} + c$

i) $R(x) = x(\ln(x) - 1) + e^x$

3. a) $\left[x^3 - 2x^2 + x\right]_1^2 = 2$

b) $\left[-\frac{1}{x} + \frac{1}{2x^4}\right]_1^2 = \frac{33}{32}$

c) $[-\cos x - \sin x]_{-\pi}^{\pi} = 0$

4. $\left(\frac{q}{p+q} \cdot x^{\frac{p}{q}+1}\right)' = \frac{q}{p+q} \cdot \left(\frac{p}{q}+1\right) \cdot x^{\frac{p}{q}} = \frac{q}{p+q} \cdot \frac{p+q}{q} \cdot x^{\frac{p}{q}} = \sqrt[q]{x^p}$

5. $f(x) = 0 \Leftrightarrow x\left(x^2 + 8x + 16\right) = 0 \Leftrightarrow x = 0$ oder $x = 4$

$\int_0^4 f(x)\,dx = \left[\frac{1}{16}x^4 + \frac{2}{3}x^3 + 2x^2\right]_0^4 = \frac{272}{3}$

6. $f'(x) = 3x^2 - 6x = 0 \Leftrightarrow x = 0$ oder $x = 2$

$f''(x) = 6x - 6 \quad \Rightarrow f''(0) = -6 < 0 \Rightarrow \text{Max}\,(0\,|\,4)$

$f'(0) = 0 = m_t \quad \Rightarrow t(x) = 4$

Schnittpunkte: $f(x) = 4 \Leftrightarrow x^3 - 3x^2 = 0 \Leftrightarrow x = 0$ oder $x = 3$

$$\int_0^3 \left(-x^3 + 3x^2\right)dx = \left[-\frac{x^4}{4} + x^3\right]_0^3 = 6{,}75$$

7. a) $\int_{-6}^{6} f(x)\,dx = \left[\frac{x^4}{4} + \frac{k}{3}x^3 - \frac{11}{2}x^2 - \frac{120x}{k}\right]_{-6}^{6} = 144k - \frac{1440}{k} = 216$

$\Rightarrow k^2 - \frac{3}{2}k - 10 = 0$

$\Rightarrow k = 4$ oder $k = -2{,}5$ (p–q–Formel)

b) $f_4(x) = x^3 + 4x^2 - 11x - 30$ hat Nullstellen bei: $x = -5$, $x = -2$, $x = 3$ (Polynomdivision, p–q-Formel)

$\Rightarrow A = \left|\int_{-5}^{-2} f(x)\,dx\right| + \left|\int_{-2}^{3} f(x)\,dx\right| = \left|\frac{351}{12}\right| + \left|-\frac{1375}{12}\right| = \frac{1726}{12} \approx 143{,}8\overline{3}$

c) $\left|\int_{-1}^{1} (f_4(x) - f_{-2,5}(x))\,dx\right| = \left|\int_{-1}^{1} (6{,}5x^2 - 78)\,dx\right| = \left[\frac{13}{6}x^3 - 78x\right]_{-1}^{1} = 151{,}\overline{6}$

8. $f'(x) = 3x^2 - 6x - 9 = 0 \Leftrightarrow x^2 - 2x - 3 = 0 \Rightarrow x = 3 \text{ oder } x = -1$

$f''(x) = 6x - 6 \Rightarrow f''(3) = 12 > 0 \Rightarrow \text{Min } (3 | -12)$

$f''(-1) = -12 > 0 \Rightarrow \text{Max } (-1 | 20)$

Gleichung der Geraden durch Minimum und Maximum:

$m = \dfrac{20 + 12}{-1 - 3} = -8 \Rightarrow b = 12 \Rightarrow g(x) = -8x + 12$

Bestimmung der Schnittpunkte:

$f(x) - g(x) = x^3 - 3x^2 - x + 3 = 0$ Nullstelle: $x = -1, x = 1, x = 3$

Bestimmung der Fläche:

$$A = \left|\int_{-1}^{1} (f(x) - g(x))\, dx\right| + \left|\int_{1}^{3} (f(x) - g(x))\, dx\right| = \left|\left[\frac{1}{4}x^4 - x^3 - \frac{x^2}{2} + 3x\right]_{-1}^{1}\right| + \left|\left[\ldots\right]_1^3\right|$$

$$= |4| + |-4| = 8$$

9. a) $x_0 = -1$ ist Wendestelle $\Rightarrow f''(-1) = 0$; $m_t(-1) = -\dfrac{1}{e} \Rightarrow f'(-1) = \dfrac{-1}{e}$

$f'(x) = (ax + a + b)\, e^x$; $f''(x) = (ax + 2a + b)\, e^x$

$\Rightarrow 0 = (a + b) \cdot \dfrac{1}{e}$ und $-\dfrac{1}{e} = \dfrac{b}{e} \Rightarrow b = -1 \Rightarrow a = 1$

also: $f(x) = (x - 1)\, e^x$

b) $F(x) = (ax + b)\, e^x$ mit $F'(x) = (ax + a + b)\, e^x = f(x) = (x - 1)\, e^x$

Koeffizientenvergleich $\Rightarrow a = 1, b = -2 \Rightarrow F(x) = (x - 2)\, e^x$

c) $\left|\int_0^1 f(x)\, dx\right| = e - 2 = 0{,}718$

Weitere Integrationsmethoden

1. a) $\int e^{-x}(x - 1)\, dx = -e^{-x}(x - 1) + \int e^{-x}\, dx = -e^{-x}(x - 1) - e^{-x} = xe^{-x}$

b) $\int (\ln x)^2 dx = x(\ln x)^2 - \int x \cdot 2 \ln x \cdot \dfrac{1}{x}\, dx = x(\ln x)^2 - 2\int \ln x\, dx = x(\ln x)^2 - 2x(\ln x - 1)$

c) $\int \sin 2x \cos\frac{1}{2}x\, dx = 2 \sin 2x \sin\dfrac{x}{2} + 8 \cos\dfrac{x}{2} \cos 2x + 16 \int \sin 2x \cos\dfrac{x}{2}\, dx$

durch zweimaliges partielles Integrieren

$\Rightarrow \int \sin 2x \cos\dfrac{x}{2}\, dx = -\dfrac{8}{15} \cos\dfrac{x}{2} \cos 2x - \dfrac{2}{15} \sin 2x \sin\dfrac{x}{2}$

d) $\int_1^e x \ln x\, dx = \left[\dfrac{x^2}{2} \ln x\right]_1^e - \int_1^e \dfrac{x^2}{2} \cdot \dfrac{1}{x}\, dx = \left[\dfrac{x^2}{2} \ln x - \dfrac{x^2}{4}\right]_1^e = \dfrac{1}{4}(e^2 + 1) = 2{,}097$

e) $\int_0^{\pi} \cos^2 x \, dx = \left[\sin x \cos x\right]_0^{\pi} + \int_0^{\pi} \sin^2 x \, dx = 0 + \int_0^{\pi} \left(1 - \cos^2 x\right) dx$

$\Rightarrow 2\int_0^{\pi} \cos^2 x \, dx = \left[x\right]_0^{\pi} \Rightarrow \int_0^{\pi} \cos^2 x \, dx - \frac{\pi}{2}$

f) $\int_0^{1} e^{2x} \sin x \, dx = \left[- \cos x \, e^{2x}\right]_0^1 + 2\int_0^{1} \cos x \, e^{2x} \, dx$

$= \left[- \cos x \, e^{2x}\right]_0^1 + 2\left(\left[\sin x \, e^{2x}\right]_0^1 - 2\int_0^{1} e^{2x} \cos x \, dx\right)$

$\Rightarrow 5\int_0^{1} e^{2x} \cos x \, dx = \left[- \cos x + 2 \sin x \cdot e^{2x}\right]_0^1$

$\Rightarrow \int_0^{1} e^{2x} \cos x \, dx = 4{,}106$

2. a) Substitution: $x = \cos z \Rightarrow \frac{dx}{dz} = - \sin z$

$z_1 = \text{arc} \cos (0{,}5) = \frac{\pi}{3}$

$z_2 = \text{arc} \cos (0{,}5 \sqrt{2}) = \frac{\pi}{4}$

$\Rightarrow \int_{0{,}5}^{0{,}5\sqrt{2}} f(x) \, dx = \int_{\frac{\pi}{3}}^{\frac{\pi}{4}} \frac{- \sin z \, dz}{\cos^2 z \sin z} = \left[-\tan z\right]_{\frac{\pi}{3}}^{\frac{\pi}{4}} = 0{,}732$

b) Substitution: $x = \ln z \Rightarrow \frac{dx}{dz} = \frac{1}{z}$

$\Rightarrow \int f(x) \, dx$

$= \int \frac{z^2}{\sqrt{z - 1}} \cdot \frac{1}{z} \, dz$

$= 2z \sqrt{z - 1} - 2\int \sqrt{z - 1} \, dz$

$= 2z \sqrt{z - 1} - \frac{4}{3} \sqrt{(z - 1)^3}$

$= 2e^x \sqrt{e^x - 1} - \frac{4}{3} \sqrt{(e^x - 1)^3}$

c) $\int_0^{1} f(x) \, dx = \left[\ln \left(x^2 + 1\right)\right]_0^1 = \ln 2 = 0{,}693$

3. a) $\int_0^1 f(x)\,dx = \lim_{z\to 0}\left[\frac{3}{2}x^{\frac{2}{3}}\right]_z^1 = \lim_{z\to 0}\left(\frac{3}{2}-\frac{3}{2}z^{\frac{2}{3}}\right) = \frac{3}{2}$

b) $\int_0^\infty f(x)\,dx = \lim_{z\to\infty}\left(\frac{-1}{1+z}+1\right) = 1$

c) $\int x\,e^{-x}\,dx = -(x+1)\,e^{-x}$ durch partielle Integration

$\Rightarrow \int_0^\infty x\,e^{-x}\,dx = \lim_{z\to\infty}\left(-(z+1)e^{-z}+1\right) = 1$ wegen $\lim_{z\to\infty}\frac{-z}{e^z} = 0$

4. a) $\frac{x+1}{(x+2)(x-2)} = \frac{A}{x+2}+\frac{B}{x-2} = \frac{x(A+B)+2(B-A)}{x^2-4} \Rightarrow A = \frac{1}{4}, B = \frac{3}{4}$

$\Rightarrow \int f(x)\,dx = \frac{1}{4}\ln|x+2| + \frac{3}{4}\ln|x-2|$

b) $\frac{2x+1}{(x+2)(x-3)} = \frac{A(x-3)+B(x+2)}{x^2-x-6} = \frac{x(A+B)+2B-3A}{x^2-x-6} \Rightarrow A = \frac{3}{5}, B = \frac{7}{5}$

$\Rightarrow \int f(x)\,dx = \frac{3}{5}\ln|x+2| + \frac{7}{5}\ln|x-3|$

c) $\frac{x+2}{x\cdot(x+4)} = \frac{x\cdot(A+B)+4A}{x(x+4)} \Rightarrow A = B = \frac{1}{2} \Rightarrow \int f(x)\,dx = \frac{1}{2}(\ln|x| + \ln|x+4|)$

5. a) $V = \pi\int_0^3 \left(-x^3+3x^2\right)^2 dx = \pi\left[\frac{x^7}{7}+\frac{9}{5}x^5-x^6\right]_0^3 = 65{,}435$

b) $V = \pi\int_0^3 x\left(3x^2-x^3\right)dx = \pi\left[\frac{3}{4}x^4-\frac{1}{5}x^5\right]_0^3 = 38{,}170$

6. a) $V = \pi\int_2^6 \left(\frac{x}{2}-1\right)^2 dx = \pi\left[\frac{x^3}{12}-\frac{x^2}{2}+x\right]_2^6 = \frac{16}{3}\pi$

b) $h = b-a = 4;\quad r = f(6) = 2 \quad\Rightarrow\quad V = \frac{1}{3}\pi r^2 h = \frac{16}{3}\pi$

c) $V = \pi\int_4^6 \left(\frac{x}{2}-1\right)^2 dx = \frac{14}{3}\pi$

d) $f(2) = 0 \Rightarrow V = \pi\int_0^2 f^2(x)\,dx + \pi\int_2^6 f^2(x)\,dx = \frac{2}{3}\pi + \frac{16}{3}\pi = 6\pi$

7. $f_k(x) > 0$ für alle x und k $\Rightarrow$

$A(k) = \int_0^5 f_k(x)\,dx$

$= \frac{1}{4}\left[\frac{k^2}{3}x^3 - 5kx^2 + 25x\right]_0^5$

$= \frac{125}{12}k^2 - \frac{125}{4}k + \frac{125}{4}$

$$\frac{d\,A(k)}{dk} = \frac{125}{6}k - \frac{125}{4} = 0 \Leftrightarrow k = \frac{3}{2}$$

$$\frac{d^2\,A\,(k)}{dk^2} = \frac{125}{6} > 0 \;\Rightarrow\; A\left(\frac{3}{2}\right) = \frac{125}{16}$$ ist die minimale Fläche.

8. $A\,(z) = \int_1^z (f\,(x) - g\,(x))\,dx = \int_1^z \frac{2}{x^2}\,dx = \left[-\frac{2}{x}\right]_1^z = 2 - \frac{2}{z};\; \lim_{z\to\infty} A\,(z) = 2$

9. a) Nullstellen: $x = -2$ und $x = 1$ (doppelte Nullstelle und einzige im 1. Quadrant)

$$\Rightarrow \int_0^1 f\,(x)\,dx = \int_0^1 \left(x - 2 + \frac{4}{(x+1)^2}\right)dx = \left[\frac{x^2}{2} - 2x - \frac{4}{x+1}\right]_0^1 = \frac{1}{2}$$

b) $g\,(x) = ax^3 + bx^2 + cx + d\,;\quad g\,'(x) = 3ax^2 + 2bx + c$

$$f\,'(x) = \frac{(3x^2 - 3)\,(x+1)^2 - (x^3 - 3x + 2)\,2\,(x+1)}{(x+1)^4}$$

$g\,(1) = 0 \quad\Rightarrow\quad a + b + c + d = 0$

$g\,(-2) = 0 \quad\Rightarrow\quad -8a + 4b - 2c + d = 0$

$f\,(0) = 2 = g\,(0) \quad\Rightarrow\quad d = 2$

$f\,'(0) = g\,'(0) = -7 \quad\Rightarrow\quad c = 7$

Dies führt zu $g\,(x) = -\frac{13}{4}x^3 + \frac{33}{4}x^2 - 7x + 2$

$$\Rightarrow \int_0^1 g\,(x)\,dx = \left[-\frac{13}{16}x^4 + \frac{11}{4}x^3 - \frac{7}{2}x^2 + 2x\right]_0^1 = \frac{7}{16}$$

$$\Rightarrow \Delta A = \frac{1}{16}$$

$$\frac{\Delta A}{A} = \frac{1}{8} = 12{,}5\%$$

c) Mit $g\,(x) = x - 2 \;\Rightarrow\; \int_0^z (f\,(x) - g\,(x))\,dx$

$$= \int_0^z \frac{4}{(x+1)^2}\,dx = \left[-\frac{4}{x+1}\right]_0^z$$

$$= 4 - \frac{4}{z+1} = A\,(z)$$

$$\Rightarrow \lim_{z\to\infty} A\,(z) = 4$$

10. $x = r \cdot \sin z \Rightarrow \dfrac{dx}{dz} = r \cdot \cos z$

$$\Rightarrow \int x \cdot f(x)\,dx = \int r^3 \cos^2 z \sin z\,dz = -r^3 \cos^3 z - \int r^3 \cos z \cdot 2 \cos z \sin z\,dz$$

$$\Rightarrow \int r^3 \cos^2 z \sin z\,dz = -\frac{1}{3} r^3 \cos^3 z = -\frac{1}{3}\left(\sqrt{r^2 - r^2 \sin^2 z}\right)^3$$

$$= -\frac{1}{3}\left(\sqrt{r^2 - x^2}\right)^3$$

$$\Rightarrow V = 2\pi \int_0^r x \cdot \sqrt{r^2 - x^2}\,dx = 2\pi \left[-\frac{1}{3}\left(\sqrt{r^2 - x^2}\right)^3\right]_0^r = \frac{2}{3}\pi r^3$$

11. a) $\displaystyle\int_{-1}^{2} f(x)\,dx = \left[\frac{1}{2}\left(e^x - e^{-x}\right)\right]_{-1}^{2} = 4{,}8$

b) $\displaystyle 2\pi \int_{-1}^{2} f^2(x)\,dx = \frac{\pi}{2} \cdot \left[\frac{e^{2x}}{2} - \frac{e^{-2x}}{2} + 2x\right]_{-1}^{2} = 57{,}99$

12. a) Aus der Substitution $z = 2x + 1 \Rightarrow \dfrac{dz}{dx} = 2$

$$\Rightarrow \int f(x)\,dx = \frac{1}{2}\int \frac{dz}{z^2} = -\frac{1}{2u} + c = -\frac{1}{4x+2} + c$$

b) $\displaystyle A_0(\infty) = \lim_{t\to\infty} \int_0^t f(x)\,dx = \lim_{t\to\infty}\left(\frac{1}{2} - \frac{1}{4t+2}\right) = \frac{1}{2}$

c) $\displaystyle V(a) = \pi \int_0^a f^2(x)\,dx = \pi \left[\frac{-1}{6(2x+1)^3}\right]_0^a = \pi\left(\frac{1}{6} - \frac{1}{6(2a+1)^3}\right)$

d) $\displaystyle \lim_{a\to\infty} V(a) = \frac{\pi}{6}$

Analytische Geometrie und lineare Algebra

Vektoralgebra, Vektorraum

1. a) Skalar b) Vektor c) Vektor d) Skalar
e) Vektor f) Skalar g) Vektor h) Skalar

2. Diese Menge kann keine Gruppe sein bezüglich der Verknüpfung „+", da das neutrale Element, das sogenannte Nullpolynom (entspricht dem Nullvektor), in dieser Menge nicht vorkommt.

3. a) Hier können alle Vektorraumeigenschaften nachgewiesen werden; deshalb liegt ein Vektorraum vor. Ist zum Beispiel $\begin{pmatrix} 0 \\ 0 \\ 0 \end{pmatrix}$ das neutrale Element, ist die Menge M_1 wegen

$$\begin{pmatrix} a_1 \\ 3a_1 \\ a_3 \end{pmatrix} + \begin{pmatrix} b_1 \\ 3b_1 \\ b_3 \end{pmatrix} = \begin{bmatrix} a_1 + b_1 \\ 3(a_1 + b_1) \\ a_3 + b_3 \end{bmatrix} \in M_1 \text{ abgeschlossen.}$$

Auch die skalare Multiplikation ändert nichts an der die Menge M_1 kennzeichnenden Bedingung $a_1 = 3a_2$.

b) kein Vektorraum, weil $\mathfrak{a} = \begin{pmatrix} 3 \\ 4 \\ 2 \\ 5 \end{pmatrix} \in M_2$, aber

$$2 \cdot \mathfrak{a} = 2 \cdot \begin{pmatrix} 3 \\ 4 \\ 2 \\ 5 \end{pmatrix} = \begin{pmatrix} 6 \\ 8 \\ 4 \\ 10 \end{pmatrix} \notin M_2$$

c) kein Vektorraum über $\mathbb{R}$, weil die skalare Multiplikation mit einer negativen reellen Zahl die Größenrelation innerhalb der Komponenten umkehrt.

4. a) In II., III., VI. oder VII. Oktanten
b) Auf der (–z) – x-Ebene
c) Im V. Oktanten
d) Auf der (–x) – (+z)-Ebene

5. $\overrightarrow{AC} = \mathfrak{a} + \mathfrak{b}$; $\overrightarrow{CA} = -\mathfrak{a} - \mathfrak{b} = -\overrightarrow{AC}$
$\overrightarrow{AD} = \mathfrak{a} + \mathfrak{b} + \mathfrak{c}$; $\overrightarrow{DA} = -(\mathfrak{a} + \mathfrak{b} + \mathfrak{c}) = -\mathfrak{a} - b - c$
$\overrightarrow{BD} = b + \mathfrak{c}$; $\overrightarrow{DB} = -(\mathfrak{b} + \mathfrak{c}) = -\mathfrak{b} - c = -\overrightarrow{BD}$

6. $\overrightarrow{AG} = \mathfrak{a} + b + \mathfrak{c}$; $\overrightarrow{HA} = -\mathfrak{b} - c$
$\overrightarrow{BC} = \mathfrak{b}$; $\overrightarrow{FD} = \mathfrak{b} - a - c$
$\overrightarrow{FC} = \mathfrak{b} - c$; $\overrightarrow{HF} = \mathfrak{a} - b$

7. a) $\mathfrak{a}$ und $\mathfrak{b}$ kollinear
b) $\mathfrak{a}$, $\mathfrak{b}$ und $\mathfrak{c}$ komplanar

Lineare Abhängigkeit

1. Drei zweidimensionale Vektoren müssen immer linear abhängig sein. Ebenso sind vier dreidimensionale und (n+1) n–d dimensionale Vektoren immer linear abhängig, da die maximale Zahl linear unabhängiger Vektoren im $\mathbb{R}^n$ immer nur n sein kann.

2. $\overrightarrow{AC} = \mathfrak{a} + \mathfrak{b}$; $\overrightarrow{AE} = \frac{1}{2}(\mathfrak{a} + \mathfrak{b})$; $\overrightarrow{EB} = \frac{1}{2}(\mathfrak{a} - \mathrm{b})$; $\overrightarrow{DE} = \frac{1}{2}(\mathfrak{a} - \mathfrak{b})$

a) Zum Beispiel

$$\overrightarrow{AE} + \overrightarrow{ED} + \overrightarrow{DA} = \mathfrak{o}$$
$$\frac{1}{2}(\mathfrak{a} + \mathfrak{b}) + \frac{1}{2}(\mathfrak{b} - \mathfrak{a}) - \mathfrak{b} = \mathfrak{o}$$
$$\frac{1}{2}\mathfrak{a} + \frac{1}{2}\mathfrak{b} + \frac{1}{2}\mathfrak{b} - \frac{1}{2}\mathfrak{a} - \mathfrak{b} = \mathfrak{o}$$
$$\mathfrak{o} = \mathfrak{o}$$

b) Zum Beispiel

$$\overrightarrow{AB} + \overrightarrow{BE} + \overrightarrow{EA} = \mathfrak{o}$$
$$\mathfrak{a} + \frac{1}{2}(\mathfrak{b} - \mathfrak{a}) - \frac{1}{2}(\mathfrak{a} + \mathfrak{b}) = \mathfrak{o}$$
$$\mathfrak{a} + \frac{1}{2}\mathfrak{b} - \frac{1}{2}\mathfrak{a} - \frac{1}{2}\mathfrak{a} - \frac{1}{2}\mathfrak{b} = \mathfrak{o}$$
$$\mathfrak{o} = \mathfrak{o}$$

3. $\overrightarrow{AM_1} = \mathfrak{a} + \frac{1}{2}\mathfrak{b}$; $\overrightarrow{AM_2} = \frac{1}{2}\mathfrak{a} + \mathfrak{b}$; $\overrightarrow{M_2M_1} = -\frac{1}{2}\mathfrak{b} + \frac{1}{2}\mathfrak{a}$

$$\overrightarrow{AM_1} + \overrightarrow{M_1M_2} + \overrightarrow{M_2A} = \mathfrak{o}$$
$$\overrightarrow{AM_1} - \overrightarrow{M_2M_1} - \overrightarrow{AM_2} = \mathfrak{o}$$
$$\mathfrak{a} + \frac{1}{b}\mathfrak{b} - (-\frac{1}{2}\mathfrak{b} + \frac{1}{2}\mathfrak{a}) - (\frac{1}{2}\mathfrak{a} + \mathfrak{b}) = \mathfrak{o}$$
$$\mathfrak{a} + \frac{1}{2}\mathfrak{b} + \frac{1}{2}\mathfrak{b} - \frac{1}{2}\mathfrak{a} - \frac{1}{2}\mathfrak{a} - \mathfrak{b} = \mathfrak{o} \Rightarrow \mathfrak{o} = \mathfrak{o}$$

4. Gilt $\mathfrak{a}_i = \lambda \cdot \mathfrak{a}_k$, so sind die Vektoren $\mathfrak{a}_i$ und $\mathfrak{a}_k$ linear abhängig und somit ist auch jede Obermenge dieser beiden Vektoren linear abhängig.
Anders gezeigt: Die nichttriviale Nullstelle lautet:
$\mathfrak{o} = \mathfrak{a}_i - \lambda \cdot \mathfrak{a}_k + \ldots$ für $\lambda \neq 0$ und $\mathfrak{a}_i \neq \mathfrak{o}$ und $\mathfrak{a}_h \neq \mathfrak{o}$

5. Wir drücken zunächst die Randvektoren des Sechseckes durch $\mathfrak{a}$, $\mathfrak{b}$ und $\mathfrak{c}$ aus.

$$\overrightarrow{M_1M_2} = \frac{1}{2}\mathfrak{a} - \frac{1}{2}\mathfrak{c} = \frac{1}{2}(\mathfrak{a} - \mathfrak{c})$$
$$\overrightarrow{M_2M_3} = \frac{1}{2}\mathfrak{a} + \frac{1}{2}\mathfrak{b} = \frac{1}{2}(\mathfrak{a} + \mathfrak{b})$$
$$\overrightarrow{M_3M_4} = \frac{1}{2}\mathfrak{b} + \frac{1}{2}\mathfrak{x} = \frac{1}{2}(\mathfrak{b} + \mathfrak{c})$$
$$\overrightarrow{M_4M_5} = -\frac{1}{2}\mathfrak{x} - \frac{1}{2}\mathfrak{n} = \frac{1}{2}(\mathfrak{x} - \mathfrak{a})$$
$$\overrightarrow{M_5M_6} = -\frac{1}{2}\mathfrak{a} - \frac{1}{2}\mathfrak{b} = \frac{1}{2}(-\mathfrak{a} - \mathfrak{b})$$
$$\overrightarrow{M_6M_1} = -\frac{1}{2}\mathfrak{b} - \frac{1}{2}\mathfrak{c} = \frac{1}{2}(-\mathfrak{b} - \mathfrak{c})$$

Aus den Darstellungen erkennt man, daß

$\overrightarrow{M_1M_2}$ und $\overrightarrow{M_3M_5}$,
$\overrightarrow{M_2M_3}$ und $\overrightarrow{M_5M_6}$,
$\overrightarrow{M_3M_4}$ und $\overrightarrow{M_6M_1}$

jeweils kollinear sind.

Nun untersuchen wir die Komplanarität der Vektoren $\overrightarrow{M_1M_2}$, $\overrightarrow{M_2M_3}$ und $\overrightarrow{M_3M_4}$:

$$D = \begin{vmatrix} \frac{1}{2}a_1 - \frac{1}{2}c_1 & \frac{1}{2}a_1 + \frac{1}{2}b_1 & \frac{1}{2}b_1 + \frac{1}{2}c_1 \\ \frac{1}{2}a_2 - \frac{1}{2}c_2 & \frac{1}{2}a_2 + \frac{1}{2}b_2 & \frac{1}{2}b_2 + \frac{1}{2}c_2 \\ \frac{1}{2}a_3 - \frac{1}{2}c_3 & \frac{1}{2}a_3 + \frac{1}{2}b_3 & \frac{1}{2}b_3 + \frac{1}{2}c_3 \end{vmatrix} = 0$$

Hier erkennt man auf den ersten Blick, daß die Determinante den Wert Null haben muß, weil die Addition des 1. und des 3. Spaltenvektors gerade den 2. Spaltenvektor ergibt: Wegen $\overrightarrow{M_1M_2} + \overrightarrow{M_3M_4} = \overrightarrow{M_2M_3}$ sind diese Vektoren also linear abhängig. Die Vektoren sind somit alle komplanar.

6. $$D = \begin{vmatrix} 3 & 2 & 6 \\ 2 & 10 & -20 \\ -5 & -2 & 0 \end{vmatrix} = 0 - 200 + 24 + 300 + 120 - 0 = 244$$

$$D_x = \begin{vmatrix} 24 & -2 & 6 \\ -46 & 10 & -20 \\ -4 & 2 & 0 \end{vmatrix} = 0 - 160 - 552 + 240 + 960 - 0 = 488$$

$$D_y = \begin{vmatrix} 3 & 24 & 6 \\ 2 & -46 & -20 \\ -5 & -4 & 0 \end{vmatrix} = 0 + 2400 - 48 - 1380 - 240 - 0 = 732$$

$$D_z = \begin{vmatrix} 3 & -2 & 24 \\ 2 & 10 & -46 \\ -5 & 2 & -4 \end{vmatrix} = -120 - 460 + 96 + 1200 + 276 - 96 = 976$$

also $x = \frac{D_x}{D} = \frac{488}{244} = 2;\ y = \frac{D_y}{D} = \frac{732}{244} = 3;\ z = \frac{D_z}{D} = \frac{976}{244} = 4$

$\Rightarrow \mathbb{L} = \{(2\,|\,3\,|\,4)\}_{\mathbb{R}\times\mathbb{R}\times\mathbb{R}}$

Damit sind die Koeffizienten der Linearkombination für die Spaltenvektoren bestimmt:

$$\mathfrak{a} = \begin{pmatrix} 3 \\ 2 \\ -5 \end{pmatrix};\ \mathfrak{b} = \begin{pmatrix} -2 \\ 10 \\ 2 \end{pmatrix};\ \mathfrak{c} = \begin{pmatrix} 6 \\ -20 \\ 0 \end{pmatrix};\ \mathfrak{d} = \begin{pmatrix} 24 \\ -46 \\ -4 \end{pmatrix} \Rightarrow \mathfrak{d} = 2\mathfrak{a} + 3\mathfrak{b} + 4\mathfrak{c}$$

7. $\mathfrak{a}$ und $\mathfrak{b}$ müssen linear sein, da $\mathfrak{a}$ dreidimensional, $\mathfrak{b}$ aber nur zweidimensional ist. Für den Vektor $\mathfrak{c}$ gibt es beliebig viele Möglichkeiten:

$$D = \begin{vmatrix} 5 & 0 & c_1 \\ 6 & 2 & c_2 \\ -3 & 4 & c_3 \end{vmatrix} \neq 0 \Rightarrow$$

$$D = 5 \begin{vmatrix} 2 & c_2 \\ 4 & c_3 \end{vmatrix} + c_1 \begin{vmatrix} 6 & 2 \\ -3 & 4 \end{vmatrix}$$

$$= 5\,(2c_3 - 4c_2) + c_1(24 + 6)$$

$$= 10c_3 - 20c_2 + 30c_1 \neq 0$$

Wählt man jetzt $c_1 = 1$; $c_2 = 2$ und $c_3 = 3$, so ergibt sich

$D = 30 - 40 + 30 = 20 \neq 0$ und damit ein Vektor $\mathfrak{c} = \begin{pmatrix} 1 \\ 2 \\ 3 \end{pmatrix}$ mit den gesuchten Eigenschaften.

8. a) $D = \begin{vmatrix} 4 & -3 \\ 3 & 4 \end{vmatrix} = 16 + 9 = 25 \neq 0 \Rightarrow$ $\mathfrak{a}$ und $\mathfrak{b}$ sind nicht kollinear

b) $D = \begin{vmatrix} 6 & 9 \\ 16 & 24 \end{vmatrix} = 144 - 144 = 0 \Rightarrow$ $\mathfrak{a}$ und $\mathfrak{b}$ sind kollinear

c) $\begin{pmatrix} 4 \\ 2 \\ 1 \\ 6 \end{pmatrix} = \lambda \begin{pmatrix} 2 \\ 1 \\ 2 \\ 3 \end{pmatrix} \Rightarrow \left.\begin{array}{l} 4 = 2\lambda \Rightarrow \lambda = 2 \\ 2 = \lambda \Rightarrow \lambda = 2 \\ 1 = 2\lambda \Rightarrow \lambda = \frac{1}{2} \\ 6 = 3\lambda \Rightarrow \lambda = 2 \end{array}\right\} \Rightarrow$ $\mathfrak{a}$ und $\mathfrak{b}$ sind folglich nicht kollinear

9. Die Vektoren $\mathfrak{a}$, $\mathfrak{b}$, $\mathfrak{c}$ und $\mathfrak{d}$ liegen in einer Ebene, wenn ihre Determinanten (aus drei Vektoren gebildet) alle den Wert Null besitzen. Wir müssen hier nur zwei verschiedene Determinanten überprüfen:

$$D_1 = \begin{vmatrix} 3 & 5 & 6 \\ 2 & 1 & 4 \\ 4 & 7 & 8 \end{vmatrix} = 0\,; \quad D_2 = \begin{vmatrix} 5 & 6 & -15 \\ 1 & 4 & -3 \\ 7 & 8 & -21 \end{vmatrix} = 0$$

Da je zwei Vektoren linear unabhängig sind (sonst wäre auch D = 0!), sind alle Vektoren komplanar.

Determinanten

1. a) $\begin{vmatrix} 1 & 2 & 3 \\ 1 & 2 & 3 \\ 1 & 2 & 3 \end{vmatrix} = \begin{vmatrix} 1 & 0 & 3 \\ 1 & 0 & 3 \\ 1 & 0 & 3 \end{vmatrix} = 0$

b) $\begin{vmatrix} 2 & -3 & 4 \\ 7 & 2 & 1 \\ 4 & -6 & 8 \end{vmatrix} = \begin{vmatrix} 2 & -3 & 4 \\ 7 & 2 & 1 \\ 0 & 0 & 0 \end{vmatrix} = 0$

c) $\begin{vmatrix} 5 & 10 & 20 \\ 0 & 1 & 3 \\ 4 & 2 & 1 \end{vmatrix} = 5 \cdot \begin{vmatrix} 1 & 2 & 4 \\ 0 & 1 & 3 \\ 4 & 2 & 1 \end{vmatrix} = 5 \cdot \left(\begin{vmatrix} 1 & 3 \\ 2 & 1 \end{vmatrix} + 4 \begin{vmatrix} 2 & 4 \\ 1 & 3 \end{vmatrix} \right) = 5 \cdot 3 = 15$

2. a) $\begin{vmatrix} 1 & 3 & 7 \\ 6 & 7 & 3 \\ 5 & 6 & 2 \end{vmatrix} = \begin{vmatrix} 1 & 3 & 7 \\ 1 & 1 & 1 \\ 5 & 6 & 2 \end{vmatrix} = \begin{vmatrix} -2 & 3 & 7 \\ 0 & 1 & 1 \\ -1 & 6 & 2 \end{vmatrix} = 1 \cdot \begin{vmatrix} -2 & 7 \\ -1 & 2 \end{vmatrix} - 1 \begin{vmatrix} -2 & 3 \\ -1 & 6 \end{vmatrix} = 12$

b) $\begin{vmatrix} 1 & -1 & 1 \\ -1 & 1 & -1 \\ 1 & -1 & 1 \end{vmatrix} = \begin{vmatrix} 0 & -1 & 1 \\ 0 & 1 & -1 \\ 0 & -1 & 1 \end{vmatrix} = 0$

c) $\begin{vmatrix} 0 & 1 & 2 \\ 1 & 0 & 1 \\ 2 & 1 & 0 \end{vmatrix} = -1 \begin{vmatrix} 1 & 1 \\ 2 & 0 \end{vmatrix} + 2 \begin{vmatrix} 1 & 0 \\ 2 & 1 \end{vmatrix} = -(-2) + 2(1) = 4$

oder $\begin{vmatrix} 0 & 1 & 2 & 0 & 1 \\ 1 & 0 & 1 & 1 & 0 \\ 2 & 1 & 0 & 2 & 1 \end{vmatrix} = 0 + 2 + 2 - 0 - 0 - 0 = 4$

3. $\begin{vmatrix} \sin x & -\cos x \\ \cos x & \sin x \end{vmatrix} = (\sin x)^2 + (\cos x)^2 = \sin^2 x + \cos^2 x = 1$ (siehe Band II, S. 104)

Systeme linearer Gleichungen

1. a) $\left(\begin{array}{ccc|c} 2 & 3 & -4 & 17 \\ 0 & 1 & 3 & 0 \\ -1 & -4 & 0 & -14 \end{array}\right) \Rightarrow \left(\begin{array}{ccc|c} 1 & 0 & 0 & 2 \\ 0 & 1 & 0 & 3 \\ 0 & 0 & 1 & -1 \end{array}\right) \Rightarrow \mathbb{L} = \{(2\,|\,3\,|\,-1)\}$

b) $\left(\begin{array}{ccc|c} 4 & -10 & 0 & -4 \\ -1 & 0 & 4 & -4 \\ 0 & 1 & -1 & 2 \end{array}\right) \Rightarrow \left(\begin{array}{ccc|c} 1 & 0 & 0 & 4 \\ 0 & 1 & 0 & 2 \\ 0 & 0 & 1 & 0 \end{array}\right) \Rightarrow \mathbb{L} = \{(4\,|\,2\,|\,0)\}$

c) $\left(\begin{array}{ccc|c} -3 & 2 & -1 & 8 \\ 0 & 4 & -6 & 16 \\ -1 & 1 & -1 & 5 \end{array}\right) \Rightarrow \left(\begin{array}{ccc|c} 1 & 0 & 0 & -4 \\ 0 & 1 & 0 & -5 \\ 0 & 0 & 1 & -6 \end{array}\right) \Rightarrow \mathbb{L} = \{(-4\,|\,-5\,|\,-6)\}$

2. a) $\left(\begin{array}{cccc|c} 2 & -4 & -1 & 1 & 3 \\ -1 & 5 & 0 & -1 & -7 \\ 0 & 2 & -2 & 0 & -10 \\ 0 & 0 & 1 & -2 & 11 \end{array}\right) \Rightarrow \left(\begin{array}{cccc|c} 1 & 0 & 0 & 0 & 1 \\ 0 & 1 & 0 & 0 & -2 \\ 0 & 0 & 1 & 0 & 3 \\ 0 & 0 & 0 & 1 & -4 \end{array}\right) \Rightarrow \mathbb{L} = \{(1|-2|3|-4)\}$

b) $\left(\begin{array}{cccc|c} 2 & 3 & 0 & -1 & 9 \\ 1 & 0 & -1 & 0 & 0 \\ 0 & 1 & -4 & -1 & -4 \\ 5 & 0 & 0 & 1 & 4 \end{array}\right) \Rightarrow \left(\begin{array}{cccc|c} 1 & 0 & 0 & 0 & 1 \\ 0 & 1 & 0 & 0 & -1 \\ 0 & 0 & 1 & 0 & 1 \\ 0 & 0 & 0 & 1 & -1 \end{array}\right) \Rightarrow \mathbb{L} = \{(1|-1|1|-1)\}$

3. $\left|\begin{array}{l} x_1 + x_2 = 9 \\ x_1 + x_3 = 20 \\ x_2 + x_3 = 21 \end{array}\right| \Rightarrow \left(\begin{array}{ccc|c} 1 & 1 & 0 & 9 \\ 1 & 0 & 1 & 20 \\ 0 & 1 & 1 & 21 \end{array}\right) \Rightarrow \left(\begin{array}{ccc|c} 1 & 0 & 0 & 4 \\ 0 & 1 & 0 & 5 \\ 0 & 0 & 1 & 16 \end{array}\right)$

$x_1 = 4; x_2 = 5; x_3 = 16 \Rightarrow \mathbb{L} = \{(4|5|16)\}$

Teilverhältnisse

1. $\overrightarrow{AB} = \mathfrak{a}; \overrightarrow{AC} = \mathfrak{b}$

$\overrightarrow{AM} + \overrightarrow{MC} + \overrightarrow{CA} = 0$

$n \cdot \overrightarrow{AM_2} + m \cdot \overrightarrow{M_1C} - \mathfrak{b} = 0$

Mit $\overrightarrow{AM_2} = \mathfrak{a} + \frac{1}{2}\overrightarrow{BC} = \mathfrak{a} + \frac{1}{2}(-\mathfrak{a} + \mathfrak{b}) = \mathfrak{a} - \frac{1}{2}\mathfrak{a} + \frac{1}{2}\mathfrak{b} = \frac{1}{2}\mathfrak{a} + \frac{1}{2}\mathfrak{b}$

$\overrightarrow{M_1C} = -\frac{1}{2}\mathfrak{a} + \mathfrak{b}$ folgt weiter

$n \cdot \left(\frac{1}{2}\mathfrak{a} + \frac{1}{2}\mathfrak{b}\right) + m\left(-\frac{1}{2}\mathfrak{a} + \mathfrak{b}\right) - \mathfrak{b} = 0$

$\frac{1}{2}n\mathfrak{a} + \frac{1}{2}n\mathfrak{b} - \frac{1}{2}m\mathfrak{a} + m\mathfrak{b} - \mathfrak{b} = 0$

$\mathfrak{a}\left(\frac{1}{2}n - \frac{1}{2}m\right) + \mathfrak{b}\left(\frac{1}{2}n + m - 1\right) = 0$

$\Rightarrow \frac{1}{2}n - \frac{1}{2}m = 0 \Rightarrow n = m \Rightarrow \frac{1}{2}n + n = 1 \Rightarrow n = m = \frac{2}{3}$

2. $\overrightarrow{AB} = \mathfrak{a};\ \overrightarrow{AD} = \mathfrak{b};\ \overrightarrow{AE} = \frac{3}{4}\mathfrak{a};\ \overrightarrow{AF} = \frac{2}{3}\mathfrak{b}$

$\overrightarrow{DE} = -\mathfrak{b} + \overrightarrow{AE} = -\mathfrak{b} + \frac{3}{4}\mathfrak{a};\ \overrightarrow{BF} = -\mathfrak{a} + \overrightarrow{AF} = -\mathfrak{a} + \frac{2}{3}\mathfrak{b}$

$\Rightarrow \overrightarrow{AE} + n \cdot \overrightarrow{ED} + m \cdot \overrightarrow{FB} + \overrightarrow{FA} = 0$

$\frac{3}{4}\mathfrak{a} - n \cdot \overrightarrow{DE} - m \cdot \overrightarrow{BF} - \overrightarrow{AF} = 0$

$\frac{3}{4}\mathfrak{a} - n\left(-\mathfrak{b} + \frac{3}{4}\mathfrak{a}\right) - m\left(-\mathfrak{a} + \frac{2}{3}\mathfrak{b}\right) - \frac{2}{3}\mathfrak{b} = 0$

$\frac{3}{4}\mathfrak{a} + n \cdot \mathfrak{b} - \frac{3}{4}n\mathfrak{a} + m\mathfrak{a} - \frac{2}{3}m\mathfrak{b} - \frac{2}{3}\mathfrak{b} = 0$

$\mathfrak{a}\left(\frac{3}{4} - \frac{3}{4}n + m\right) + \mathfrak{b}\left(n - \frac{2}{3}m - \frac{2}{3}\right) = 0$

$$\Rightarrow \left| \begin{array}{l} \frac{3}{4} - \frac{3}{4}n + m = 0 \\ n - \frac{2}{3}m - \frac{2}{3} = 0 \end{array} \right| \Rightarrow \frac{3}{4}n - \frac{3}{4} = m$$

$\Rightarrow n - \frac{2}{3}\left(\frac{3}{4}n - \frac{3}{4}\right) - \frac{2}{3} = 0 \Rightarrow \frac{1}{2}n - \frac{1}{6} = 0 \Rightarrow n = \frac{1}{3}$

$\Rightarrow m = \frac{3}{4} \cdot \frac{1}{3} - \frac{3}{4} \Rightarrow m = -\frac{1}{2}$

Die Strecke $\overline{DE}$ wird im Verhältnis 2 : 1, die Strecke $\overline{BF}$ wird im Verhältnis 1 : 1 geteilt.

3. $\overrightarrow{AD} + \overrightarrow{DE} + \overrightarrow{EA} = 0$

$n \cdot \mathfrak{a} + \frac{1}{4}\overrightarrow{DC} + \frac{3}{4}\overrightarrow{FA} = 0$

$n \cdot \mathfrak{a} + \frac{1}{4}(\mathfrak{b} - n \cdot \mathfrak{a}) + \frac{3}{4}(m \cdot \overrightarrow{CB} - \mathfrak{a}) = 0$

Wegen $\overrightarrow{CB} = -\mathfrak{b} + \mathfrak{a}$ folgt weiter

$n \cdot \mathfrak{a} + \frac{1}{4}(\mathfrak{b} - n \cdot \mathfrak{a}) + \frac{3}{4}[m(\mathfrak{a} - \mathfrak{b}) - \mathfrak{a}] = 0$

$n \cdot \mathfrak{a} + \frac{1}{4}\mathfrak{b} - \frac{1}{4}n\mathfrak{a} + \frac{3}{4}m\mathfrak{a} - \frac{3}{4}m\mathfrak{b} - \frac{3}{4}\mathfrak{a} = 0$

$\mathfrak{a}\left(n - \frac{1}{4}n + \frac{3}{4}m - \frac{3}{4}\right) + \mathfrak{b}\left(\frac{1}{4} - \frac{3}{4}m\right) = 0$

$$\Rightarrow \left| \begin{array}{l} n - \frac{1}{4}n + \frac{3}{4}m - \frac{3}{4} = 0 \\ \frac{1}{4} - \frac{3}{4}m = 0 \end{array} \right| \Rightarrow \frac{1}{4} = \frac{3}{4}m \Rightarrow m = \frac{1}{3}$$

$\Rightarrow \frac{3}{4}n + \frac{3}{4} \cdot \frac{1}{3} - \frac{3}{4} = 0 \Rightarrow \frac{3}{4}n = \frac{1}{2} \Rightarrow n = \frac{2}{3}$

4. $$\overrightarrow{JS}+\overrightarrow{SH}+\overrightarrow{HJ}=0$$

$$n\cdot\overrightarrow{JS}+m\cdot\overrightarrow{BH}+\frac{2}{3}\overrightarrow{HE}=0$$

$$n\left(\frac{1}{3}\overrightarrow{HE}-\mathfrak{c}+\mathfrak{a}+\mathfrak{b}\right)+m\,(\mathfrak{b}+\mathfrak{c}-\mathfrak{a})-\frac{2}{3}\mathfrak{b}=0$$

$$-\frac{1}{3}n\mathfrak{b}-n\mathfrak{c}+n\mathfrak{a}+n\mathfrak{b}+m\mathfrak{b}+m\mathfrak{c}-m\mathfrak{a}-\frac{2}{3}\mathfrak{b}=0$$

$$\mathfrak{a}\,(n-m)+\mathfrak{b}\left(-\frac{1}{3}m+n+m-\frac{2}{3}\right)+\mathfrak{c}\,(-n+m)=0$$

$$\Rightarrow\left|\begin{array}{r} n-m=0 \\ -\frac{1}{3}m+n+m=\frac{2}{3} \\ -n+m=0 \end{array}\right| \Rightarrow \left|\begin{array}{c} m=n \\ -\frac{1}{3}m+m+m=\frac{2}{3} \\ m=n \end{array}\right| \Rightarrow \frac{5}{3}m=\frac{2}{3}\Rightarrow m=n=\frac{2}{5}$$

Die Diagonale $\overrightarrow{BH}$ und die Transversale $\overrightarrow{CJ}$ schneiden sich jeweils im Verhältnis 2 : 3.

Geradengleichungen

1. a) keine x_1- und x_3-Komponente: $\mathfrak{u}=\begin{pmatrix}u_1\\0\\0\end{pmatrix}$

b) keine x_1- und x_2-Komponente: $\mathfrak{u}=\begin{pmatrix}0\\0\\u_3\end{pmatrix}$

c) keine x_3-Komponente: $\mathfrak{u}=\begin{pmatrix}u_1\\u_2\\0\end{pmatrix}$

2. a) Die Gerade verläuft parallel zur x_1-x_3-Ebene durch den Punkt P (1 | 0 | 0), also in der x_1-x_3-Ebene.

b) Die Gerade verläuft parallel zur x_2-Achse (y-Achse) und geht durch den Punkt P (1 | 2); folglich ist der Abstand zur x_2-Achse 1 L.E. (Längeneinheit).

c) Die Gerade bildet mit allen Achsen im 1. und 7. Oktanten gleiche Winkel.

3. a) $\mathfrak{x} = \begin{pmatrix} 1 \\ 2 \\ -3 \end{pmatrix} + \lambda \left[\begin{pmatrix} 2 \\ 0 \\ 4 \end{pmatrix} - \begin{pmatrix} 1 \\ 2 \\ -3 \end{pmatrix} \right] = \begin{pmatrix} 1 \\ 2 \\ 3 \end{pmatrix} + \lambda \begin{pmatrix} 1 \\ -2 \\ 7 \end{pmatrix}$

b) $\mathfrak{x} = \lambda \begin{pmatrix} 2 \\ -3 \\ 0 \end{pmatrix}$

c) $\mathfrak{x} = \begin{pmatrix} 1 \\ -1 \\ 1 \end{pmatrix} + \lambda \begin{pmatrix} 2 \\ 1 \\ 0 \end{pmatrix}$

4. a) Der Punkt X liegt auf g, weil

$$\begin{pmatrix} 0 \\ 4 \\ 0 \end{pmatrix} = \begin{pmatrix} 2 \\ 5 \\ 3 \end{pmatrix} + \lambda \begin{pmatrix} 2 \\ 1 \\ 3 \end{pmatrix} \Rightarrow \lambda = -1$$

b) Der Punkt X liegt nicht auf g wegen
$-4 = 1 - 5\lambda \Rightarrow \lambda = 1$ und $5 = 2 - 3\lambda \Rightarrow \lambda = -1$

5. a) $\mathbf{g_{AB}}$: $\mathfrak{x} = \lambda \begin{pmatrix} 1 \\ 0 \end{pmatrix}$

$\mathbf{g_{AC}}$: $\mathfrak{x} = \lambda \begin{pmatrix} 0 \\ 1 \end{pmatrix}$

$\mathbf{g_{BC}}$: $\mathfrak{x} = \begin{pmatrix} 1 \\ 0 \end{pmatrix} + \lambda \left[\begin{pmatrix} -1 \\ 0 \end{pmatrix} + \begin{pmatrix} 0 \\ 1 \end{pmatrix} \right] = \begin{pmatrix} 1 \\ 0 \end{pmatrix} + \lambda \begin{pmatrix} -1 \\ 1 \end{pmatrix}$

b) $\mathbf{g_{AB}}$: $\mathfrak{x} = \begin{pmatrix} -1 \\ 2 \\ 0 \end{pmatrix} + \lambda \begin{pmatrix} 1 \\ 0 \end{pmatrix}$

$\mathbf{g_{AC}}$: $\mathfrak{x} = \begin{pmatrix} -0{,}5 \\ 0 \end{pmatrix} + \lambda \begin{pmatrix} 0{,}5 \\ \sin 60^\circ \end{pmatrix} = \begin{pmatrix} -0{,}5 \\ 0 \end{pmatrix} + \lambda \begin{pmatrix} 0{,}5 \\ 0{,}5\sqrt{3} \end{pmatrix}$

$\mathbf{g_{BC}}$: $\mathfrak{x} = \begin{pmatrix} 0{,}5 \\ 0 \end{pmatrix} + \lambda \begin{pmatrix} -0{,}5 \\ \sin 60^\circ \end{pmatrix} = \begin{pmatrix} 0{,}5 \\ 0 \end{pmatrix} + \lambda \begin{pmatrix} -0{,}5 \\ 0{,}5\sqrt{3} \end{pmatrix}$

An den Lösungen in a) und b) erkennt man, daß durch eine geeignete Wahl eines affinen Koordinatensystems die Lösung manchmal sehr vereinfacht wird.

6. a) $\lambda_s = 1; \mu_s = -1 \Rightarrow S \begin{pmatrix} 1 \\ 2 \end{pmatrix}$

b) u und v sind linear abhängig und $\mathfrak{b} - \mathfrak{a} = \begin{pmatrix} -2 \\ -1 \end{pmatrix} - \begin{pmatrix} -2 \\ 2 \end{pmatrix} = \begin{pmatrix} 0 \\ -3 \end{pmatrix}$ ist weder zu u noch zu v linear abhängig; also verlaufen g und h parallel.

c) $\begin{pmatrix}1\\4\end{pmatrix}+\lambda_s\begin{pmatrix}3\\-5\end{pmatrix}=\begin{pmatrix}4\\-1\end{pmatrix}+\mu_s\begin{pmatrix}-6\\10\end{pmatrix}$

$$\Rightarrow \begin{pmatrix}-3\\5\end{pmatrix}=\mu_s\begin{pmatrix}-6\\10\end{pmatrix}-\lambda_s\begin{pmatrix}3\\-5\end{pmatrix}$$

$$\Rightarrow \begin{matrix}-1=-2\mu_s-\lambda_s\\ 1=\ 2\mu_s+\lambda_s\end{matrix}$$

Hierfür gibt es unendlich viele Lösungspaare $(\lambda_s | \mu_s)$, weshalb die Geraden g und h identisch sind.

7. a) g und h sind gleich: $\mathfrak{b}-\mathfrak{a}=\begin{pmatrix}6\\4\\0\end{pmatrix}$

b) g und h sind parallel, aber nicht gleich: $\mathfrak{b}-\mathfrak{a}=\begin{pmatrix}2\\-3\\-6\end{pmatrix}$

c) $\left.\begin{matrix}2-\frac{1}{2}\lambda_s= 8+4\mu_s\\ 3+3\lambda_s=27+6\mu_s\\ 5+\lambda_s=-7-8\mu_s\end{matrix}\right\}\Leftrightarrow\left\{\begin{matrix}-6=4\mu_s+\frac{1}{2}\lambda_s\\ -24=6\mu_s-3\lambda_s\\ 12=-8\mu_s-\lambda_s\end{matrix}\right.$

$\Rightarrow 8+2\mu_s=-8\mu_s-12$

$\Rightarrow 10\mu_s=-20$

$\Rightarrow \mu_s=-2;\ \lambda_s=4$

$\Rightarrow S\,(0|15|9)$

d) $\begin{pmatrix}5\\-2\\0\end{pmatrix}+\lambda_s\begin{pmatrix}-\frac{7}{3}\\1\\1\end{pmatrix}=\begin{pmatrix}-1\\\frac{1}{2}\\1\end{pmatrix}+\mu_s\begin{pmatrix}-1\\\frac{1}{2}\\2\end{pmatrix}$

$$6=\frac{7}{3}\lambda_s-\mu_s$$

$$-\frac{5}{2}=-\lambda_s+\frac{1}{2}\mu_s\Rightarrow\lambda_s=\frac{5}{2}+\frac{1}{2}\mu_s$$

$$-1=-\lambda_s+2\mu_s\Rightarrow\lambda_s=1+2\mu_s$$

$$\Rightarrow\mu_s=1\Rightarrow\lambda_s=3\Rightarrow S\begin{pmatrix}-2\\1\\3\end{pmatrix}$$

e) $\begin{pmatrix}8\\5\\4\end{pmatrix}+\lambda_s\begin{pmatrix}2\\3\\2\end{pmatrix}=\begin{pmatrix}2\\5\\2\end{pmatrix}+\mu_s\begin{pmatrix}3\\1\\5\end{pmatrix}$

$$6 = 3\mu_s - 2\lambda_s \Rightarrow \lambda_s = \frac{3}{2}\mu_s - 3$$
$$0 = \mu_s - 3\lambda_s$$
$$2 = 5\mu_s - 2\lambda_s \Rightarrow \lambda_s = \frac{5}{2}\mu_s - 1$$
$$\Rightarrow \frac{3}{2}\mu_s - 3 = \frac{5}{2}\mu_s - 1 \Rightarrow \mu_s = -2 \Rightarrow \lambda_s = -6$$

eingesetzt in II ergibt dies:

0 = –2 – 3 (–6) = –2 + 18 = 16, also eine falsche Aussage. Der Schnittpunkt existiert lediglich in der Projektion auf die x_1-x_3-Ebene; g und h sind somit windschief.

Ebenengleichungen

1. a) $\mathfrak{a}=\begin{pmatrix}4\\2\\1\end{pmatrix};\ \mathfrak{p}=\begin{pmatrix}0\\1\\5\end{pmatrix}$

$$\Rightarrow\quad \mathfrak{p}-\mathfrak{a}=\begin{pmatrix}-4\\-1\\4\end{pmatrix}$$

$$E{:}\ \mathfrak{x} = \begin{pmatrix}4\\2\\1\end{pmatrix}+\lambda\begin{pmatrix}-3\\0\\2\end{pmatrix}+\mu\begin{pmatrix}-4\\-1\\4\end{pmatrix}$$

b) $\mathfrak{a}=\begin{pmatrix}1\\0\\0\end{pmatrix};\ \mathfrak{p}=\begin{pmatrix}0\\0\\1\end{pmatrix}$

$$\Rightarrow\quad \mathfrak{p}-\mathfrak{a}=\begin{pmatrix}-1\\0\\1\end{pmatrix}$$

$$E{:}\ \mathfrak{x} = \begin{pmatrix}1\\0\\0\end{pmatrix}+\lambda\begin{pmatrix}0\\1\\0\end{pmatrix}+\mu\begin{pmatrix}-1\\0\\1\end{pmatrix}$$

2. $\begin{pmatrix}5\\1\\0\end{pmatrix}+\lambda_s\begin{pmatrix}-1\\1\\3\end{pmatrix}=\begin{pmatrix}-1\\3\\8\end{pmatrix}+\mu_s\begin{pmatrix}4\\0\\-2\end{pmatrix}\Rightarrow \lambda_s=2$ und $\mu_s=1\Rightarrow S\,(3\,|\,3\,|\,6)$

$$\Rightarrow \mathbf{E}: \mathfrak{x}=\begin{pmatrix}3\\3\\6\end{pmatrix}+\lambda\left[\begin{pmatrix}5\\1\\0\end{pmatrix}-\begin{pmatrix}3\\3\\6\end{pmatrix}\right]+\mu\left[\begin{pmatrix}-1\\3\\8\end{pmatrix}-\begin{pmatrix}3\\3\\6\end{pmatrix}\right]$$

$$\mathbf{E}: \mathfrak{x}=\begin{pmatrix}3\\3\\6\end{pmatrix}+\lambda\begin{pmatrix}2\\-2\\-6\end{pmatrix}+\mu\begin{pmatrix}-4\\0\\2\end{pmatrix}$$

3. **ABC:** $\mathfrak{x}=\begin{pmatrix}4\\1\\0\end{pmatrix}+\lambda\begin{pmatrix}3-4\\-1-1\\5-0\end{pmatrix}+\mu\begin{pmatrix}0-4\\2-1\\1-0\end{pmatrix}$

$$\mathfrak{x}=\begin{pmatrix}4\\1\\0\end{pmatrix}+\lambda\begin{pmatrix}-1\\-2\\5\end{pmatrix}+\mu\begin{pmatrix}-4\\1\\1\end{pmatrix}$$

A'B'C': $\mathfrak{x}=\begin{pmatrix}0\\0\\1\end{pmatrix}+\nu\begin{pmatrix}-2-0\\-2-0\\2-1\end{pmatrix}+\sigma\begin{pmatrix}3-0\\0-0\\2-1\end{pmatrix}$

$$\mathfrak{x}=\begin{pmatrix}0\\0\\1\end{pmatrix}+\nu\begin{pmatrix}-2\\-2\\1\end{pmatrix}+\sigma\begin{pmatrix}3\\0\\1\end{pmatrix}$$

4. Wegen $\begin{vmatrix}4&1&9\\1&5&7\\2&-1&3\end{vmatrix}=60+14-9-90+28-3=0$ sind die drei Richtungsvektoren komplanar. Es sind $A\,(6\,|\,2\,|\,2)$ und $B\,(-2\,|\,0\,|\,-2)$ zwei Punkte der Geraden g ($\lambda=1$ und $\lambda=-1$).

Wir überprüfen, ob A und B in der Ebene liegen (dann muß auch g in E liegen):

$$\left.\begin{array}{l}6=3+\mu+9\nu\\2=1+5\mu+7\nu\\2=2-\mu+3\nu\end{array}\right\}\begin{array}{l}+\\ \\+\end{array}\Rightarrow 8=5+12\nu\Rightarrow \nu=\frac{1}{4}$$

Aus der ersten Gleichung folgt damit

$$6=3+\mu+\frac{9}{4}\Rightarrow \mu=\frac{3}{4}$$

Die gefundenen Werte erfüllen nur die erste und dritte Gleichung, nicht aber die zweite Gleichung. Folglich verläuft g parallel zu E, aber ohne gemeinsamen Punkt.

5. a) **E:** $\mathfrak{x}=\mathfrak{a}+\lambda(\mathfrak{b}-\mathfrak{a})+\mu(\mathfrak{c}-\mathfrak{a})$

$$\mathfrak{x}=\begin{pmatrix}a\\0\\0\end{pmatrix}+\lambda\begin{pmatrix}0-a\\b-0\\0-0\end{pmatrix}+\mu\begin{pmatrix}0-a\\0-0\\c-0\end{pmatrix}$$

$$\mathfrak{x}=\begin{pmatrix}a\\0\\0\end{pmatrix}+\lambda\begin{pmatrix}-a\\b\\0\end{pmatrix}+\mu\begin{pmatrix}-a\\0\\c\end{pmatrix}$$

b) Gerade **AB**: $\mathfrak{x} = \begin{pmatrix} a \\ 0 \\ 0 \end{pmatrix} + \lambda \begin{pmatrix} -a \\ b \\ 0 \end{pmatrix}$

Gerade **AC**: $\mathfrak{x} = \begin{pmatrix} a \\ 0 \\ 0 \end{pmatrix} + \lambda \begin{pmatrix} -a \\ 0 \\ c \end{pmatrix}$

Gerade **BC**: $\mathfrak{x} = \begin{pmatrix} 0 \\ b \\ 0 \end{pmatrix} + \lambda \begin{pmatrix} 0 \\ -b \\ c \end{pmatrix}$

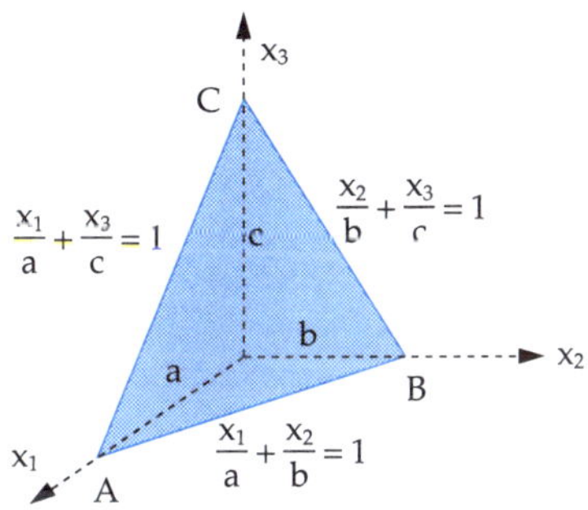

Abb. 134 Dreipunkteform der Ebene

c) parameterfreie Darstellungen:

Gerade **AB**:
$$x_1 - a = -\lambda a$$
$$x_2 = b\lambda \Rightarrow \lambda = \frac{x_2}{b}$$
$$x_3 = 0$$
$$\Rightarrow x_1 - a = -\frac{x_2}{b} \cdot a \Rightarrow \frac{x_1}{a} + \frac{x_2}{b} = 1$$

Gerade **BC**:
$$x_1 = 0$$
$$x_2 = b - \lambda b$$
$$x_3 = \lambda c \Rightarrow \lambda = \frac{x_3}{c}$$
$$\Rightarrow x_2 = b - \frac{x_3}{c} \cdot b \Rightarrow \frac{x_2}{b} + \frac{x_3}{c} = 1$$

Gerade **AC**:
$$x_1 = a - \lambda a$$
$$x_2 = 0$$
$$x_3 = \lambda c \Rightarrow \lambda = \frac{x_3}{c}$$
$$x_1 = a - \frac{x_3}{c} \cdot a \Rightarrow \frac{x_1}{a} + \frac{x_3}{c} = 1$$

d) Aus $\mathfrak{x} = \begin{pmatrix} a \\ 0 \\ 0 \end{pmatrix} + \lambda \begin{pmatrix} -a \\ b \\ 0 \end{pmatrix} + \mu \begin{pmatrix} -a \\ 0 \\ c \end{pmatrix}$ folgt

$$x_1 = a - \lambda a - \mu a$$
$$x_2 = \lambda b \Rightarrow \lambda = \frac{x_2}{b}$$
$$x_3 = \mu c \Rightarrow \mu = \frac{x_3}{c}$$

eingesetzt in die erste Gleichung liefert dies:

$$x_1 = a - \frac{x_2}{b} \cdot a - \frac{x_3}{c} \cdot a \quad | : a$$

$$\Rightarrow \frac{x_1}{a} = 1 - \frac{x_2}{b} - \frac{x_3}{c} \Rightarrow \frac{x_1}{a} + \frac{x_2}{b} + \frac{x_3}{c} = 1$$

Metrischer Vektorraum, Skalarprodukt

1. a) $\mathfrak{a} \cdot \mathfrak{b} = \begin{pmatrix} 3 \\ 2 \\ 1 \end{pmatrix} \begin{pmatrix} 0 \\ 4 \\ 5 \end{pmatrix} = 0 + 8 + 5 = 13$

$|\mathfrak{a}| = a = \sqrt{9+4+1} = \sqrt{14}$

$|\mathfrak{b}| = b = \sqrt{0+16+25} = \sqrt{41}$

$\Rightarrow \cos \alpha = \dfrac{\mathfrak{a} \cdot \mathfrak{b}}{a \cdot b} = \dfrac{13}{\sqrt{14}\,\sqrt{41}} = 0{,}5426 \Rightarrow \alpha = 57{,}14^\circ$

b) $\mathfrak{a} \cdot \mathfrak{b} = 0\,;\ |\mathfrak{a}| = a = 1\,;\ |\mathfrak{b}| = b = 1$

$\Rightarrow \cos \alpha = \dfrac{0}{1} = 0 \Rightarrow \alpha = 90^\circ$

2. a) $\mathfrak{a} \cdot \mathfrak{b} = 4 \cdot 2 - 2 \cdot 8 + 2 \cdot 4 = 0 \Rightarrow \mathfrak{a} \perp \mathfrak{b}$

b) Wir führen ein geeignetes Koordinatensystem ein, so daß $\mathfrak{b} = \begin{pmatrix} 1 \\ 0 \\ 0 \end{pmatrix}$ und $\mathfrak{a} = \begin{pmatrix} 0 \\ 1 \\ 0 \end{pmatrix}$ ist.

Dann ist $\mathfrak{a} \cdot \mathfrak{b} = 0$, also $\mathfrak{a} \perp \mathfrak{b}$.

3. a) $|\mathfrak{a}| = \sqrt{16+1+9} = \sqrt{26} \Rightarrow \mathfrak{a}_E = \dfrac{1}{\sqrt{26}} \begin{pmatrix} 4 \\ -1 \\ 3 \end{pmatrix}$

$\cos(\mathfrak{a}; \mathfrak{e}_1) = \dfrac{4}{\sqrt{26}} = 0{,}78446 \Rightarrow \sphericalangle(\mathfrak{a}; \mathfrak{e}_1) = 38{,}330^\circ$

$\cos(\mathfrak{a}; \mathfrak{e}_2) = \dfrac{-1}{\sqrt{26}} = -0{,}196116 \Rightarrow \sphericalangle(\mathfrak{a}; \mathfrak{e}_2) = 101{,}31^\circ$

$\cos(\mathfrak{a}; \mathfrak{e}_3) = \dfrac{3}{\sqrt{26}} = 0{,}588348 \Rightarrow \sphericalangle(\mathfrak{a}; \mathfrak{e}_3) = 53{,}96^\circ$

b) $|\mathfrak{a}| = \sqrt{3} \Rightarrow \mathfrak{a}_E = \begin{pmatrix} 0{,}57735 \\ 0{,}57735 \\ 0{,}57735 \end{pmatrix}$

$\Rightarrow \sphericalangle(\mathfrak{a}; \mathfrak{e}_1) = \sphericalangle(\mathfrak{a}; \mathfrak{e}_2) = \sphericalangle(\mathfrak{a}; \mathfrak{e}_3) = 54{,}74^\circ$

4. $\mathfrak{b} = \begin{pmatrix} -6 \\ 2 \\ 5 \end{pmatrix};\ \mathfrak{c} = \begin{pmatrix} -2 \\ -2 \\ 4 \end{pmatrix} \Rightarrow \mathfrak{b} \cdot \mathfrak{c} = -12$

$|\mathfrak{b}| = \sqrt{65}\,;\ |\mathfrak{c}| = \sqrt{24}$

$\Rightarrow F = \dfrac{1}{2}\sqrt{65 \cdot 24 - 144} = 18{,}81$ F.E.

5. $\mathfrak{a} = \begin{pmatrix} 5 \\ -2 \end{pmatrix};\ \mathfrak{b} = \begin{pmatrix} 8 \\ 1 \end{pmatrix};\ \mathfrak{c} = \begin{pmatrix} 3 \\ 4 \end{pmatrix}$

$\Rightarrow \mathfrak{a} \cdot \mathfrak{b} = 38;\ \mathfrak{b} \cdot \mathfrak{c} = 28;\ |\mathfrak{a}| = \sqrt{29};\ |\mathfrak{b}| = \sqrt{65};\ |\mathfrak{c}| = 5$

$F_1 = \frac{1}{2}\sqrt{29 \cdot 65 - 38^2} = 10{,}5$ F.E. (Flächeneinheit)

$F_2 = \frac{1}{2}\sqrt{65 \cdot 25 - 28^2} = 14{,}5$ F.E.

$F = F_1 + F_2 = 25$ F.E.

6. $F_1 = \frac{1}{2} \cdot \sqrt{1 - 0} = \frac{1}{2} \Rightarrow F = 4 \cdot F_1 = 2$ F.E.

Normalenformen, Hessesche Normalenform

1. $\mathfrak{n}(\mathfrak{x} - \mathfrak{a}) = \begin{pmatrix} 4 \\ 1 \end{pmatrix}\left(\mathfrak{x} - \begin{pmatrix} -3 \\ 2 \end{pmatrix}\right) = 0$

$\Rightarrow \begin{pmatrix} 4 \\ 1 \end{pmatrix}\mathfrak{x} = \begin{pmatrix} 4 \\ 1 \end{pmatrix}\begin{pmatrix} -3 \\ 2 \end{pmatrix}$

$\Rightarrow \begin{pmatrix} 4 \\ 1 \end{pmatrix}\mathfrak{x} = -10$

Punktsteigungsform:
$4x_1 + x_2 = -10 \Rightarrow x_2 = -4x_1 - 10$ oder $y = -4x - 10$
Mit Hilfe der Parameterform:
$x_1 = -3 - \lambda \Rightarrow \lambda = x_1 - 3$
$x_2 = 2 + 4\lambda \Rightarrow x_2 = 2 + 4(-x_1 - 3);\ x_2 = -4x_1 - 10$
Mit der Hesseschen Normalenform:

$\mathfrak{n} = \begin{pmatrix} 4 \\ 1 \end{pmatrix} \Rightarrow |\mathfrak{n}| = \sqrt{16 + 1} = \sqrt{17}$

$\Rightarrow \frac{1}{\sqrt{17}}\begin{pmatrix} 4 \\ 1 \end{pmatrix}\mathfrak{x} = \frac{-10}{\sqrt{17}}$

$\Rightarrow \frac{1}{\sqrt{17}}\begin{pmatrix} 4 \\ 1 \end{pmatrix}\mathfrak{x} = -2{,}425$ oder $\frac{1}{\sqrt{17}}\begin{pmatrix} -4 \\ -1 \end{pmatrix}\mathfrak{x} = 2{,}425$

$\Rightarrow d = 2{,}425$

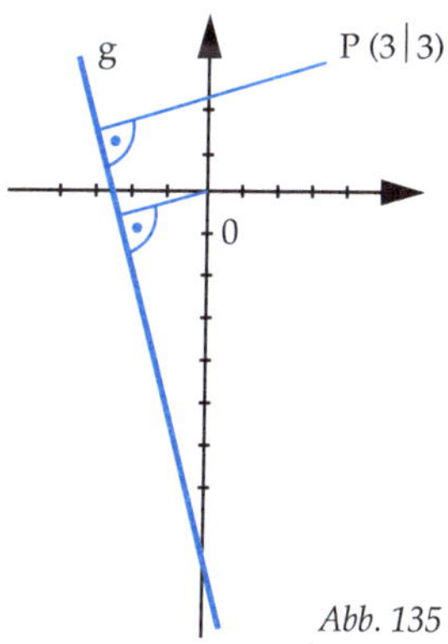

Abb. 135

2. $\mathfrak{n} = \overrightarrow{OP} = \begin{pmatrix} 3 \\ 4 \end{pmatrix} \Rightarrow |\overrightarrow{OP}| = 5$

$$\Rightarrow \begin{pmatrix} 3 \\ 4 \end{pmatrix}(\mathfrak{x} - \mathfrak{a}) = 0$$

$$\begin{pmatrix} 3 \\ 4 \end{pmatrix}\left(\mathfrak{x} - \begin{pmatrix} 3 \\ 4 \end{pmatrix}\right) = 0$$

$$\begin{pmatrix} 3 \\ 4 \end{pmatrix}\mathfrak{x} = \begin{pmatrix} 3 \\ 4 \end{pmatrix}\begin{pmatrix} 3 \\ 4 \end{pmatrix}$$

Normalenform: $\begin{pmatrix} 3 \\ 4 \end{pmatrix}\mathfrak{x} = 25$

Hessesche Normalenform: $\begin{pmatrix} \frac{3}{5} \\ \frac{4}{5} \end{pmatrix}\mathfrak{x} = 5$

Punktsteigeform:

$3x_1 + 4x_2 = 25$

$4x_2 = -3x_1 + 25$

$x_2 = -\frac{3}{4}x_1 + \frac{25}{4}$ und $y = -\frac{3}{4}x + \frac{25}{4}$

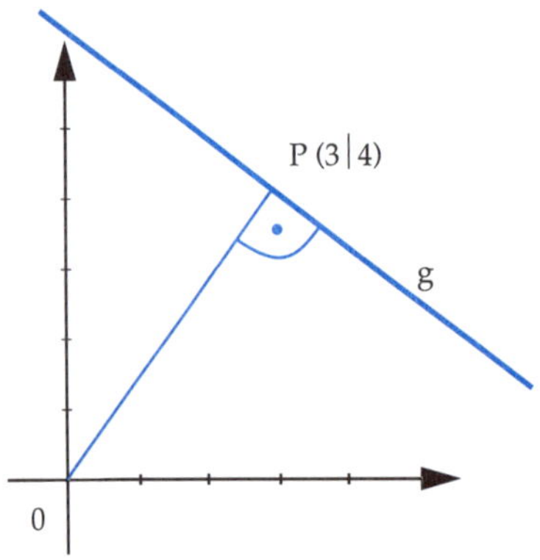

Abb. 136

3. $\overrightarrow{AB} = \begin{pmatrix} -3 \\ -1 \end{pmatrix} - \begin{pmatrix} 1 \\ 2 \end{pmatrix} = \begin{pmatrix} -4 \\ -3 \end{pmatrix}$ ist Lotvektor zu g,

also $\begin{pmatrix} 4 \\ 3 \end{pmatrix}\left(\mathfrak{x} - \begin{pmatrix} -3 \\ -1 \end{pmatrix}\right) = 0$

Normalenform: $\begin{pmatrix} 4 \\ 3 \end{pmatrix}\mathfrak{x} + 15 = 0$

Hessesche Normalenform: $\begin{pmatrix} 4 \\ 3 \end{pmatrix}\mathfrak{x} + 3 = 0$

Koordinatenform:

$4x_1 + 3x_2 = -15$

$x_2 = -\frac{4}{3}x_1 - 5$

und $y = -\frac{4}{3}x - 5$

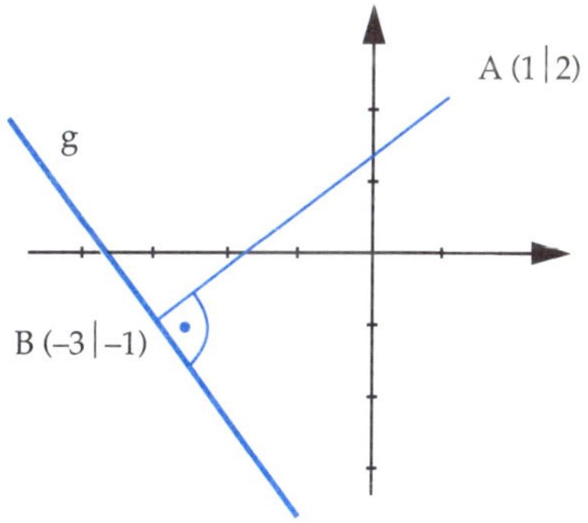

Abb. 137

4. g: $2x_1 + 5x_2 = 10 \Rightarrow \begin{pmatrix} 2 \\ 5 \end{pmatrix}\mathfrak{x} = 10$

Hessesche Normalenform: $\frac{1}{\sqrt{29}}\begin{pmatrix} 2 \\ 5 \end{pmatrix}\mathfrak{x} = \frac{10}{\sqrt{29}}$

a) $d = \frac{10}{\sqrt{29}} \approx 1{,}86$

b) $d = \left|\frac{1}{\sqrt{29}}\begin{pmatrix} 2 \\ 5 \end{pmatrix}\begin{pmatrix} 1 \\ 4 \end{pmatrix} - \frac{10}{\sqrt{29}}\right| = \left|\frac{22}{\sqrt{29}} - \frac{10}{\sqrt{29}}\right| = 2{,}23$

c) $d = \left|\frac{1}{\sqrt{29}}\begin{pmatrix} 2 \\ 5 \end{pmatrix}\begin{pmatrix} 4 \\ -1 \end{pmatrix} - \frac{10}{\sqrt{29}}\right| = \left|\frac{3}{\sqrt{29}} - \frac{10}{\sqrt{29}}\right| = 1{,}30$

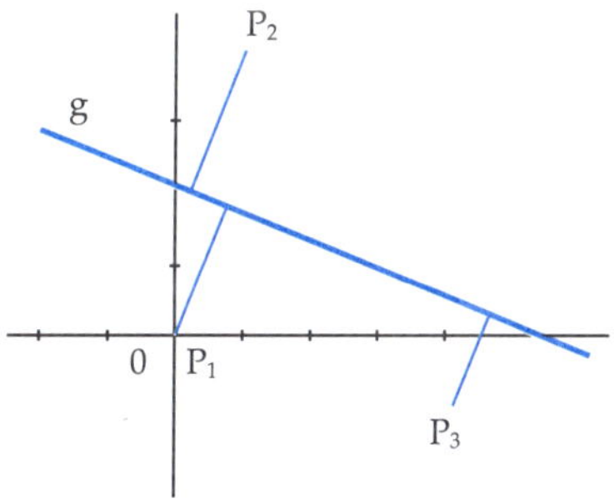

Abb. 138

5. $\mathbf{g_a}$: $m = \frac{5-1}{1-4} = \frac{-4}{3} \Rightarrow \mathfrak{n}_a = \begin{pmatrix} 3 \\ 4 \end{pmatrix}$

$$\mathbf{g_a}: \begin{pmatrix} 3 \\ 4 \end{pmatrix}\left(\mathfrak{x} - \begin{pmatrix} 5 \\ 1 \end{pmatrix}\right) = 0$$

$$\mathbf{g_a}: \begin{pmatrix} 3 \\ 4 \end{pmatrix}\mathfrak{x} - 19 = 0$$

$$\mathbf{g_a}: \frac{1}{5}\begin{pmatrix} 3 \\ 4 \end{pmatrix}\mathfrak{x} - \frac{19}{5} = 0$$

h_a = Abstand von A zu a, also

$$h_a = \left|\frac{1}{5}\begin{pmatrix} 3 \\ 4 \end{pmatrix}\begin{pmatrix} -1 \\ -1 \end{pmatrix} - \frac{19}{5}\right| = \left|-\frac{7}{5} - \frac{19}{5}\right| = 5{,}20$$

$$\mathbf{g_b}: m = \frac{-1-1}{-1-4} = \frac{-2}{-5} = \frac{2}{5} \Rightarrow \mathfrak{n}_b = \begin{pmatrix} 5 \\ -2 \end{pmatrix}$$

$$\mathbf{g_b}: \begin{pmatrix} 5 \\ -2 \end{pmatrix}\left(\mathfrak{x} - \begin{pmatrix} -1 \\ -1 \end{pmatrix}\right) = 0$$

$$\mathbf{g_b}: \begin{pmatrix} 5 \\ -2 \end{pmatrix}\mathfrak{x} + 3 = 0$$

$$\mathbf{g_b}: \frac{1}{\sqrt{29}}\begin{pmatrix} 5 \\ -2 \end{pmatrix}\mathfrak{x} + \frac{3}{\sqrt{29}} = 0$$

$$h_b = \left|\frac{1}{\sqrt{29}}\begin{pmatrix} 5 \\ -2 \end{pmatrix}\begin{pmatrix} 5 \\ 1 \end{pmatrix} + \frac{3}{\sqrt{29}}\right| = \left|\frac{23}{\sqrt{29}} + \frac{3}{\sqrt{29}}\right| = \frac{26}{\sqrt{29}} = 4{,}83$$

$$\mathbf{g_c}: m = \frac{-1-5}{-1-1} = \frac{-6}{-2} = 3 \Rightarrow \mathfrak{n}_c = \begin{pmatrix} -1 \\ 3 \end{pmatrix}$$

$$\mathbf{g_c}: \begin{pmatrix} -1 \\ 3 \end{pmatrix}\left(\mathfrak{x} - \begin{pmatrix} -1 \\ -1 \end{pmatrix}\right) = 0$$

$$\mathbf{g_c}: \begin{pmatrix} -1 \\ 3 \end{pmatrix}\mathfrak{x} + 2 = 0$$

$$\mathbf{g_c}: \frac{1}{\sqrt{10}}\begin{pmatrix} -1 \\ 3 \end{pmatrix}\mathfrak{x} + \frac{2}{\sqrt{10}} = 0$$

$$h_c = \left|\frac{1}{\sqrt{10}}\begin{pmatrix} -1 \\ 3 \end{pmatrix}\begin{pmatrix} 1 \\ 4 \end{pmatrix} + \frac{2}{\sqrt{10}}\right| = \frac{11}{\sqrt{10}} + \frac{2}{\sqrt{10}} = \frac{13}{\sqrt{10}} = 4{,}11$$

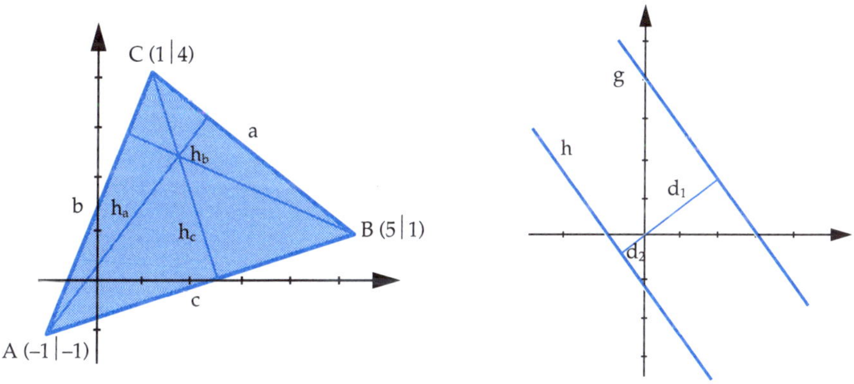

Abb. 139 / 140 Zeichnerische Darstellung der Aufgaben 5 und 6

6. **g:** $\begin{pmatrix} 3 \\ 4 \end{pmatrix}\mathfrak{x} - 12 = 0$

g: $\frac{1}{5}\begin{pmatrix} 3 \\ 4 \end{pmatrix}\mathfrak{x} - \frac{12}{5} = 0 \Rightarrow d_1 = 2\,\frac{2}{5} = 2{,}4$

h: $\begin{pmatrix} 3 \\ 4 \end{pmatrix}\mathfrak{x} + 4 = 0$

h: $\frac{1}{5}\begin{pmatrix} 3 \\ 4 \end{pmatrix}\mathfrak{x} + \frac{4}{5} = 0 \Rightarrow d_2 = \frac{4}{5}$

Abstand der beiden Geraden: $d_1 + d_2 = 3{,}2$

7. $\mathbf{E_1}$: $\frac{1}{\sqrt{14}}\begin{pmatrix} 1 \\ 2 \\ 3 \end{pmatrix}\mathfrak{x} - \frac{14}{\sqrt{14}} = 0 \Rightarrow d_1 = \sqrt{14} \approx 3{,}74$

$\mathbf{E_2}$: $\frac{1}{\sqrt{5}}\begin{pmatrix} 2 \\ 1 \\ 0 \end{pmatrix}\mathfrak{x} - \frac{25}{\sqrt{14}} = 0 \Rightarrow d_2 = \frac{25}{\sqrt{5}} = 5 \cdot \sqrt{5} \approx 11{,}18$

$d = d_1 + d_2 \approx 14{,}92$

8. a) $-5x_1 + 15x_2 - 3x_3 = -15$

$\Rightarrow \frac{x_1}{3} + \frac{x_2}{-1} + \frac{x_3}{5} \quad = 1$

also: $a = 3$; $b = -1$; $c = 5$

b) $\frac{x_1}{2} + \frac{x_2}{8} + \frac{x_3}{-4} = 1$

9. $\begin{pmatrix}4\\-2\\1\end{pmatrix}\mathfrak{x}+c = 0$ Normalenform

$\frac{1}{\sqrt{21}}\begin{pmatrix}4\\-2\\1\end{pmatrix}\mathfrak{x}\pm 3=0$ Hessesche Normalenform

also: $c=\pm 3\sqrt{21}$

E_1: $\begin{pmatrix}4\\-2\\1\end{pmatrix}\mathfrak{x}+3\sqrt{21}=0$; E_2: $\begin{pmatrix}4\\-2\\1\end{pmatrix}\mathfrak{x}-3\sqrt{21}=0$

10. E_1: $\frac{1}{\sqrt{14}}\begin{pmatrix}2\\1\\3\end{pmatrix}\mathfrak{x}=\frac{2}{\sqrt{14}}-5 \Rightarrow \begin{pmatrix}2\\1\\3\end{pmatrix}\mathfrak{x}+16{,}71=0$

E_2: $\frac{1}{\sqrt{14}}\begin{pmatrix}2\\1\\3\end{pmatrix}\mathfrak{x}=\frac{2}{\sqrt{14}}=5 \Rightarrow \begin{pmatrix}2\\1\\3\end{pmatrix}\mathfrak{x}-20{,}71=0$

Vektorprodukt

1. a) $\mathfrak{a}\times\mathfrak{b}=\begin{vmatrix}\mathfrak{i}&3&5\\\mathfrak{j}&2&1\\\mathfrak{k}&4&2\end{vmatrix}=\mathfrak{i}\begin{vmatrix}2&1\\4&2\end{vmatrix}-\mathfrak{j}\begin{vmatrix}3&5\\4&2\end{vmatrix}+\mathfrak{k}\begin{vmatrix}3&5\\2&1\end{vmatrix}$

$\mathfrak{a}\times\mathfrak{b}=0\cdot\mathfrak{i}+14\mathfrak{j}-7\mathfrak{k}$ und somit

$|\mathfrak{a}\times\mathfrak{b}|=\sqrt{14^2+7^2}=\sqrt{245}=15{,}65$ oder

$|\mathfrak{a}\times\mathfrak{b}|=|\mathfrak{a}|\cdot|\mathfrak{b}|\cdot\sin(\mathfrak{a};\mathfrak{b})$

$\Rightarrow \mathfrak{a}\cdot\mathfrak{b}=\begin{pmatrix}3\\2\\4\end{pmatrix}\begin{pmatrix}5\\1\\2\end{pmatrix}=15+2+8=25$

$|\mathfrak{a}|=\sqrt{9+4+16}=\sqrt{29}$; $|\mathfrak{b}|=\sqrt{25+1+4}=\sqrt{30}$

also $\cos(\mathfrak{a};\mathfrak{b})=\frac{\mathfrak{a}\cdot\mathfrak{b}}{|\mathfrak{a}|\cdot|\mathfrak{b}|}=\frac{25}{\sqrt{29}\cdot\sqrt{30}}=0{,}847579$

$\Rightarrow \sphericalangle(\mathfrak{a};\mathfrak{b})=32{,}05^\circ$ und somit

$|\mathfrak{a}\times\mathfrak{b}|=|\sqrt{29}|\cdot|\sqrt{30}|\cdot\sin 32{,}05^\circ=15{,}65$

Der Flächeninhalt des Parallelogramms beträgt 15,65 F.E.

b) $\mathfrak{a} \times \mathfrak{b} = \begin{vmatrix} \mathfrak{i} & 0 & 0 \\ \mathfrak{j} & -1 & 2 \\ \mathfrak{k} & 3 & 1 \end{vmatrix} = \mathfrak{i} \begin{vmatrix} -1 & 2 \\ 3 & 1 \end{vmatrix} - \mathfrak{j} \begin{vmatrix} 0 & 0 \\ 3 & 1 \end{vmatrix} + \mathfrak{k} \begin{vmatrix} 0 & 0 \\ -1 & 2 \end{vmatrix}$

$\mathfrak{a} \times \mathfrak{b} = -7\mathfrak{i} + 0\mathfrak{j} + 0\mathfrak{k} \Rightarrow |\mathfrak{a} \times \mathfrak{b}| = \sqrt{49} = 7$ oder

$\mathfrak{a} \cdot \mathfrak{b} = \begin{pmatrix} 0 \\ -1 \\ 3 \end{pmatrix} \begin{pmatrix} 0 \\ 2 \\ 1 \end{pmatrix} = 0 - 2 + 3 = 1\,; \quad |\mathfrak{a}| = \sqrt{1+9} = \sqrt{10}\,; \quad |\mathfrak{b}| = \sqrt{4+1} = \sqrt{5}$

$\cos(\mathfrak{a};\mathfrak{b}) = \frac{1}{\sqrt{10} \cdot \sqrt{5}} = \frac{1}{\sqrt{50}} = 0{,}14142 \Rightarrow \sphericalangle(\mathfrak{a};\mathfrak{b}) = 81{,}87^\circ$

$\Rightarrow |\mathfrak{a} \times \mathfrak{b}| = \sqrt{10} \cdot \sqrt{5} \cdot \sin 81{,}87^\circ = 7$

Der Flächeninhalt des Parallelogramms ist 7 Flächeneinheiten groß.

2. a) $F_\Delta = \frac{1}{2} |\mathfrak{a} \times \mathfrak{b}|$, also $F_\Delta = \frac{1}{2} \cdot 15{,}65 = 7{,}83$ F.E.

b) $F_\Delta = \frac{1}{2} \cdot 7 = 3{,}5$ F.E.

3. zum Beispiel: $\mathfrak{e}_1 \cdot \mathfrak{e}_2 = \mathfrak{e}_3$

$\mathfrak{e}_2 \times \mathfrak{e}_3 = \mathfrak{e}_1$

$\mathfrak{e}_3 \times \mathfrak{e}_1 = \mathfrak{e}_2$

x	$\mathfrak{e}_1$	$\mathfrak{e}_2$	$\mathfrak{e}_3$
$\mathfrak{e}_1$	0	$\mathfrak{e}_3$	$\mathfrak{e}_2$
$\mathfrak{e}_2$	$-\mathfrak{e}_3$	0	$\mathfrak{e}_1$
$\mathfrak{e}_3$	$-\mathfrak{e}_2$	$-\mathfrak{e}_1$	0

Kreis und Kugel

1. a) **P:** $x_1^2 + 9 = 16 \Rightarrow x_1 = \pm\sqrt{7}$

es gibt also zwei Punkte: $P_1(\sqrt{7}\,|\,3)$ und $P_2(-\sqrt{7}\,|\,3)$

Q: $81 + x_2^2 = 16 \Rightarrow x_2 = \sqrt{-65}$

auf der Kreisperipherie liegt also kein Punkt mit der Ordinate 9.

b) **P:** $(x_1 - 1)^2 + (3 + 3)^2 = 100 \Rightarrow (x_1 - 1)^2 = 64$

$\Rightarrow x_1 - 1 = 8$ oder $x_1 - 1 = -8$

$\Rightarrow x_1 = 9$ oder $x_1 = -7$

es gibt also zwei Punkte: $P_1(9\,|\,3)$ und $P_2(-7\,|\,3)$

Q: $(9 - 1)^2 + (x_2 + 3)^2 = 100 \Rightarrow (x_2 + 3)^2 = 36$

$\Rightarrow x_2 + 3 = 6$ oder $x_2 + 3 = -6$

$\Rightarrow x_2 = 3$ oder $x_2 = -9$

es gibt also zwei Punkte: $Q_1(9\,|\,3)$ und $Q_2(9\,|\,-9)$

2. $(1-x_m)^2+(2-3)^2+(3+4)^2=54$

$$(1-x_m)^2 = 4$$

$\Rightarrow\ 1-x_m=2$ oder $1-x_m=-2$

$\Rightarrow\ x_{m_1}=-1$ oder $x_{m_2}=3$

es gibt also 2 Kugeln:

K_1: $M(-1\,|\,3\,|-4)$; $r=\sqrt{54}$

K_2: $M(\ 3\,|\,3\,|-4)$; $r=\sqrt{54}$

3. $\mathfrak{x}^2=34;\ \begin{pmatrix}-\frac{3}{5}\\1\end{pmatrix}\cdot\mathfrak{x}=0$

$$x_1^2+\left(\frac{3}{5}x_1\right)^2=34\Rightarrow x_1^2+\frac{9}{25}x_1^2=34\Rightarrow x_1^2=25\Rightarrow x_1=5 \text{ oder } x_1=-5$$

Also: $x_2-\frac{3}{5}(\pm 5)=0\Rightarrow \left.\begin{matrix}x_2=3\\ \text{oder}\\ x_2=-3\end{matrix}\right\}\Rightarrow S_1(5\,|\,3);\ S_2(-5\,|-3)\ d=2\sqrt{34}$

4. $\left[\begin{pmatrix}5\\-1\\3\end{pmatrix}+\lambda\begin{pmatrix}1\\-1\\4\end{pmatrix}-\begin{pmatrix}2\\-1\\-3\end{pmatrix}\right]^2=9$

$$\Rightarrow\begin{pmatrix}3+\lambda\\-\lambda\\6+4\lambda\end{pmatrix}^2=9$$

$$\Rightarrow 9+6\lambda+\lambda^2+\lambda^2+36+48\lambda+16\lambda^2=9$$

$$\lambda^2+3\lambda+2=0$$

$$\lambda_{1;2}=-\frac{3}{2}\pm\sqrt{\frac{9}{4}-2}=-\frac{3}{2}\pm\frac{1}{2}$$

$$\lambda_1=-1$$

$$\lambda_2=-2$$

Die Schnittpunkte lauten:

$$\mathfrak{x}_1=\begin{pmatrix}5\\-1\\3\end{pmatrix}-2\begin{pmatrix}1\\-1\\4\end{pmatrix}=\begin{pmatrix}3\\1\\-5\end{pmatrix}$$

$$\mathfrak{x}_2=\begin{pmatrix}5\\-1\\3\end{pmatrix}-1\begin{pmatrix}1\\-1\\4\end{pmatrix}=\begin{pmatrix}4\\0\\-1\end{pmatrix}$$

5. $d=\sqrt{(3-4)^2+(1-0)^2+(-5-1)^2}=\sqrt{1+1+36}=\sqrt{38}$

Anhang

Das deutsche und das griechische Alphabet

A	a	𝔄	𝔞	N	n	𝔑	𝔫
B	b	𝔅	𝔟	O	o	𝔒	𝔬
C	c	ℭ	𝔠	P	p	𝔓	𝔭
D	d	𝔇	𝔡	Q	q	𝔔	𝔮
E	e	𝔈	𝔢	R	r	ℜ	𝔯
F	f	𝔉	𝔣	S	s	𝔖	𝔰
G	g	𝔊	𝔤	T	t	𝔗	𝔱
H	h	ℌ	𝔥	U	u	𝔘	𝔲
I	i	ℑ	𝔦	V	v	𝔙	𝔳
J	j	𝔍	𝔧	W	w	𝔚	𝔴
K	k	𝔎	𝔨	X	x	𝔛	𝔵
L	l	𝔏	𝔩	Y	y	𝔜	𝔶
M	m	𝔐	𝔪	Z	z	ℨ	𝔷

Α	α	Alpha	Ν	ν	Ny
Β	β	Beta	Ξ	ξ	Xi
Γ	γ	Gamma	Ο	ο	Omikron
Δ	δ	Delta	Π	π	Pi
Ε	ε	Epsilon	Ρ	ρ	Rho
Ζ	ζ	Zeta	Σ	σ	Sigma
Η	η	Eta	Τ	τ	Tau
Θ	ϑ	Theta	Υ	υ	Ypsilon
Ι	ι	Iota	Φ	φ	Phi
Κ	κ	Kappa	Χ	χ	Chi
Λ	λ	Lambda	Ψ	ψ	Psi
Μ	μ	My	Ω	ω	Omega

Mathematische Zeichen

$=$	gleich
$\neq$	ungleich
$<$	kleiner als
$>$	größer als
$\leqq$	kleiner oder gleich
$\geqq$	größer oder gleich
$\ll$	sehr klein gegen
$\gg$	sehr groß gegen
$\approx$	ungefähr gleich
$\sim$	proportional, ähnlich
$\cong$	kongruent
$\triangleq$	entspricht
$\equiv$	identisch
$\parallel$	parallel
$\nparallel$	nicht parallel
$\perp$	senkrecht auf
$\triangle$	Dreieck
$\bigcirc$	Kreis
$\varnothing$	Durchmesser
$\sphericalangle$	Winkel
$\sphericalangle$ (g, h)	Winkel zwischen den Geraden g und h

$\overline{AB}$	Strecke von A nach B	
$\overrightarrow{AB}$	gerichtete Strecke von A nach B	
$\overset{\frown}{AB}$	Bogen	
$\lvert a \rvert$	absoluter Betrag von a	
i	imaginäre Einheit	
e	Eulerzahl = 2,7182818...	
π	Pi = Ludolfsche Zahl = 3,1459...	
$\rightarrow$	strebt nach, konvergiert gegen	
∞	unendlich	
f (x)	Funktion von x (lies f von x)	
$x \mapsto f(x)$	x wird abgebildet auf f (x)	
h (x) ; g (x)	h als Funktion von x; g als Funktion von x	
lim	Limes, Grenzwert	
sin	Sinus	trigonometrische Funktionen
cos	Kosinus	
tan	Tangens	
cot	Kotangens	
arc sin	Arcussinus	zyklometrische Funktionen
arc cos	Arcuskosinus	
arc tan	Arcustangens	
arc cot	Arcuskotangens	

$\log_a$	Logarithmus zur Basis a
lg	Logarithmus zur Basis 10, dekadischer Logarithmus
ln	Logarithmus zur Basis e, natürlicher Logarithmus
$\mathbb{C}$	komplexe Zahlen
$\mathbb{R}$	reelle Zahlen
$\mathbb{Q}$	rationale Zahlen
$\mathbb{Z}$	ganze Zahlen
$\mathbb{N}_0$	nichtnegative ganze Zahlen
$\mathbb{N}$	natürliche Zahlen
$\mathbb{D}$	Definitionsbereich
$\mathbb{W}$	Wertebereich
$\mathbb{L}$	Lösungsmenge
P (A)	Potenzmenge der Menge A
M, N, A, B, …	Mengen
$\emptyset$, { }	leere Menge
$\subset$	Teilmenge
$\supset$	Obermenge
$\cup$	Vereinigungsmenge
$\cap$	Durchschnittsmenge
$\complement A$; A′	Komplementmenge von A
$A \sim B$	Äquivalenz von Mengen: A äquivalent B
$A \times B$	Produktmenge: A kreuz B
$A \backslash B$	Differenzmenge: A ohne B
$a \mid b$	a ist Teiler von b, a teilt b
ggT (a ; b)	größter gemeinsamer Teiler
kgV (a ; b)	kleinstes gemeinsames Vielfaches
$a \in M$	a ist Element von M
$a \notin M$	a ist kein Element von M

$\forall x$	Allzeichen: für alle x gilt
$\exists x$	Seinszeichen: es existiert ein x
$A \wedge B$	Konjunktion: A und B
$A \vee B$	Disjunktion: A oder B (manchmal auch Alternative)
$A \Rightarrow B$	Implikation: aus A folgt B
$\neg$	Negation
$A \Leftrightarrow B$	Äquivalenz der Aussagen A und B: aus A folgt B und aus B folgt A
$\Vert A \Vert$	Matrix
$\vert A \vert$	Determinante
$\sqrt[n]{a}$	n-te Wurzel aus a
e^x	Exponentialfunktion von x
n!	n-Fakultät: $n! = 1 \cdot 2 \cdot 3 \cdot 4 \ldots n$
$\binom{n}{p} = \frac{n!}{p!\,(n-p)!}$	Binominalkoeffizient (lies: n über P)
]a; b[	offenes Intervall von a bis b $= \{x \mid a < x < b\}$
[a; b]	geschlossenes Intervall von a bis b $= \{x \mid a \leqq x \leqq b\}$
]a; b]	linksoffenes Intervall $= \{x \mid a < x \leqq b\}$
[a; b[	rechtsoffenes Intervall $= \{x \mid a \leqq x < b\}$
Σ	Summenzeichen (Sigma)
Π	Produktzeichen (Pi)
$\begin{pmatrix} 1 & 2 & 3 & 4 \\ a_1 & a_2 & a_3 & a_4 \end{pmatrix}$	Permutation

Algebraische Strukturen

In der Mathematik tauchen bestimmte **Strukturen** an verschiedenen Stellen auf, so daß es lohnt, die wichtigsten davon mit ihren kennzeichnenden Eigenschaften zu nennen. Ergebnisse, die für eine bestimmte Struktur Gültigkeit haben, gelten auch in allen anderen Modellen dieser Struktur.

Name der Struktur	**kennzeichnende Gesetze und Regeln**	**Beispiele** *Modelle*
Gruppe	1. Eine Verknüpfung $\circ$ 2. Abgeschlossenheit bezüglich der Verknüpfung $\circ$ 3. Assoziativgesetz: $a \circ (b \circ c) = (a \circ b) \circ c$ 4. Neutrales Element e bezüglich der Verknüpfung: $a \circ e = e \circ a = a$ 5. Inverses Element $\bar{a}$ existiert zu jedem Element a: $\bar{a} \circ a = a \circ \bar{a} = e$ In einer kommutativen Gruppe gilt außerdem 6. Kommutativgesetz: $a \circ b = b \circ a$	1. $(\mathbb{Z}; +)$ ist eine kommutative Gruppe mit $e = 0$ und dem inversen Element $-a$ 2. Die Menge aller Kongruenzabbildungen (Drehungen, Verschiebungen, Spiegelungen) bilden eine Gruppe
Ring	1. Zwei Verknüpfungen $\square$ und $\square$ 2. $(M; \circ)$ ist eine kommutative Gruppe 3. $(M; \square)$ ist abgeschlossen und assoziativ (Halbgruppe) 4. Distributivgesetze: $a \square (b \circ c) = (a \square b) \circ (a \square c)$ $(a \circ b) \square c = (a \square c) \circ (b \square c)$ In einem kommutativen Ring gilt außerdem 5. Kommutativgesetz: $a \square b = b \square a$	$(\mathbb{Z}; +; \cdot)$ ist ein kommutativer Ring
Körper	1. Zwei Verknüpfungen $\circ$ und $\square$ 2. $(M; \circ)$ ist eine kommutative Gruppe 3. $(M \backslash e_0; \square)$ ist eine Gruppe; e_0 ist das neutrale Element bezüglich $\circ$ 4. Distributivgesetze: $a \square (b \circ c) = (a \square b) \circ (a \square c)$ $(a \circ b) \square c = (a \square c) \circ (b \square c)$ In einem kommutativen Ring gilt außerdem 5. Kommutativgesetz: $a \square b = b \square a$	1. $(\mathbb{Q}; +; \cdot)$ ist ein kommutativer Körper mit $e_+ = 0$ und $e_\cdot = 1$ 2. $(\mathbb{R}; +; \cdot)$ und auch $(\mathbb{C}; +; \cdot)$ sind kommutative Körper

Zahlensysteme

Dezimal	Dual	Quartal	Oktal	Hexadezimal
0	O	0	0	0
1	L	1	1	1
2	LO	2	2	2
3	LL	3	3	3
4	LOO	10	4	4
5	LOL	11	5	5
6	LLO	12	6	6
7	LLL	13	7	7
8	LOOO	20	10	8
9	LOOL	21	11	9
10	LOLO	22	12	A
11	LOLL	23	13	B
12	LLOO	30	14	C
13	LLOL	31	15	D
14	LLLO	32	16	E
15	LLLL	33	17	F
16	LOOOO	100	20	10
17	LOOOL	101	21	12
18	LOOLO	102	22	13
19	LOOLL	103	23	14

Beispiele:

$7 = 1 \cdot 2^2 + 1 \cdot 2^1 + 1 \cdot 2^0 \Rightarrow$ LLL (Dual)

$7 = 1 \cdot 4^1 + 3 \cdot 4^0 \Rightarrow 13$ (Quartal)

$13 = 1 \cdot 2^3 + 1 \cdot 2^2 + 0 \cdot 2^1 + 1 \cdot 2^0 \Rightarrow$ LLOL (Dual)

$13 = 3 \cdot 4^1 + 1 \cdot 4^0 \Rightarrow 31$ (Quartal)

$13 = 1 \cdot 8^1 + 5 \cdot 8^0 \Rightarrow 15$ (Oktal)

$1122 = 1 \cdot 2^{10} + 0 \cdot 2^9 + 0 \cdot 2^8 + 0 \cdot 2^7 + 1 \cdot 2^6 + 1 \cdot 2^5 + 0 \cdot 2^4 + 0 \cdot 2^3 + 0 \cdot 2^2 + 1 \cdot 2^1 + 0 \cdot 2^0 \Rightarrow$ LOOOLLOOOLO (Dual)

$1216 = 4 \cdot 16^2 + 12 \cdot 16^1 + 0 \cdot 6^0 \Rightarrow$ 4CO (Hexadezimal)

Fakultäten

$n! = 1 \cdot 2 \cdot 3 \ldots (n-1) \cdot n$

1	2	3	4	5	6	7	8	9	10	n
1	2	6	24	120	720	5040	40320	362880	3628800	n!

Teilbarkeitsregeln

Teiler	Faustregel	Beispiele
a | 0	Die Null ist durch alle Zahlen teilbar.	$0:4=0;\ \frac{0}{3}=0$
1 | a a | a	Jede Zahl a ≠ 0 ist durch 1 und durch sich selbst teilbar.	$4:1=4;\ 17:1=17;\ \frac{35}{1}=35$ $4:4=1;\ \frac{17}{17}=1;\ 35:35=1$
0 | a	Die Division durch Null ist nicht definiert!	
2 | a	Eine Zahl ist teilbar durch 2, wenn sie gerade ist, d.h. ihre letzte Ziffer durch 2 teilbar ist.	32 ; 55346 10 004 ; 168 460
3 | a	Die 3 ist Teiler der Zahl a, wenn die *Quersumme* von a (Summe ihrer Ziffern) durch 3 teilbar ist.	351 ; 762 ; 33 333 ; 342 441 2 435 112 ;
4 | a	Sind die letzten beiden Ziffern der Zahl a durch 4 teilbar, so ist es auch a selbst.	4116 ; 3540 43 244 ; 100 188
5 | a	Ist die letzte Ziffer einer Zahl eine 0 oder eine 5, so ist sie durch 5 teilbar.	34 565 ; 34 560 200 455 ; 3 455 000
6 | a	Eine Zahl ist durch 6 teilbar, wenn sie durch 2 und 3 teilbar ist. Eine gerade Zahl ist durch 6 teilbar, wenn sie durch 3 teilbar ist.	336 ; 4 563 822 5 346 ; 280 884
7 | a	siehe unten, 13 | a.	
8 | a	Sind die letzten drei Ziffern einer Zahl durch 8 teilbar, so ist es auch die Zahl selbst.	1000 ; 184 1248 ; 20 792
9 | a	Ist die Quersumme von a teilbar durch 9, so auch a.	225 ; 39 924 602 991 ; 4 060 899
10 | a	Eine Zahl ist durch 10 teilbar, wenn ihre letzte Ziffer eine Null ist.	0 ; 100 ; 2000 30 ; 3 337 580
11 | a	Eine Zahl a ist durch 11 teilbar, wenn ihre alternierende Quersumme durch 11 teilbar ist.	2816 ; 406 538 4895 ; 28 259
	Die alternierende Quersumme sei an nebenstehendem Beispiel erläutert:	734 591 ⇒ 7 + 4 + 9 = 20 3 + 5 + 1 = 9 Die alternierende Quersumme von 734 591 ist 20 − 9 = 11

Teiler	Faustregel	Beispiele
13 | a	Teilt man die Zahl a von rechts nach links in Dreiergruppen und bildet dann abwechselnd die Differenz bzw. die Summe der entstehenden dreistelligen Zahlen und ist das entstehende Ergebnis durch 7, 11 oder 13 teilbar, so ist es auch die ursprüngliche Zahl.	378 896 wird zerlegt in 378 – 896 = – 518. Weil 518 durch 7 teilbar ist, muß dies auch für 378 896 gelten. 586 608 074 wird zerlegt in – 586 + 608 – 74 = – 52 52 ist teilbar durch 13, deshalb auch die Zahl 586 608 074.
25 | a	Eine Zahl ist genau dann teilbar durch 25, wenn die letzten beiden Ziffern durch 25 teilbar sind oder aus Nullen bestehen.	25 ; 3500 356 725 ; 23 400 545 750 ; 3 547 575
125 | a	Eine Zahl läßt sich durch 125 teilen, wenn die letzten 3 Ziffern Nullen sind oder durch 125 teilbar sind.	345 125 ; 5 548 250 8875 ; 456 500 23 625 ; 257 750

Register

A
Abbildung, affine 157
Abhängigkeit, lineare 119
Ableitung 51, 61
– erste 48
– höhere 47
Ableitungsfunktion 46, 47, 48
Achsensymmetrie 14
Additionstheoreme 78
Algebra, lineare 113
analytische Geometrie 113
Änderung, infinitesimale 48
Approximation, lineare 49
Äquivalenzklasse 115
Arcusfunktion 12, 78
Argument 10
Asymptote 28, 35

B
Basisvektor 122, 133
Beweisverfahren 37

C
Cauchy-Kriterium 24
Cramerregel 122, 126, 127, 133

D
Definitionsbereich 10, 65
– maximaler 10, 61
Definitionslücke 36
Determinante 122, 123, 126, 128, 129, 130, 131, 133, 152, 170
– Entwicklungssatz für n-reihige 129
Differentialquotient 47, 48
Differentialrechnung 8
– Hauptsatz 91, 93, 95
Differentiation
– graphische 46
– implizite 76
Differenzialrechnung 14
Differenzieren, implizites 79
Dimension 121
Dreiecksform 134
– erweiterte 136
Dreiecksmatrix 134
Dreiecksungleichung 26
Dreipunkteform der Ebene 152

E
Ebenengleichung 150
Einheitsvektor 159, 163
Einheitswürfel 154
Einschließungskriterium 27
Entwicklungssatz für n-reihige Determinanten 128, 129, 130
Ergänzung, stetige 30, 31
Exponentialfunktion 12, 73, 77, 98, 99
Extrapolationsmethode 52, 70
Extremalpunkte 61
Extremwert 51, 55, 57
Extremwertaufgabe 64
– mit Nebenbedingung 64
Extremwertsatz 34

F
Faktorregel 53
Folge
– alternierende 21
– arithmetische 22
– beschränkte 24
– divergente 25
– geometrische 22, 39
– konvergente 24
– monoton beschränkte 25
Folgen 21
Folgenglied 25
Freiheitsgrad 133, 134
Funktion 9, 10, 13, 16, 17, 21, 34, 48
– affine 18, 44
– algebraische 75
– Eigenschaften 14
– ganzrationale 13, 51, 61, 63, 71, 95
– gebrochen rationale 13, 69, 71
– gerade 15
– lineare 18, 44
– quadratische 18
– rationale 29
– Steigung 44
– stetige 31, 33, 87
– trigonometrische 78
– ungerade 15
Funktionenschar 95
Funktionsgleichung 10
Funktionsgraph 15, 20, 83
Funktionsterm 13
Funktionswert 10, 13, 31, 56

G
Geometrie
– affine 157
– analytische 113
Geradengleichung 63, 142
Geradensteigung 114
Gleichung
– biquadratische 18
– lineare 114
– Systeme linearer 132
Gleichungssystem
– Äquivalenzumformung 136
– homogenes 132
– inhomogenes 132
– inhomogenes mit n Unbekannten 134
Glieder 21
Graph 10
Grenzfall 45
Grenzwert 9, 23, 24, 25, 31, 61
– uneigentlicher 29
– von Folgen 23
– von Funktionen 30
Grenzwertbegriff 49
Grenzwertbildung 40, 83, 86
– intuitive 50
Grenzwertdefinition 31
Grenzwertsatz 23

H
Häufungspunkt 24
Hauptwert 78, 107
Hesseform 164, 165
h-Sonde, kontinuierliche 31
Hyperbelfunktion 11, 97

I
Index 126
Induktion 54
– vollständige 36, 37
Integral
– bestimmtes 86, 88
– unbestimmtes 95
– uneigentliches 106

Integralfunktion 91
Integralrechnung 81
– Hauptsatz 91, 93, 95
Integrand 86, 91, 106
Integration
– durch Partialbruchzerlegung 105
– durch Substitution 102
– partielle 100
– Volumenbestimmung 108
Integrationsgrenze 86, 106
Integrationsmethode 100
Intervall 30, 116
Intervalladditivität 87

K
Kettenregel 73, 74, 76, 77, 78
Koeffizientenmatrix 133
kollinear 145
Koordinatensystem
– affines 151
– kartesisches 114
Körpervolumen 109
Kosinusfunktion 78
Kreis 173, 176
– und Kugel 172
Krümmungsverhalten 59, 61
Kugel 173
Kurve, algebraische 75
Kurvendiskussion 61
Kurvenverlauf 60

L
Lage, windschiefe 146
Lehrsatz von Pythagoras 158, 172
Leibniz-Kriterium 40
lineare Algebra 113
Linearkombination 13, 52, 119, 122
– aus Potenzen 95
Linkskrümmung 59
Logarithmusfunktion 12, 77, 98
Lösbarkeit eines Gleichungssystems 127
Lotvektor 162
Lücke 30

M
Matrix 126, 128, 129, 136
– gestürzte 130
– Rang 133
Matrixumformung 134, 136
Matrizen 128
Maximum 16, 56
Mehrfachintegration 108
Menge 10
Metrik 157
Minimum 16, 56
Minus-Sinus-Funktion 78
Mittel
– arithmetisches 22
– geometrisches 22
Mittelwertsatz
– der Differentialrechnung 58
– der Integralrechnung 93
monoton fallend 15, 16, 56, 59
monoton steigend 15, 16, 56, 59
Monotonie 15, 16, 17
Multiplikation, skalare 116

N
Näherungsverfahren 57
– Newtonsche 66
Normale 46
Normalenform 162, 165
– Hessesche 162, 164
Normalengleichung 169
– allgemeine 163
Normalenvektor 162, 163, 168
Nullfolge 23

Nullstelle 18, 19, 57, 61, 62, 66, 71, 91
– doppelte 57
– nichtrationale 66
Nullstellensatz 34
Nullsumme 120
– nichttriviale 120
Nullvektor 120, 133, 157

O
Obersumme 83
Optimierungsproblem 64
Ordnung 75
Ortsvektor 142, 143, 146, 150, 151, 163

P
Paare 10
Parallelepiped 118
Parallelflach 118
Parameterdarstellung 153
Parametergleichung 144
Parameterwert 143
Pfeilklasse 115
Polstelle 31
– gleichnamige 33
– ungleichnamige 33
Polynom 18, 63
Polynomdivision 18, 19, 35
Potenzfunktion 11
Potenzregel 52, 70, 74
p-q-Formel 26
Produktintegration 100
Produktregel 53
– der Differentiation 100
Punktnormalengleichung 163
Punktrichtungsform 144, 145, 165
Punktrichtungsgleichung 169
– der Ebene 151
Punktsteigungsform 165
Punktsymmetrie 14
Pythagoras, trigonometrischer 160

Q
Querschnittsflächenfunktion 109
Quotientenregel 70

R
Randfunktion 95
Rechtskrümmung 59
Regel
– von de l'Hospital 36, 108
– von Sarrus 128, 152
Reihe
– alternierende 40
– arithmetische 22, 38
– endliche geometrische 39
– geometrische 22, 36
– konvergente 40
– unendliche geometrische 40
Reihensumme 36, 39
Rekursionsformel 66
Relationen, algebraische 75
Richtungsfeld 96, 97
Richtungsvektor 144, 145, 150, 152, 153
Riemann-Integral 109
Riemann-Summe 83
Rotationssymmetrie
– zur x-Achse 109
– zur y-Achse 110

S

Sattelpunkt 57, 60
Satz von Rolle 57, 58
Schnittgerade 153
Schnittpunkt 61
Schnittstellenbestimmung 20
Schnittwinkel 20
Schnittwinkelbestimmung 20
Sekantensteigungsfunktion 47
signum 33
Sinusfunktion 78
Skalarprodukt 157, 162, 168, 176
Spaltenrang 133
Spaltenvektor 126, 131, 132
Spat 118
Spatprodukt 171
– Distributivgesetz 157
– Kommutativgesetz 157
Sprungstelle 33
Stammfunktion 95, 96
Steigungsdreieck 44
Steigungsverhalten 16, 55, 61
Steigungswert 114
Steigungswinkel 20
Steigungszahl 96
Stetigkeit 30, 32
Stetigkeitsfrage 32
Strahlensatz 110
Summenregel 52
Summensymbol 37, 86
Symmetrieeigenschaft 61
Symmetrien 14

T

Tangente 45, 47, 66, 176
Tangentenproblem 44
Tangentensteigung 48, 66
Tangentialebene 176
Teilbarkeitskriterium 19
Teilintervalle 90
Teilungspunkt
– äußerer 142
– innerer 142
Teilverhältnis 139

U

Umkehrfunktion 17, 74
Unterdeterminante 128
Untersumme 83

V

Vektor 115, 116, 119, 121, 123, 131, 143, 157, 158, 163
– linear abhängiger 120
– linear unabhängiger 120
– Menge 116
Vektoraddition 116
Vektoralgebra 115
Vektorprodukt 168, 170
Vektorprodukt 170
Vektorraum 115, 116, 117, 121
– der reellen Zahlentripel 121
– metrischer 157
– Basis 121
Vektorraumkriterien 116
Vektorrechnung 113
Verhalten, asymptotische 20
Verkettung 13, 26

W

Wendepunkt 59, 60, 61, 63
Wendestelle 60, 62
Wendetangente 63
Wertebereich 10
Winkelfunktion 11, 73, 98
Wurzel 73
Wurzelfunktion 11

Z

Zahlen, Menge der reellen 116
Zahlenfolge 21
Zeilenrang 133
Zeilenvektor 131
Zerlegungssatz 18
Zweipunkteform 142, 144, 145
Zwischenwertsatz 34, 67